# ONCOLOGIA
## PARA FISIOTERAPEUTAS

Editor **George Jerre Vieira Sarmento**

Editora associada **Thalissa Maniaes**

# ONCOLOGIA
## PARA FISIOTERAPEUTAS

MANOLE

Editor gestor: Walter Luiz Coutinho
Editora: Cristiana Gonzaga S. Corrêa
Projeto gráfico: Departamento Editorial da Editora Manole
Diagramação e ilustrações: Luargraf Serviços Gráficos Ltda.
Capa: Departamento de Arte da Editora Manole

CIP-BRASIL. CATALOGAÇÃO NA PUBLICAÇÃO
SINDICATO NACIONAL DOS EDITORES DE LIVROS, RJ

---

O67
Oncologia para fisioterapeutas / organização George Jesse Vieira Sarmento, Thalissa Maniaes. - 1. ed. - Barueri [SP] : Manole, 2021.

Inclui bibliografia
ISBN 9786555761788

1. Oncologia. 2. Câncer - Exercícios terapêuticos. 3. Câncer - Fisioterapia. 4. Câncer - Pacientes - Reabilitação. I. Sarmento, George Jesse Vieira. II. Maniaes, Thalissa.

20-65889 CDD: 616.99406
CDU: 616-006:615.8

---

Leandra Felix da Cruz Candido - Bibliotecária - CRB-7/6135



Edição – 2021

Editora Manole Ltda.
Av. Ceci, 672 – Tamboré
06460-120 – Barueri – SP – Brasil
Tel.: (11) 4196-6000
www.manole.com.br
https://atendimento.manole.com.br/

Impresso no Brasil
*Printed in Brazil*

# Editor

**George Jerre Vieira Sarmento**

Coordenador do Serviço de Fisioterapia do Hospital São Luiz – Jabaquara. Presidente do Departamento de Fisioterapia em Terapia Intensiva da Associação de Medicina Intensiva Brasileira (AMIB) – Gestão 20/21. Especialista em Fisioterapia Respiratória pela Universidade Cidade de São Paulo (UNICID). Pós-graduando no MBA Gestão da Qualidade em Segurança do Paciente do Instituto D´Or de Pesquisa e Ensino (IDOR).

# Editora associada

**Thalissa Maniaes**

Mestre em Ciências da Saúde pela Fundação Antônio Prudente – A.C. Camargo Cancer Center. Especialista em Fisioterapia em Oncologia pelo Conselho Federal de Fisioterapia e Terapia Ocupacional (COFFITO) e pela Associação Brasileira de Fisioterapia em Oncologia (ABFO). Pós-graduada pelo Programa de Residência Multiprofissional em Oncologia Hospitalar e Ambulatorial da Fundação Antônio Prudente – A.C. Camargo Cancer Center. *Observership* no Hospital MD Anderson Cancer Center – The University of Texas/ EUA. MBA em Gestão de Pessoas pelo Centro Universitário das Faculdades Metropolitanas Unidas (FMU).

# Colaboradores

**Adriana Naomi Hamamoto**
Mestre em Ciências da Reabilitação pela Faculdade de Medicina da Universidade de São Paulo (FMUSP). Fisioterapeuta do Instituto do Câncer do Estado de São Paulo Octavio Frias de Oliveira (ICESP).

**Alinne Martins dos Santos Carvalho**
Pós-graduada em Fisioterapia em Oncologia, em Insuficiência Respiratória e Cardiovascular em UTI pelo A.C. Camargo Cancer Center. Fisioterapeuta na UTI Pediátrica do Hospital A.C. Camargo Cancer Center.

**Amanda Estevão da Silva**
Residência Multiprofissional de Fisioterapia na Atenção ao Câncer pela Faculdade de Medicina do ABC (FMABC). Especialista em Fisioterapia em Oncologia pelo Conselho Federal de Fisioterapia e Terapia Ocupacional (COFFITO) e Associação Brasileira de Fisioterapia em Oncologia (ABFO). Especializada em Fisioterapia na Saúde da Mulher pela FMUSP. Mestre em Ciências da Saúde pelo Departamento de Ginecologia da Universidade Federal de São Paulo (Unifesp). Supervisora do Estágio de Fisioterapia em Oncologia da FMABC. Fisioterapeuta do Ambulatório de Mastologia da Unifesp. Supervi-

sora da Pós-graduação de Fisioterapia em Ginecologia (Oncologia Mamária) da Unifesp. Fisioterapeuta da Unidade de Terapia Intensiva Adulto do Grupo Santa Joana.

**Ana Cristhina de Oliveira Brasil de Araújo**

Fisioterapeuta Especialista em Tecnologia Educacional pela Universidade de Fortaleza (UNIFOR). Especialista em Fisioterapia Traumato-Ortopédica Funcional pelo COFFITO. Mestre em Saúde Pública pela Universidade Federal do Ceará (UFC). Fisioterapeuta do Instituto Dr. José Frota da Prefeitura Municipal de Fortaleza. Diretora Técnica de Apoio Clínico do Hospital Distrital Evandro Ayres de Moura (Frotinha de Antônio Bezerra). Professora do Curso de Fisioterapia e Pós-Graduação da UNIFOR. Conselheira Efetiva do CREFITO-6. Vice-presidente do Conselho Municipal de Saúde de Fortaleza. Membro do Programa HODU-CIF e Multiplicadora do Grupo CIFBRASIL.

**Ângela Gonçalves Marx**

Mestre em Ciências – Área de Concentração Oncologia – pela Fundação Antônio Prudente – A.C. Camargo Cancer Center. Doutora em Ciências – Área de Concentração Oncologia – pela FMUSP.

**Anuana Lohn Lavrini**

Especialização em Fisioterapia em Oncologia pelo A.C. Camargo Cancer Center. Fisioterapeuta na UTI Adulto do Hospital A.C. Camargo Cancer Center.

**Brenda Aparecida da Silva Ferreira**

Aprimorada em Atenção ao Câncer pela FMABC. Especializada em Atenção ao Câncer pelo Programa de Residência Multiprofissional em Saúde da FMABC.

**Carolina Werndl Trevizan**

Especialização em Fisioterapia Hospitalar pelo Hospital das Clínicas (HC) da FMUSP e em Fisioterapia em Oncologia pela Faculdade de Ciências da Saúde (FACIS). Título de Especialista em Fisioterapia em Oncologia pelo COFFITO/ABFO. Mestranda em Fisioterapia pela Universidade Cidade de São Paulo (UNICID).

**Cíntia Freire Carniel**

Fisioterapeuta Intensivista pelo COFFITO. Mestre em Ciências da Saúde pela FMABC. Professora e Supervisora de Estágio do Módulo P.S. e Enfermaria do Centro Universitário de Saúde do ABC. Professora da Pós-graduação em Urgência e Emergência da Faculdade Anhanguera Educacional e do Curso de Atendimento Pré-Hospitalar do Instituto Polígono de Ensino.

**Daniel Cordeiro Gurgel**

Nutricionista. Pós-graduado em Nutrição Clínica Funcional pela UnicSul/VP. Mestre em Patologia pela UFC. Doutor em Oncologia pelo A.C. Camargo Cancer Center. Professor do Instituto Federal do Ceará (IFCE).

**Débora Driemeyer Wilbert**

Especialista em Educação Especial pela Universidade do Estado de Santa Catarina (UDESC). Mestre em Neurociências pela Universidade Federal de Santa Catarina (UFSC). Doutora em Psicologia pela UFSC. Professora do Centro Universitário das Faculdades Metropolitanas Unidas (FMU).

**Emília Cardoso Martinez**

Fisioterapeuta Pós-graduada em Fisioterapia Musculoesquelética pela Santa Casa de Misericórdia de São Paulo. Mestre em Ciências da Saúde pela Faculdade de Ciências Médicas da Santa Casa de São Paulo

(FCMSCSP). Membro do Núcleo de Estudos e Pesquisas em Fisioterapia CNPq/FCMSCSP. Membro da ABFO. Professora Convidada da FCMSCSP e Professora Assistente e Supervisora de Estágio da FMU.

**Fernanda Antico Benetti**
Mestre em Biodinâmica do Movimento Humano pela Faculdade de Educação Física da Universidade Estadual de Campinas (Unicamp). Doutora em Fisiopatologia Experimental pela FMUSP. Professora Assistente do Curso de Fisioterapia e Tutora do Programa de Residência Multiprofissional em Saúde do Idoso do Centro Universitário Saúde ABC.

**Flávia Maria Ribeiro Vital**
Especializada em Fisioterapia Cardiorrespiratória pela USP e em Avaliação Tecnológica em Saúde pela Universidade Federal do Rio Grande do Sul (UFRGS). Especialista em Fisioterapia Oncológica. Doutora em Ciências pela Unifesp, com ênfase em Saúde Baseada em Evidências. Professora Orientadora da Pós-graduação em Oncologia da USP. Coordenadora do Centro Afiliado de Minas Gerais ao Centro Cochrane do Brasil. Diretora Pedagógica da Vital Knowledge.

**George Jerre Vieira Sarmento**
Coordenador do Serviço de Fisioterapia do Hospital São Luiz – Jabaquara. Presidente do Departamento de Fisioterapia em Terapia Intensiva da Associação de Medicina Intensiva Brasileira (AMIB) – Gestão 20/21. Especialista em Fisioterapia Respiratória pela UNICID. Pós-graduando no MBA Gestão da Qualidade em Segurança do Paciente do Instituto D´Or de Pesquisa e Ensino (IDOR).

**Giesse Albeche Duarte**
Fonoaudióloga. Residência em Atenção ao Paciente Crítico no Grupo Hospitalar Conceição. Mestre em Ciências da Reabilitação – Fun-

damentação da Reabilitação Musculoesquelética – pela Universidade Federal de Ciências da Saúde de Porto Alegre.

**Giovanna Domingues Nunes**

Pós-graduada pelo Programa de Residência Multiprofissional em Oncologia Pediátrica da Unifesp/GRAACC. Título de Especialista em Fisioterapia em Oncologia pelo COFFITO/ABFO. Mestranda na área de oncologia pela Fundação Antônio Prudente/A.C. Camargo Cancer Center. *Observership* nos Hospitais MD Anderson Cancer Center, NewYork-Presbyterian e Shirley Ryan AbilityLab, EUA. *Internship* pelo Programa de Bolsas Santander no Hospital Clínico San Carlos, Espanha. Fisioterapeuta do Setor de Transplante de Medula Óssea da BP – A Beneficência Portuguesa de São Paulo.

**Indiara Soares Oliveira Ferrari**

Pós-graduada em Fisioterapia Oncológica e Hospitalar pela Fundação Antônio Prudente/Hospital A.C. Camargo Cancer Center. Mestre e Doutora em Fisioterapia pela UNICID. Fisioterapeuta/ Preceptora do A.C. Camargo Cancer Center. Docente da Universidade Nove de Julho (UNINOVE).

**Ingrid Correia Nogueira**

Pós-graduada em Fisioterapia em Terapia Intensiva e Fisioterapia Cardiorrespiratória pela Faculdade Inspirar. Mestre em Saúde Coletiva pela UNIFOR. Doutora em Ciências Médicas pela UFC. Docente do Mestrado Profissional em Tecnologia Minimamente Invasiva e Simulação em Saúde (TEMIS) da UNICHRISTUS.

**Ivan Peres Costa**

Especialista em Fisioterapia Cardiorrespiratória Hospitalar e Ambulatorial pela UNINOVE. Mestre em Ciências da Reabilitação nos Distúrbios Cardiorrespiratórios pela UNINOVE. Doutor em Ciências da Reabilitação nos Distúrbios Cardiorrespiratórios pela UNINOVE. *Sandwich* PhD Program na Universidade de Miami, Miller School of Medicine, EUA. Docente dos Cursos de Fisioterapia e Medicina na Universidade UNINOVE.

**Jaqueline dos Santos Custódio**
Especialização em Fisioterapia Oncológica e Hospitalar pela Fundação Antônio Prudente/A.C. Camargo Cancer Center. Título de Especialista em Fisioterapia em Oncologia pelo COFFITO. Fisioterapeuta do A.C. Camargo Cancer Center.

**Jaqueline Munaretto Timm Baiocchi**
Fisioterapeuta com Especialização em Saúde da Mulher pela USP. Doutora em Oncologia pela Fundação Antônio Prudente/A.C. Camargo Cancer Center. Título de Especialista em Fisioterapia em Oncologia pelo COFFITO. Vice-presidente da ABFO. Coordenadora Adjunta do Ambulatório de Doenças Vasculares e Linfáticas da Unifesp. Coordenadora do Programa de Pós-graduação de Fisioterapia em Oncologia pela Faculdade Redentor/Grupo Interfisio. Presidente do Instituto Oncofisio.

**Juliana Lenzi**
Fisioterapeuta Pós-graduada em Saúde da Mulher e Fisioterapia Dermatofuncional. Título de Especialista em Fisioterapia em Oncologia pelo COFFITO/ABFO. Pós-graduanda em Bioquímica e Fisiologia do Exercício na Unicamp. Mestranda em Clínica Médica na Unicamp.

**Laura Rezende**
Fisioterapeuta Especialista em Saúde da Mulher pela Unicamp. Mestre e Doutora em Tocoginecologia pela Unicamp. Pós-doutorado pelo Departamento de Ginecologia, Obstetrícia e Mastologia da Universidade Estadual Paulista (UNESP). Docente dos Cursos de Fisiote-

rapia, Medicina e Mestrado Acadêmico da Centro Universitário das Faculdades Associadas de Ensino (UNIFAE).

**Liliana Yu Tsai**

Fisioterapeuta Especializada em Fisiologia do Exercício pela Unifesp. Especialização em Fisioterapia Motora aplicada à Ortopedia pela Unifesp. Coordenadora de Fisioterapia do Grupo de Apoio do Adolescente e Criança com Câncer (GRAACC). Tutora do Programa de Residência Multiprofissional em Oncologia Pediátrica pela Unifesp. Mestre em Reabilitação pela Unifesp.

**Luciana Nakaya**

Especialização em Fisioterapia Neurológica pela Universidade Metodista de São Paulo. Especialização Multiprofissional em Oncologia Pediátrica pelo Instituto de Oncologia Pediátrica. Fisioterapeuta no Instituto de Oncologia Pediátrica do GRAACC/Unifesp.

**Luiz Alberto Forgiarini Junior**

Doutor em Pneumologia pela UFRGS e Pós-doutor pela FMUSP. Docente no Programa de Pós-graduação em Saúde e Desenvolvimento Humano e Curso de Fisioterapia na Universidade La Salle. Diretor Presidente Regional Rio Grande do Sul da ASSOBRAFIR.

**Marcelo Casanova de Oliveira**

Médico. Pós-graduado em Cardiologia no Instituto Domingos Braile, São José do Rio Preto.

**Mayara Gonçalves**

Pós-graduada em Fisioterapia Oncológica e Hospitalar pelo A.C. Camargo Cancer Center. Título de Especialista em Fisioterapia em Oncologia pelo COFFITO. Mestre em Oncologia pela FMUSP. Fisioterapeuta na Prevent Senior – Unidade Alto da Mooca.

**Patrícia Vieira Guedes Figueira**
Título de Especialista em Fisioterapia em Oncologia pela ABFO/COFFITO. Mestre e Doutoranda em Ciências (Mastologia) pela Unifesp. Presidente da ABFO na gestão 2013-2017. Preceptora da Especialização em Ginecologia da Unifesp.

**Priscila Barros Capeleiro**
Fisioterapeuta com Especialização em Saúde da Mulher e do Homem pela FSMSCSP. Residência Multiprofissional em Oncologia pela Fundação Antônio Prudente/A.C. Camargo Cancer Center. Título de Especialista em Fisioterapia em Oncologia pelo COFFITO.

**Rachel Jarrouge**
Doutora em Fisioterapia pela Universidade Estadual de Nova York, EUA. Fisioterapeuta no MD Anderson Cancer Center, EUA.

**Raynara Rozo do Amaral**
Especialista em Gerontologia pelo HCFMUSP. Fisioterapeuta no Hospital Premier.

**Rodrigo Daminello Raimundo**
Mestre e Doutor em Ciências da Saúde pela FMABC. Pós-doutorado na Faculdade de Saúde Pública (FSP) da USP junto à Harvard School of Public Health (Estágio Sênior no Exterior). Professor e Pesquisador da FMABC. Tutor da Residência Multiprofissional da FMABC. Orientador permanente de Doutorado e Mestrado da FMABC. Editor Executivo do *Journal of Human Growth and Development.* Membro do Corpo Editorial da ABCS Health Sciences. Coordenador do site www.reabilitacaometabolica.com.br.

**Telma Ribeiro Rodrigues**

Especialização em Insuficiência Respiratória e Cardiovascular em UTI pela Fundação Antônio Prudente/A.C. Camargo Cancer Center. Fisioterapeuta e Preceptora da Residência Multiprofissional da Fundação Antônio Prudente/A.C. Camargo Cancer Center.

**Thais Manfrinato Miola**

Nutricionista Especialista em Nutrição Clínica pela Faculdade CBES. Especialista em Nutrição Oncológica pela Fundação Antônio Prudente/A.C. Camargo Cancer Center. Doutoranda e Mestre em Ciências da Saúde na área de Oncologia pela Fundação Antônio Prudente/A.C. Camargo Cancer Center. Supervisora de Nutrição Clínica do A.C. Camargo Cancer Center. Coordenadora da Residência Multiprofissional de Nutrição em Oncologia do A.C. Camargo Cancer Center.

**Thalissa Maniaes**

Mestre em Ciências da Saúde pela Fundação Antônio Prudente – A.C. Camargo Cancer Center. Especialista em Fisioterapia em Oncologia pelo COFFITO/ABFO. Pós-graduada pelo Programa de Residência Multiprofissional em Oncologia Hospitalar e Ambulatorial da Fundação Antônio Prudente – A.C. Camargo Cancer Center. *Observership* no Hospital MD Anderson Cancer Center - The University of Texas em Houston/EUA. MBA em Gestão de Pessoas pela FMU.

**Valéria Ferreira dos Santos Lino**

Pós-graduação em Fisioterapia Oncológica e Hospitalar da Fundação Antônio Prudente/A.C. Camargo Cancer Center. Curso de Especialização em Fisiologia do Exercício e Treinamento Resistido na Saúde, na Doença e no Envelhecimento pelo Instituto Biodelta.

**Victor Figueiredo Leite**

Residência em Fisiatria no HCFMUSP. *Fellowship* Clínico em *Cancer Rehabilitation* no Memorial Sloan Kettering Cancer Center, EUA. Doutorando no ICESP. Fisiatra do A.C. Camargo Cancer Center. Fisiatra Oncológico e Fisiatra Intervencionista na Prevent Senior.

**Vinícius Cavalheri**

Residência em Fisioterapia Pulmonar no Hospital Universitário da Universidade Estadual de Londrina (HU-UEL). Mestre em Fisioterapia pela UNESP. Doutor em Fisioterapia pela Curtin University, Austrália. Pós-doutorando pelo Cancer Council Western Australia. Diretor de Pesquisa em 'Allied Health' no South Metropolitan Health Service em Perth, Austrália. *Senior Lecturer* na School of Physiotherapy and Exercise Science da Curtin University, Perth, Austrália. Membro do Corpo Editorial do *Journal of Physiotherapy*.

# Sumário

# Prefácio

Recebi com alegria de George Sarmento a difícil e honrosa missão de escrever o prefácio do seu livro *Oncologia para Fisioterapeutas*.

O desafio era enorme; passei dias analisando o rico e amplo conteúdo existente no livro associado a um tema tão complexo como a oncologia.

Atualmente, essa especialidade médica que estuda os tumores e a forma como essas doenças se desenvolvem no organismo é um assunto de relevância mundial, especialmente quando analisamos os impactos na vida das pessoas acometidas. Além disso, os estudos mostram a necessidade crescente de conscientização de toda a população, pois a epidemia global do câncer tende a aumentar nos próximos anos.

Pensei muito e percebi que a grande contribuição do livro está no quanto o serviço de fisioterapia assiste aos pacientes oncológicos ao redor do mundo, pois aplica técnicas que complementam os cuidados, tanto na melhora da sintomatologia quanto da qualidade de vida.

George caprichou, pois o livro possui 29 capítulos relacionados aos diversos tipos de câncer para as populações adulta e infantil, sejam eles pacientes ambulatoriais, com urgência e emergência oncológica ou internados. Descreve também os tipos de tratamentos existentes, como radioterapia, quimioterapia, hormonioterapia, manejo de dor, eletrotermofototerapia, terapia nutricional e cuidados paliativos. É muito interessante como o livro consegue associar a atuação da fisioterapia em todos os tipos de pacientes, diagnósticos e tratamentos.

O mineiro George é casado, pai de 2 filhas, especialista em fisioterapia respiratória, publicou inúmeros artigos em periódicos especializados e trabalhos em anais de eventos, participou de mais de 220 eventos no Brasil e no mundo e é autor de 13 livros na área de fisioterapia.

Após 19 anos de atuação como diretor hospitalar na saúde suplementar no Brasil, tive o privilégio de trabalhar com George em dois hospitais em São Paulo. Nesses hospitais ele atua como coordenador do serviço de fisioterapia há cerca de 7 anos ao lado de uma equipe muito comprometida, com atuação integral ao paciente. Essa longa e bela trajetória associada à sua liderança, sua capacidade de delegar, estimular e desenvolver profissionais na relação acadêmica/profissional também o levaram a coordenar um curso de pós-graduação em fisioterapia cardiorrespiratória adulta e pediátrica que já dura mais de 20 anos.

Esta obra poderá contribuir bastante no aprendizado e desenvolvimento dos leitores, especialmente para os fisioterapeutas oncológicos e para estudantes.

Agora está nas mãos dos leitores.

**Fernando A. F. Lopes**
Diretor Regional da Rede D´Or São Luiz

# O câncer | 1

Carolina Werndl Trevizan
Thalissa Maniaes

## CONCEITO

O câncer, também conhecido como neoplasia maligna, é considerado uma doença crônica não transmissível (DCNT) e engloba um conjunto de mais de 100 doenças que têm em comum o crescimento celular desordenado e o potencial para gerar metástases, ou seja, invadir outros órgãos e tecidos distantes através dos sistemas circulatório e linfático.

## PROCESSO DE CARCINOGÊNESE

O câncer é uma doença genética, ou seja, para a sua ocorrência é necessário que aconteçam mutações no DNA da célula. Acredita-se que uma única mutação na célula seja suficiente para induzir o processo de carcinogênese, mas para essa célula se tornar maligna é preciso que ela acumule uma série de mutações genéticas. As alterações que ocasionam as neoplasias acontecem em genes especiais conhecidos como proto-oncogenes, que a princípio estão inativos em células normais. Quando ativados, os proto-oncogenes transformam-se em oncogenes, responsáveis pela malignização (transformação) das células normais.

Com o acúmulo de mutações, a célula adquire algumas características que a diferenciam das demais. Seriam elas: a autossuficiência de sinais proliferativos, a insensibilidade aos sinais antiproliferativos e de morte celular, o potencial para angiogênese sustentada, a reprogramação do metabolismo energético e a capacidade de escapar do sistema imune. Assim, as células cancerígenas vão substituindo as células normais, e os tecidos e órgãos invadidos perdem suas funções. Esse processo de formação do câncer é lento; pode levar anos até que uma célula cancerígena seja detectável.

## CLASSIFICAÇÃO

O câncer é classificado de acordo com a célula em que se originou:

- Carcinomas: são os tipos mais comuns de câncer e têm origem em células que revestem o corpo humano, que incluem a pele e os revestimentos internos da boca, garganta, brônquios, esôfago, estômago, intestino, bexiga, útero, ovários, ductos mamários, próstata e pâncreas.
- Sarcomas: têm origem em tecidos de sustentação, como ossos, tecido adiposo, músculo e tecido fibroso.
- Linfomas: têm origem em células denominadas linfócitos, encontradas em todo o organismo. Os linfomas são divididos em Hodgkin e não Hodgkin de acordo com a célula afetada.
- Leucemia: origina-se em células da medula óssea.
- Mieloma: origina-se nos glóbulos brancos, responsáveis pela produção de anticorpos.
- Tumores de células germinativas: têm origem em células dos testículos e/ou ovários, responsáveis pela produção do esperma e dos óvulos.

- Melanomas: originam-se nos melanócitos, células que produzem a pigmentação da pele.
- Gliomas: têm origem em células de sustentação do sistema nervoso central ou da medula espinhal.
- Neuroblastomas: originários das células nervosas embrionárias, são tumores com características pediátricas.

## INCIDÊNCIA

A Organização Mundial da Saúde (OMS), por intermédio da International Agency for Research on Cancer (IARC), estimou mais de 18 milhões de novos casos de câncer para o ano de 2018. Estima-se que em 2025 haja 19,3 milhões de novos casos e 11,4 milhões de mortes decorrentes da doença. O câncer já representa a segunda principal causa de morte no mundo, sendo a metástase a principal causa. Até 2030 os maiores aumentos dessa estimativa serão vistos em países que não detêm recursos adequados para atender às necessidades do paciente oncológico, localizados, por exemplo, na África, Ásia e América Latina.

No Brasil, o Instituto Nacional de Câncer (INCA) estimou, para os anos de 2018 a 2019, 600 mil novos casos para cada ano, sendo o mais incidente para os homens o câncer de próstata (31,7%), seguido pelo câncer de pulmão (8,7%), e para as mulheres o câncer de mama (29,5%) seguido pelo de intestino (9,4%). O câncer de mama acontece com maior frequência em 140 países do mundo, e o de colo do útero é o mais comum em 39 países. Já na China o câncer mais comum em mulheres é o de pulmão, na Mongólia, o câncer de fígado e na Coreia do Sul o de tireoide. O câncer diagnosticado nos homens com maior frequência no mundo é o de próstata, com 87 países, incluindo os da América, a maior parte dos países da Europa, Austrália e parte da África. Na Rússia e na China o câncer de pulmão é o mais comum entre os homens.

Essa variação da ocorrência de tipos de câncer em diversas partes do mundo indica que muitos cânceres poderiam ser prevenidos por meio de modificações dos fatores ambientais e do estilo de vida não saudável.

## FATORES DE RISCO

Os fatores de risco do câncer estão relacionados aos poluentes ambientais, tabagismo, obesidade, carcinógenos ocupacionais, infecções e hábitos reprodutivos. Apenas 5-10% dos tumores têm origem hereditária. Um exemplo da síndrome de predisposição hereditária ao câncer (SPHC) é o câncer de mama e ovário, nos quais há a mutação dos genes BRCA1 e BRCA2 (atuam na manutenção do genoma e como supressores de tumor).

Os principais agentes infecciosos causadores de câncer no mundo são: *Helicobacter pylori*, papiloma vírus humano (HPV) e os vírus das hepatites B e C. Infecções causadas pelo HPV, principalmente dos tipos 16 e 18, correspondem a mais de 70% de todos os casos de câncer de colo do útero no mundo e a cerca de 90% dos outros cânceres relacionados ao HPV, como vulva, vagina, ânus, pênis e orofaringe. O câncer de colo do útero ainda é a principal causa de morte por câncer entre as mulheres, principalmente em países menos desenvolvidos, onde o rastreamento e o tratamento ainda são limitados. Outras infecções menos comuns podem provocar câncer, como o vírus Epstein-Barr, o herpesvirus associado ao sarcoma de Kaposi e infecção pelo vírus da imunodeficiência humana (HIV), que pode causar indiretamente alguns cânceres relacionados a infecções.

Os fatores de risco reprodutivos para câncer de mama e de endométrio estão relacionados aos níveis de estrógeno no organismo, e podem ocorrer com a menarca precoce e a menopausa tardia, pois, nessas fases da vida da mulher, aumenta a duração da exposição da mama ao hormônio estrogênio. O risco de desenvolver câncer de mama diminui em mulheres que têm sua primeira gravidez mais jovens, de acordo com o número de partos e com a amamentação por pelo menos um ano. Já o uso de contraceptivos orais e a terapia de reposição hormonal aumentam os riscos de câncer de mama.

A grande maioria dos cânceres tem origem em fatores ambientais e no estilo de vida, como a exposição excessiva à radiação ultravioleta (UV), principalmente ao sol, ou a exposição ao bronzeamento artificial. Um dos principais fatores de risco para o melanoma de pele é a exposição à radiação UV. A maior parte desses fatores é prevenível e modificável, como no caso do tabagismo: estima-se que o hábito de fumar esteja relacionado a pelo menos 30% de todos os tumores malignos, ou seja, o tabagismo associa-se a pelo menos 16 tipos de câncer e responde por 1/5 das mortes por essa doença no mundo. Há uma estimativa de que o tabaco matará, até o ano de 2030, 8 milhões de pessoas por ano.

O cigarro contém mais de 20 substâncias cancerígenas, e dentre elas podemos citar como principais os hidrocarbonetos policíclicos aromáticos (HPA) e as N-nitrosaminas. Essas substâncias pertencem à classe dos carcinógenos químicos, e podem causar tanto dano direto ao DNA como indireto, por meio da ativação de outras vias mutagênicas ou por intermédio de seus metabólitos.

O principal câncer associado ao tabagismo é o de pulmão (80% dos casos são decorrentes desse hábito), com alta taxa de mortalidade e muito associado também aos cânceres de orofaringe, laringe e esôfago. Por meio de seus metabólitos, o consumo de tabaco também está relacionado ao câncer de bexiga e ao de rim. Os não fumantes que se expõem a ambientes com fumaça de tabaco também correm o risco de desenvolver câncer de pulmão. No de estômago, o efeito carcinógeno do tabaco está associado à bactéria *Helicobacter pylori*.

Outros fatores de risco preveníveis incluem a obesidade, a baixa ingestão de frutas, verduras e legumes, o consumo de álcool e a inatividade física.

A obesidade exerce seu efeito carcinogênico ao interferir na regulação de hormônios, por exemplo, aumentando a produção de estrógeno em mulheres pós-menopausa (fator de risco para câncer de mama) e a de insulina (fator determinante para o crescimento celular). O tecido adiposo propicia também a produção de citocinas, que é um fator proinflamatório, favorecendo assim a carcinogênese. Trata-se de um importante fator de risco para o câncer colorretal e para outros tumores, como de mama, endométrio, rim, esôfago e pâncreas. Atualmente, mais da metade da população brasileira encontra-se com sobrepeso ou obesidade; estima-se que as doenças não transmissíveis (DNT) associadas à supernutrição ultrapassem a subnutrição como as principais causas de morte nos países de baixa renda.

As carnes vermelhas e os alimentos embutidos são fatores de risco conhecidos para o câncer colorretal. Já o aumento no consumo de frutas, legumes e verduras parece ter um efeito protetor em alguns tipos de neoplasias, devido a seus efeitos antioxidantes e também pelo fato de promover o fortalecimento do sistema imunológico, como ocorre por exemplo nos cânceres de próstata, pulmão e colo do útero.

O processo carcinogênico associado ao consumo de álcool ainda não foi totalmente elucidado, mas acredita-se que esteja relacionado ao acetaldeído, um metabólito de sua degradação que induz a cirrose hepática (inflamação crônica), aumenta a produção de radicais livres e o nível de estrogênio. O álcool parece potencializar a ação carcinogênica do tabaco, funcionando como um solvente e favorecendo, assim, a penetração de carcinógenos nas células.

A inatividade física é considerada o segundo grande fator de risco ao qual a população brasileira está exposta. Além de favorecer o surgimento do câncer, esse é um fator de risco independente para sua morbidade e mortalidade. Ainda não está claro qual o exato mecanismo da inatividade física como fator de risco para o câncer, mas acredita-se que seja pelo aumento dos hormônios sexuais circulantes, inflamação crônica, vigilância imunológica prejudicada, regulação deficiente de insulina e outros fatores de crescimento semelhantes a ela, aumento do peso corporal e desregulação das adipocitocinas. Se a inatividade física fosse eliminada, poderiam ser evitadas 47 mil mortes por câncer de mama anualmente.

Os carcinógenos ocupacionais envolvem as exposições ocupacionais no meio ambiente e no local de trabalho que incluem profissões de alto risco devido à exposição a produtos como amianto, óleos minerais, emissões de diesel, arsênico, vapores inorgânicos fortes, entre outros. O amianto é um risco ocupacional e ambiental em muitos países, sendo responsável pela causa de um tipo raro de câncer de pulmão, conhecido como mesotelioma. Indivíduos que consomem altos níveis de arsênico na água potável, encontrados em alguns países da América Central e da América do Sul, têm risco de desenvolver câncer de pele, pulmão e de bexiga. Segundo a Iarc, a poluição atmosférica do ar não é apenas um risco para a saúde em geral, mas também uma das principais causas ambientais de mortes por câncer.

Diante desses cenários, há um grande desafio, principalmente no Brasil, que é a implementação de programas para prevenção do câncer.

## PREVENÇÃO

Com base no conhecimento dos inúmeros fatores de risco para o desenvolvimento do câncer, a prevenção tem diversas vantagens, podendo também prevenir outras DCNTs. Para isso, a maior conscientização da população, juntamente com práticas de detecção precoce, são componentes essenciais para o controle da doença. O rastreamento bienal do câncer colorretal por meio do teste do sangue oculto nas fezes, considerado de baixo custo, pode resultar em uma redução de 15-20% na mortalidade por esse tipo de câncer; e programas de rastreamento com exame de papanicolau reduzem significativamente a incidência e mortalidade do câncer de colo de útero. A taxa de sobrevida tende a ser mais alta em países desenvolvidos, onde o rastreamento, diagnóstico e tratamento adequado são mais acessíveis, mas vale reforçar que a implementação do rastreamento deve ser feita com elevada qualidade e critérios para que as melhores práticas sejam realizadas, evitando *over-diagnosis*, ou seja, diagnósticos falso-positivos e tratamentos excessivos.

O tabagismo é a causa mais evitável de todos os cânceres do mundo, e pode ser prevenido por meio do aumento de impostos de consumo sobre os cigarros, leis de proibição do fumo e restrições à sua promoção nas mídias sociais. A proibição de fumar em locais públicos exerce um efeito positivo não somente sobre fumantes passivos mas também sobre os ativos, que tendem a fumar menos ou a parar de fumar.

De acordo com o Fundo Mundial de Pesquisa contra o Câncer e o Instituto Americano para a Pesquisa do Câncer, algumas recomendações devem ser seguidas para a prevenção dessa doença por meio de uma dieta balanceada. A diretriz recomenda:

1. manter-se magro sem ficar abaixo do peso;
2. realizar atividade física por pelo menos 30 minutos ao dia com intensidade moderada;
3. evitar bebidas açucaradas;
4. alimentar-se de grande variedade de vegetais, frutas, alimentos integrais e grãos;
5. limitar o consumo de carne vermelha (vaca, porco e carneiro) e evitar carnes processadas;
6. limitar o consumo de álcool a 2 doses por dia para homens e 1 dose por dia para mulheres;
7. limitar o consumo de alimentos salgados e com sódio;
8. não usar suplementos para proteção contra o câncer; em vez disso, ter uma dieta equilibrada.

Outro fator importante para a prevenção é o investimento em saneamento básico, principalmente nos países menos desenvolvidos, e o incentivo a programas de vacinação contra os vírus do HPV e da hepatite B, diminuindo o índice de câncer associado a infecções. Um grande avanço na prevenção do câncer de colo de útero na última década foi a implementação da vacinação contra o HPV, mas ainda existem barreiras socioculturais para a adesão.

Em relação ao câncer de pele, é necessário adotar medidas preventivas como a utilização de protetor solar, óculos de sol com fator de proteção UV, chapéus e roupas protetoras ao se expor ao sol, além da disponibilidade de estruturas cobertas em espaços ao ar livre. As exposições ocupacionais podem ser prevenidas por meio de melhorias na segurança do trabalho. Sendo assim, a promoção da saúde é a chave para a redução do câncer no mundo e inclui estratégias de educação sobre o tema em todos os setores da sociedade, inclusive o governamental. Em muitos países a educação sobre todos os fatores de risco faz parte do currículo escolar, visto que educar o jovem é mais fácil do que mudar um comportamento durante a idade adulta. Atualmente algumas empresas privadas têm programas de promoção da saúde para seus trabalhadores, resultando em maior produtividade e redução de custos. O treinamento de profissionais de saúde e o incentivo a especializações na área da oncologia também são estratégias necessárias para uma abordagem de maior qualidade desses pacientes.

O câncer, portanto, como uma doença global e crescente, precisa de estratégias de prevenção com visão, liderança e compromisso com a sociedade atual e as próximas gerações.

## BIBLIOGRAFIA RECOMENDADA

1. Almeida VL, Leitão A, Reina LCB. Câncer e agentes antineoplásicos ciclo-celular específicos e ciclo-celular não específicos que interagem com o DNA: uma introdução. Quím Nova. 2005; 28(1):118-29.

2. Cannioto AR, Etter LJ, La Monte JM, et al. Lifetime physical inactivity is associated with lung cancer risk and mortality. Cancer Treat Res Commun. 2018;14:37-45.
3. Cannioto AR, La Monte JM, Kelimen EL, et al. Recreational physical inactivity and mortality in women with invasive epitelial ovarian cancer: evidence from the Ovarian Cancer Association Consortium. Br J Cancer. 2016 Jun 28;115(1):95-101.
4. Instituto Nacional de Câncer José Alencar Gomes da Silva (Inca). ABC do câncer: abordagens básicas para o controle do câncer. 4.ed. Rio de Janeiro: Inca; 2018.
5. Instituto Nacional de Câncer José Alencar Gomes da Silva (Inca). Estimativa 2018: incidência de câncer no Brasil, 2017. Disponível em: https://www.inca.gov.br/sites/ufu.sti.inca.local/files//media/document//estimativa-incidencia-de-cancer-no-brasil-2018.pdf. Acesso em: 29 jun. 2019.
6. International Agency for Research on Cancer (Iarc). Cancer today. Disponível em: https://gco.iarc.fr/today/data/factsheets/populations/900-world-fact-sheets.pdf. Acesso em: 29 jun. 2019.
7. Jemal A, Vineis P, Bray F, Torre L, Forman D, eds. The cancer atlas. 2.ed. Atlanta, GA. American Cancer Society; 2014. Disponível também no endereço: www.cancer.org/canceratlas.
8. Lopes A, Chammas R, Iyeyasu H. Oncologia para a graduação. 3.ed. São Paulo: Lemar; 2013.
9. Malta CD, Mendes-Felisbiano SM, Machado EÍ, et al. Fatores de risco relacionados à carga global de doenças do Brasil e Unidades Federadas, 2015. Rev Bras Epidemiol. 2017;v.20(supl. 1).
10. Parkin DM, Boyd L, Walker LC. The fraction of cancer attributable to lifestyle and envirommental factors in the UK in 2010. British Journal of Cancer. 2011;105:577-81.
11. Sanchis-Gomar F, Lucia A, Yvert T, et al. Physical inactivity and low fitness deserve more attention to alter cancer risk and prognosis. Cancer Prev Res (Phila). 2015;8(2):105-10.
12. Silva SAD, Tremblay S, Souza MMF, et al. Mortality and years of life lost by colorectal cancer attributable to physical inactivity in Brazil (1990-2015) findings from the Global Burden of Disease study. PloS Ane 2018;13(2).
13. Torres AL, Bray F, Siegal LR, et al. Global cancer statistics, 2012. CA: A Cancer Journal for Clinicians; 2015.
14. Vineis P, Wild CP. Global cancer patterns: causes and prevention. The Lancet. 2014;383(9916):549-57.

# A importância da fisioterapia em oncologia

2

Patrícia Vieira Guedes Figueira

O câncer é hoje, sem sombra de dúvida, um problema de saúde pública mundial. Apesar das diversas ações e campanhas para sua prevenção, diagnóstico precoce e tratamento adequado, ainda se carece de muitas informações e cuidados, principalmente em países com baixos recursos e baixa renda.

A despeito das dificuldades, uma equipe interdisciplinar coesa, congruente e integrada produz resultados excepcionais aos pacientes de câncer.

Os diversos profissionais da área da saúde envolvidos no tratamento do câncer, com suas *expertises*, complementam e enriquecem discussões, compartilham experiências e determinam qual a melhor intervenção, inicialmente objetivando a cura, mas em muitos casos uma melhor qualidade na sobrevida, em busca de independência, autonomia e conforto para os pacientes.

A atuação de fisioterapeutas no tratamento de pacientes com câncer acontece há várias décadas em todo o mundo, principalmente em relatos no tratamento do pós-operatório de câncer de mama, mas seu reconhecimento como uma especialidade da fisioterapia no Brasil aconteceu no ano de 2009.

A especialidade cresce a cada dia, dado o número de cursos, pós-graduações e eventos na área disponíveis para melhor conhecimento acadêmico e atendimento clínico, mas ainda há um número insuficiente de profissionais diante da grande demanda de pacientes com câncer.

O fisioterapeuta que decide por essa especialidade terá diante de si um grande e apaixonante desafio. Conhecer não só a doença, mas também todas as alterações que ela e seu tratamento podem causar nos diversos sistemas do organismo. Deve ser considerado um dos profissionais mais completos, pois o paciente de câncer pode apresentar, além das particularidades da doença, alterações ortopédicas, neurológicas, vasculares, pulmonares, entre outras.

A atuação do fisioterapeuta especialista em oncologia se dará nos diversos níveis de atenção: primário, secundário e terciário (Tabela 1).

A atuação na atenção primária tem por objetivo prevenir o aparecimento do câncer. Alguns fatores de risco para essa doença não são

TABELA 1 Atuação da fisioterapia em oncologia nos níveis primário, secundário e terciário

| Níveis de atenção | Primário | Secundário | Terciário |
|---|---|---|---|
| O que é? | Promoção de saúde<br>Proteção específica | Diagnóstico precoce<br>Prevenir complicações (controle de danos) | Reabilitação<br>Tratamento de complicações instaladas |
| Quando? | Antes do diagnóstico | No diagnóstico e durante o tratamento | Acompanhamento durante todo o tratamento e acompanhamento |
| Meio | Palestras, atividades práticas, orientações | Orientações, intervenções fisioterapêuticas precoces | Diversas técnicas de fisioterapia aplicadas ao paciente de câncer |
| Público | Individual ou em grupo | Individual ou em grupo | Individual |

modificáveis, como a idade, o gênero, o histórico familiar e genético, mas muitos outros podem ser modificados com informação adequada e mudanças de hábitos de vida. Os principais exemplos da atuação primária do fisioterapeuta em oncologia são as participações junto à população em campanhas relativas a fatores que possam prevenir o aparecimento do câncer, como ações antitabagismo, controle do uso de bebidas alcoólicas, estímulo à prática de atividade física, alimentação adequada, prevenção com vacinas, educação sexual, estímulo à prática de exames e consultas periódicas e boas condições de higiene.

Na atenção secundária pode-se incluir o diagnóstico precoce do câncer, o que compreende a realização de exames de *screening* e rastreamento da doença, principalmente para grupos de alto risco, mas também se incluem as atuações nas orientações no pós-operatório imediato e logo após cada tratamento específico para o câncer, quanto à realização de exercícios adequados, prevenção do linfedema, alterações posturais, controle do surgimento de fibroses e aderências, hidratação adequada da pele e, também, estímulo à prática de atividade física.

Uma vez instaladas as complicações, cabe ao fisioterapeuta especialista em oncologia conhecer e dominar técnicas específicas para escolher o melhor tratamento e a melhor intervenção individual ou conjunta para cada caso. Essa é a prevenção terciária.

Não existe técnica soberana; o que existe são recursos que, somados, alcançam o melhor resultado.

O que devemos levar em consideração é a saúde baseada em evidências, que compreende não só as evidências científicas mas também experiência do profissional, o perfil da população e a opinião do paciente (Figura 1).

As complicações dos pacientes de câncer são advindas da própria doença, mas principalmente do seu tratamento, seja pela cirurgia,

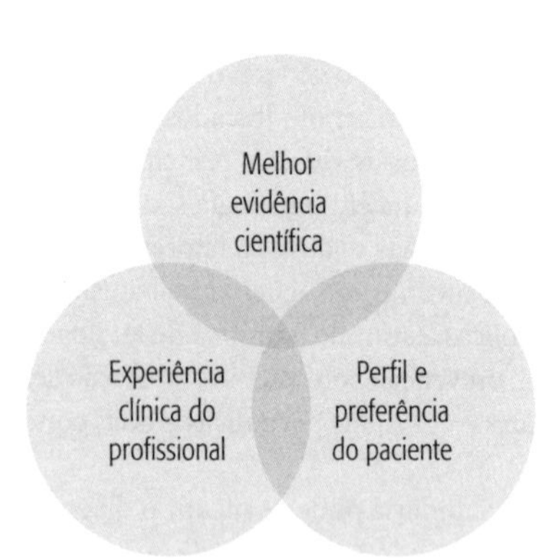


FIGURA 1 Saúde baseada em evidências.

quimioterapia (neoadjuvante ou adjuvante), radioterapia, endocrinoterapia, entre outros.

Cada paciente, a depender do tipo de câncer, do órgão-alvo e do tipo de tratamento, apresentará complicações e efeitos adversos específicos.

A dor, a limitação da amplitude de movimentos, a perda de funcionalidade e independência, as lesões nervosas, as alterações linfáticas e vasculares, as alterações pulmonares, as amputações e desarticulações, bem como as alterações posturais, são algumas das inúmeras alterações em que o fisioterapeuta em oncologia necessitará intervir.

O ideal é que o paciente seja acompanhado desde o diagnóstico e até após o término do tratamento, pois sabemos que há complicações que surgem de forma tardia, principalmente após a realização da radioterapia. O prognóstico pode ser mudado e favorecido quanto mais precoces forem a avaliação e a intervenção fisioterapêutica.

Sabe-se que essa não é uma realidade em nosso país; os pacientes normalmente são encaminhados para a fisioterapia quando a complicação está instalada, e muitas vezes sem acesso a um fisioterapeuta especialista no atendimento de pacientes com câncer.

Cabe aos fisioterapeutas especialistas em oncologia mudar esse cenário com posicionamento, informação e melhor formação.

O objetivo sempre será o melhor para o paciente, na busca constante de qualidade de vida e qualidade na sobrevida, na redução de recidivas, mas principalmente com o objetivo de transformá-lo em um paciente informado, incluído e participativo.

## BIBLIOGRAFIA RECOMENDADA


1. Figueira PVG, Marx AG, Paim N. Manual de condutas e práticas de fisioterapia em oncologia da ABFO: câncer de pulmão. São Paulo: Manole; 2017.
2. Figueira PVG, Marx AG, Paim Nair. Manual de condutas e práticas de fisioterapia em oncologia da ABFO: neoplasias de cabeça e pescoço. São Paulo: Manole; 2017.
3. Figueira PVG, Marx AG, Paim N. Manual de condutas e práticas de fisioterapia em Oncologia da ABFO: oncologia ginecológica. São Paulo: Manole; 2017.
4. Marx AG, Figueira PVG. Fisioterapia no câncer de mama. São Paulo: Manole; 2017.
5. Shiwa RS, Costa LOP, et al. PEDro: a base de dados de evidências em fisioterapia. Fisioter Mov. 2011 jul/set;24(3):523-33.
6. Silva MPP, Marques AA, Amaral MTP, et al. Tratado de saúde da mulher. 2. ed. São Paulo: Roca; 2019.
7. Thuler LC. Considerações sobre a prevenção do câncer de mama feminino. Revista Brasileira de Cancerologia. 2003;49(4):227-38.

# 3 A fisioterapia oncológica ambulatorial

Adriana Naomi Hamamoto

O câncer constitui um problema de saúde pública para o mundo desenvolvido e também para nações em desenvolvimento.

O Sistema Único de Saúde (SUS) registrou 423 mil internações por neoplasias malignas em 2005, além de 1,6 milhão de consultas ambulatoriais em oncologia. Mensalmente são tratados cerca de 128 mil pacientes em quimioterapia e 98 mil em radioterapia ambulatorial. Nos últimos 5 anos ocorreu um aumento expressivo no número de pacientes oncológicos atendidos pelas unidades de alta complexidade do SUS, o que pode estar refletindo uma melhora na capacidade do sistema em aumentar o acesso aos recursos de tratamento especializado. Tal especialização se dá em diferentes esferas, contando com o atendimento multidisciplinar ao paciente oncológico, para melhor acolhimento deste nessa fase tão frágil e delicada de sua saúde física, psicológica e emocional.

As equipes multidisciplinares que devem realizar os atendimentos são: enfermagem, farmácia, serviço social, nutrição, fisioterapia, terapia ocupacional, odontologia, psicologia clínica e neuropsicologia, estomaterapia, profissionais de educação física, além de diferentes equipes médicas (psiquiatria, fisiatria, clínicos e cirurgiões oncológicos). Embora cada área tenha papel bem estabelecido, sabe-se que a abordagem multidisciplinar integrada é mais efetiva do que uma sucessão de intervenções isoladas no manejo do paciente.

## TRATAMENTOS DO CÂNCER

O tratamento é um dos componentes do programa nacional de controle do câncer. As metas são, principalmente, a cura e o prolongamento da vida útil com qualidade de vida. As principais modalidades de tratamento são a cirurgia, a radioterapia e a quimioterapia.

### Radioterapia

A radioterapia é conhecida por ser um tratamento localizado, no qual a radiação incide sobre o tumor. Entretanto, ela traz diversos efeitos colaterais, tratáveis, ao paciente, entre eles a substituição do tecido normal por tecido fibroso. Isso pode resultar em dor e, geralmente, na diminuição da amplitude de movimento (ADM) da área irradiada: pacientes com câncer de mama, por exemplo, têm, muitas vezes, restrição de amplitude de movimento (ADM) do ombro homolateral à radioterapia; pacientes com câncer de cabeça e pescoço têm, frequentemente, diminuição da ADM da região cervical. A dor, por sua vez, pode ser resultado de feridas provenientes da radioterapia (queimaduras) ou devidas ao encurtamento tecidual ou muscular. Além disso, a radioterapia apresenta também como efeito colateral a fadiga oncológica. De acordo com diversos estudos, a fadiga oncológica pode ser tratada, respondendo muito bem ao exercício físico. Entretanto, ela pode levar o paciente a diminuir suas atividades físicas, de lazer e, inclusive, suas atividades de vida diária (AVD). Esse efeito colateral tem consequências diretas na qualidade de vida dos pacientes, que entram em um ciclo vicioso no qual a fadiga leva o paciente ao repouso, que o leva a maiores níveis de cansaço, aumentando a fadiga. Nesse momento, a reabilitação com uma equipe multidisciplinar se mostra, novamente, de extrema importância (ver Capítulo 4).

## Quimioterapia

A quimioterapia é uma modalidade de tratamento sistêmico em que a medicação atua nas células do câncer e em outras células do corpo que estão em constante crescimento. Por essa razão, diversos quimioterápicos levam à queda de cabelo, diarreias, alteração nas unhas e mucosas (p. ex., mucosite) em geral. Além disso, outro efeito da quimioterapia é a mielodepressão, devido à qual as células sanguíneas tornam-se escassas, podendo levar a anemia, leucopenia e plaquetopenia. Essas alterações têm influência direta sobre o processo de reabilitação desses pacientes (ver Capítulo 5).

Há ainda outros efeitos colaterais advindos do tratamento dessa doença, como a diminuição da massa muscular e a dor. Elas podem ser consequência do tratamento quimioterápico e também do tratamento cirúrgico e/ou radioterápico, e passam a interferir diretamente na qualidade de vida dos pacientes, muitas vezes por acarretar alterações motoras que exigem adaptações em suas AVD e no modo como a executam. Por essa razão, os pacientes devem ser avaliados frequentemente por profissionais que visem à manutenção de suas habilidades motoras, bem como ao seu processo de reabilitação.

A dor, como referido anteriormente, poderá estar presente em diferentes momentos nesse processo: desde o início do tratamento oncológico até a fase de reabilitação. Suas causas mais comuns são: invasão de nervos, infiltração e oclusão de vasos, necrose, infecção e/ou inflamação de tecido neoplásico, obstrução de vísceras, fraturas ou alterações estruturais. Outro fator que influencia na dor e no seu tratamento são as questões psicológicas, como depressão e diminuição da qualidade de vida.

O paciente oncológico muitas vezes adota uma postura mais "protetora", ou seja, o próprio paciente e/ou seus familiares e cuidadores acreditam que, quanto menor o esforço ao qual o paciente for submetido, melhor será para ele e para seu tratamento.

Entretanto, a imobilidade do paciente com câncer está associada a mudanças metabólicas e funcionais, como a perda de massa muscular, contraturas e encurtamentos, compressões nervosas e trombose. Todas elas podem ser facilmente detectadas e necessitam de controle urgente a fim de manter o mínimo bem-estar do paciente, objetivando sua melhora lenta e gradual.

## Reabilitação do paciente oncológico

O câncer e o seu tratamento podem, como visto anteriormente, debilitar o paciente, exigindo uma avaliação inicial mais criteriosa e cuidadosa: anamnese, avaliação física, verificação de exames laboratoriais e de imagem. Uma equipe de reabilitação deve ser formada por inúmeros profissionais, como já referido, que têm um objetivo em comum: devolver a máxima funcionalidade e independência que o paciente consiga.

A participação da família e dos cuidadores durante todo o processo de reabilitação é de extrema importância, seja para estimular o paciente em domicílio, seja para ajudar a reproduzir as orientações dadas pelos terapeutas.

## Reabilitação ambulatorial

O paciente encaminhando para a reabilitação em âmbito ambulatorial é, geralmente, aquele que já iniciou o tratamento da doença e que necessita ser habilitado para nova cirurgia ou então que precisa ser habilitado de novo para as funções que exercia anteriormente, mas de forma adaptada.

A reabilitação deve levar em conta cada caso, cada indivíduo e cada tratamento. Os centros de reabilitação em oncologia têm diversos protocolos que englobam todos os tipos de tumores assistidos; entretanto, mais importante do que os protocolos é conhecer a fundo o seu paciente e a patologia que o acomete, pois dessa forma pode-se garantir um atendimento humano e de qualidade a eles.

A reabilitação deve ser multidisciplinar, como dito anteriormente, e interdisciplinar, sendo composta por profissionais da fisioterapia, terapia ocupacional, psicólogos que trabalhem em diferentes frentes (como a neuropsicologia), fonoaudiologia, profissionais de educação física e médicos fisiatras. Cada equipe deve realizar uma avaliação cuidadosa e detalhada para que o objetivo da terapia seja traçado. Ademais, é necessário que o terapeuta esteja ciente da expectativa do seu paciente e do familiar/acompanhante/cuidador com determinada terapia. A ciência e a medicina já permitem muitas suposições acerca da doença baseada em evidências, e é dever do profissional não alimentar falsas esperanças, mas sem destruir a fé de cada indivíduo.

Em qualquer tipo de câncer, os exercícios devem ser individualizados para cada paciente, cada caso e cada dor. Na Figura 1, alguns exemplos de exercícios serão mostrados. Os exercícios podem seguir um protocolo, mas devem ser dados conforme a necessidade do paciente. Muitas vezes a ilustração é necessária para melhor entendimento e compreensão do paciente; em outras, apenas a orientação fornecida pelo terapeuta é o suficiente. De qualquer forma, o foco deve ser sempre o paciente, para que este consiga reproduzir os exercícios de maneira correta em domicílio, o que o ajudará e otimizará o seu processo de reabilitação.

## CÂNCER DE MAMA

O câncer de mama, juntamente com o de pulmão, é o tipo de câncer mais comum nas mulheres em todo o mundo, considerando o número de novos casos ao ano. O tratamento cirúrgico do câncer de mama, dependendo da técnica cirúrgica utilizada, da localização da cicatriz, da extensão da cirurgia, da retirada ou não de linfonodos, quantidade de linfonodos retirados e do próprio processo de cicatrização da paciente, pode apresentar diferentes formas de acometimento motor:

FIGURA 1 Exemplos de exercícios ativos. Exemplos de figuras disponíveis no *software* VHI Kits® usadas para visualização dos pacientes. As fotos podem ser configuradas para tamanhos maiores com orientações escritas pelo próprio terapeuta.

- restrição de ADM de ombro homolateral à cirurgia;
- redução da ADM de ombro homolateral à cirurgia;
- alterações posturais;
- dor;
- alteração da sensibilidade em região de mama, membro superior homolateral à cirurgia;
- fraqueza do membro superior homolateral à cirurgia;
- linfedema.

Além das alterações físicas, as pacientes enfrentam diversas e diferentes questões psicológicas e emocionais que influenciam diretamente, na maioria das vezes, a reabilitação física. A fisioterapia conta com diversas modalidades para tratar as afecções físicas: cinesioterapia (exercícios ativos, assistidos, autoassistidos, passivos e resistidos), alongamentos (ativo e passivo), meios físicos (ultrassom, TENS, FES, infravermelho), além da manipulação e da liberação miofascial para desativação de pontos-gatilho (ver Capítulo 21).

O linfedema é uma afecção que pode atingir qualquer paciente que tenha realizado a retirada total ou parcial dos linfonodos axilares, podendo ser desencadeado por fatores intrínsecos (extensão e agressividade da cirurgia, quantidade de linfonodos retirados) ou extrínsecos; esses fatores podem ser prevenidos, e a equipe de reabilitação tem o dever de orientar seus pacientes.

A seguir estão enumerados os cuidados que as pacientes devem ter com o membro superior homolateral à cirurgia:

- não carregar peso: objetos, bolsas, livros etc.;
- evitar esforço repetitivo, mesmo que seja leve, como fazer crochê;
- evitar banhos quentes;
- evitar calor externo ou, pelo menos, manter o membro superior afastado da fonte de calor, como fogão, forno, ferro de passar roupa;
- não tirar cutículas (para evitar ferimentos);

- ter cuidado para não se machucar: cortes, escoriações, queimaduras;
- usar braçadeira compressiva (conversar com o médico sobre essa indicação).

A braçadeira é utilizada na prevenção e também no tratamento do linfedema, dependendo do nível de compressão que ela oferece. Em alguns centros oncológicos, atualmente se usam duas medidas de compressão da braçadeira: 20-30 mmHg, indicada para pacientes que têm linfedema subclínico; e 30-40 mmHg, indicada para o tratamento do linfedema, junto com a terapia complexa (drenagem linfática manual e enfaixamento compressivo manual – realizados após a liberação médica). Existe também a braçadeira de compressão 40-50 mmHg, mas esta não é amplamente usada nos dias de hoje.

## CÂNCER DE CABEÇA E PESCOÇO

O câncer considerado de cabeça e pescoço inclui todas as áreas da cavidade oral, laringe, faringe, seios paranasais, cavidades nasais e glândulas salivares. São registrados aproximadamente 700 mil casos novos a cada ano. O tratamento cirúrgico do câncer de cabeça e pescoço, dependendo da extensão da dissecção cervical, pode apresentar também diferentes formas de acometimento motor. A dissecção cervical é associada a maior prevalência de dor e disfunção de cintura escapular, devido ao envolvimento (prejuízo) do nervo acessório. A cirurgia torna-se responsável pelas alterações motoras, tais como:

- restrição ou redução de ADM de ombro homolateral à cirurgia;
- dor, de caráter neuropático ou não;
- alteração da sensibilidade em região da cirurgia, em partes da face e em parte do membro superior homolateral à cirurgia;

- fraqueza do membro superior homolateral à cirurgia.

Além dos acometimentos físicos, os pacientes referem redução da qualidade de vida e diferentes questões psicológicas e emocionais que influenciam diretamente, na maioria das vezes, a reabilitação física. A fisioterapia, especificamente, conta com diversas modalidades para tratar as afecções físicas: cinesioterapia (exercícios ativos, assistidos, autoassistidos, passivos e resistidos), alongamentos (ativo e passivo) etc. (ver Capítulo 28).

## TUMORES ÓSSEOS E SARCOMAS DE PARTES MOLES

Os tumores malignos ósseos primários são aqueles que se formam nas células dos ossos. São pouco frequentes e constituem menos de 1% do total de casos novos de câncer. Avanços importantes nos protocolos de quimioterapia, na qualidade dos exames diagnósticos, no estadiamento da doença e das técnicas cirúrgicas mudaram os resultados do tratamento dos pacientes com tumores musculoesqueléticos.

O procedimento cirúrgico oncológico consiste na retirada do tumor em conjunto com tecidos saudáveis (margem segura), como ossos, músculos, superfícies articulares, estruturas vasculares e nervosas, podendo gerar grandes limitações, como dor, encurtamento do membro, desvios posturais, rigidez articular, diminuição de força muscular, infecções, fraturas, luxações e soltura de próteses. Apesar do intuito curativo da cirurgia, ela traz inúmeros prejuízos, pois se trata de um trauma controlado, produzido por um profissional treinado para corrigir um trauma não controlado.

Os pacientes com câncer ósseo ou metástases ósseas, de outros tipos de tumores, podem ter os esqueletos axial ou apendicular acometidos em diferentes graus. Os cuidados se referem à cicatrização e recuperação do tecido mole, à consolidação óssea e biomecânica do tecido conectivo manipulado para que o paciente alcance os objetivos, dentro de suas possibilidades, de maneira mais eficaz (ver Capítulo 24).

A literatura prevê, para a reabilitação pós-operatória de doentes oncológicos, que a equipe multidisciplinar seja responsável pela(s):

- intervenções de reabilitação no pós-operatório (PO) de pacientes ortopédicos, com exercícios e orientações;
- mobilização precoce da articulação, de maneira suave, no limite da dor, já no primeiro dia do PO, de acordo com a liberação da equipe médica cirúrgica;
- sedestação, ortostatismo e marcha com carga parcial (ao critério médico);
- continuidade e reforço dos cuidados e orientações anteriores quando o paciente tiver alta da enfermaria ou do atendimento ambulatorial.

A equipe deve ser, como dito anteriormente, multidisciplinar, formada pelo médico fisiatra, fisioterapeuta, terapeuta ocupacional, psicólogos e profissionais de educação física, contando ainda com as equipes já citadas, se necessário; deve haver uma interface entre as equipes médicas clínica e cirúrgica.

## TUMORES DO SISTEMA NERVOSO CENTRAL

Os pacientes com tumor no sistema nervoso central (SNC) chegam cada vez mais aos centros oncológicos de tratamento ambulatorial, devido aos avanços no diagnóstico e no tratamento. Esse grupo de tumores apresenta efeitos bastante heterogêneos, nos quais se misturam afecções físicas, psicológicas e cognitivas, dependendo da localização do tumor e da extensão de seu tratamento cirúrgico.

A atuação multidisciplinar é, novamente, de extrema importância, e em diversos casos, o atendimento conjunto desse paciente é necessário, desde que seja observado benefício para o paciente ao ser abordado de forma mais ampla. A abordagem fisioterapêutica pode ser realizada em qualquer postura, desde a mais baixa (decúbitos) até a mais alta (ortostatismo), obedecendo aos limites do paciente e aos que são impostos pela própria doença.

Um ponto importante a ser observado é que, em PO de tumores do SNC, o paciente deve ser monitorado devido ao risco de apresentar hipertensão craniana, que pode resultar em rebaixamento do nível de consciência, entre outros efeitos. Nesses casos é necessário manter o paciente em decúbito elevado (ver Capítulo 27).

## TÓRAX E ABDOME

As cirurgias abdominais e torácicas também se beneficiam com a atuação da equipe de reabilitação para que o paciente se restabeleça de forma otimizada. Os maiores objetivos da fisioterapia são a reexpansão pulmonar e a prevenção do acúmulo de secreções, do imobilismo e seus efeitos deletérios. Diversas técnicas podem ser empregadas para alcançar esses objetivos, mas deve-se sempre discutir as condutas com os médicos cirurgiões.

## METÁSTASES

A metástase é a doença que se espalha por meio dos vasos sanguíneos ou linfáticos para locais distantes da região do tumor primário. Pode aparecer em diferentes órgãos e estruturas do corpo, a depender de seu tumor primário. É necessário que os profissionais que atendam pacientes que já apresentem metástases tenham em mente a incurabilidade da doença de base na maioria dos casos, uma vez que o câncer se espalhou. Entretanto, apesar da gravidade do caso quando ocorrem as metástases, é importante lembrar que o tratamento não termina com a progressão da doença. O paciente continuará com os cuidados médicos, por vezes iniciará novo tipo de tratamento, como a quimioterapia ou a radioterapia paliativa, para controle de sintomas ou melhora da qualidade de vida.

Os objetivos da reabilitação poderão ser alterados muitas vezes, a fim de orientar o paciente sobre adaptações nessa fase paliativa do tratamento – por exemplo, com técnicas de conservação de energia, exercícios para manutenção da força e trofismo muscular, manutenção das AVD e da autonomia para a realização destas. Os pacientes e familiares necessitarão do apoio e suporte profissional para lidar com novas demandas físicas ou psicológicas que poderão surgir.

## CUIDADOS PALIATIVOS

Atualmente, falar em cuidado paliativo já não remete ao paciente em seu leito de morte, mas, sim, à qualidade de vida do paciente que não apresenta objetivo de cura, em uma fase em que a doença é grave e que ameaça a continuidade da vida. Os cuidados paliativos devem ser iniciados o mais precocemente possível, mesmo durante o tratamento curativo da doença, a fim de auxiliar no manejo de sintomas de difícil controle. Nessa fase, o paciente deverá ter seus sintomas controlados por medicamentos ou por outros tipos de terapêutica, como a reabilitação. O paciente deve ser conduzido e desafiado a atingir toda a capacidade funcional que seu corpo é capaz de fornecer. Porém, cabe aos terapeutas identificar o momento em que a reabilitação não traz mais tantos benefícios ao paciente. Muitas vezes este e seus familiares não permitem a alta da reabilitação, acreditando na piora mais rápida; entretanto, com base nas avaliações clínicas que devem ser realizadas periodicamente, o terapeuta deve estar apto a discutir tal ação (ver Capítulo 20).

O paciente é a força principal da reabilitação, com o terapeuta agindo como um comunicador informado e eficaz, coordenador eficiente e motivador, tornando-se responsável por nortear o paciente em busca de seus objetivos, não importando o momento da doença em que ele se encontra e, principalmente, sabendo a exata hora de parar.

## BIBLIOGRAFIA RECOMENDADA


1. Bennett S, Pigott A, Beller EM, Haines T, Meredith P, Delaney C. Educational interventions for the management of cancer-related fatigue in adults. Cochrane Database Syst Rev. 2016;11:CD008144.
2. Bourgeois JF, Gourgou S, Kramar A, Lagarde JM, Gall Y, Guillot B. Radiation--induced skin fibrosis after treatment of breast cancer: profilometric analysis. Skin Res Technol. 2003;9(1):39-42.
3. Brito CMMd, Bazan M, Pinto CA, Baia WRM, Battistella LR, eds. Manual de reabilitação em oncologia do Icesp. São Paulo: Manole; 2014.
4. Carayol M, Delpierre C, Bernard P, Ninot G. Population-, intervention- and methodology-related characteristics of clinical trials impact exercise efficacy during adjuvant therapy for breast cancer: a meta-regression analysis. Psychooncology. 2015;24(7):737-47.
5. Cramp F, Byron-Daniel J. Exercise for the management of cancer-related fatigue in adults. Cochrane Database Syst Rev. 2012;11:CD006145.
6. De Groef A, Van Kampen M, Verlvoesem N, Dieltjens E, Vos L, De Vrieze T, et al. Effect of myofascial techniques for treatment of upper limb dysfunctions in breast cancer survivors: randomized controlled trial. Support Care Cancer. 2017;25(7):2119-27.
7. Gane EM, Michaleff ZA, Cottrell MA, McPhail SM, Hatton AL, Panizza BJ, et al. Prevalence, incidence, and risk factors for shoulder and neck dysfunction after neck dissection: a systematic review. Eur J Surg Oncol. 2017;43(7):1199-218.
8. Inca MdS. Disponível em: http://bvsms.saude.gov.br/bvs/publicacoes/situaçao_cancer_brasil.pdf.
9. Instituto Nacional de Câncer (Inca). Disponível em: www.inca.gov.br.
10. Kisner C, Colby LA. Exercícios terapêuticos: fundamentos e técnicas. 2005.
11. Kowalski LP, Anelli A, Salvajoli JV, Lopes Lf. Manual de condutas diagnósticas e terapêuticas em oncologia. 2.ed. 2002.
12. Maxey L, Magnusson J. Reabilitação pós-cirúrgica para o paciente ortopédico. 2003.
13. McNeely ML, Campbell KL, Rowe BH, Klassen TP, Mackey JR, Courneya KS. Effects of exercise on breast cancer patients and survivors: a systematic review and meta-analysis. CMAJ. 2006;175(1):34-41.

14. Mustian KM, Sprod LK, Janelsins M, Peppone LJ, Mohile S. Exercise recommendations for cancer-related fatigue, cognitive impairment, sleep problems, depression, pain, anxiety, and physical dysfunction: a review. Oncol Hematol Rev. 2012;8(2):81-8.
15. Ng AH, Gupta E, Fontillas RC, Bansal S, Williams JL, Park M, et al. Patient-reported usefulness of acute cancer rehabilitation. PM R. 2017;9(11):1135-43.
16. Pfazer L. Oncology: examination, diagnosis, and treatment: physical therapy considerations. In: Myers RS e, ed. Philadelphia: W.B. Saunders; 1997. p.149-89.
17. Pidgeon T, Johnson CE, Currow D, Yates P, Banfield M, Lester L, et al. A survey of patients' experience of pain and other symptoms while receiving care from palliative care services. BMJ Support Palliat Care. 2016;6(3):315-22.
18. Prue G, Rankin J, Allen J, Gracey J, Cramp F. Cancer-related fatigue: a critical appraisal. Eur J Cancer. 2006;42(7):846-63.
19. Velthuis MJ, Agasi-Idenburg SC, Aufdemkampe G, Wittink HM. The effect of physical exercise on cancer-related fatigue during cancer treatment: a meta-analysis of randomised controlled trials. Clin Oncol (R Coll Radiol). 2010;22(3):208-21.
20. Wang XS, Woodruff JF. Cancer-related and treatment-related fatigue. Gynecol Oncol. 2015;136(3):446-52.
21. World Health Organization. Disponível em: https://www.who.int/cancer/PRGlobocanFinal.pdf.

# 4 Radioterapia

Mayara Gonçalves

## INTRODUÇÃO

A radioterapia é o uso de radiação ionizante para fins terapêuticos, ou seja, usa-se uma dose de radiação em um volume doente específico, poupando ao máximo os tecidos saudáveis ao redor. A medida da dose de radiação transferida a um tecido é feita em Grays (1 Gy ou Gray = 1 Joule/kg), e cada tecido biológico tem uma sensibilidade a esse tipo de energia, que irá causar a morte celular.

A aplicação clínica da radioterapia é feita principalmente por braquiterapia ou teleterapia (radioterapia externa), como descrito na Tabela 1.

TABELA 1 Descrição da aplicação clínica da radioterapia

| Braquiterapia | Teleterapia |
|---|---|
| Fontes radioativas na forma de agulhas, sementes ou fios colocados em contato direto com o tecido a ser tratado, poupando os tecidos saudáveis ao redor. A aplicação pode ser feita em dias ou minutos. | A fonte emissora fica a certa distância do paciente e é emitida uma dose diária de radiação. Diversas máquinas (aceleradores lineares, unidade de Co-60) e técnicas (convencional, 3D, IMRT) podem ser usadas. |

A radioterapia pode ser realizada de forma isolada ou associada a outro tratamento oncológico. Ela é neoadjuvante quando realizada antes das cirurgias para diminuir a margem cirúrgica, por exemplo, e nesses casos pode-se interferir no processo de cicatrização do tecido, e é adjuvante quando visa aumentar a chance de erradicar a doença no campo operatório. Já a quimioterapia é um tratamento oncológico que pode ser concomitante à radioterapia para aumentar os índices terapêuticos; no entanto, requer cuidados devido à maior toxicidade do tratamento (ver Capítulo 5).

O paciente submetido a radioterapia normalmente passará por avaliação clínica multidisciplinar (cirurgião, oncologista clínico e radioterapeuta). Com base na identificação de necessidade desse tipo de conduta se define o objetivo do tratamento (curativo ou paliativo), tipo de aplicação, técnica adequada de administração, dose ótima de radiação no tecido-alvo considerando estruturas saudáveis ao redor e condição clínica do paciente.

## EFEITOS BIOLÓGICOS DA RADIAÇÃO

A radioterapia atua por meio de dano celular que leva à inabilidade da célula para se reproduzir. Uma célula saudável consegue se recuperar dessa lesão, no entanto um bom planejamento de tratamento é necessário para que se atinjam os objetivos de morte da célula tumoral que leva à cura da doença, e de diminuição de seus efeitos adversos no tecido saudável, o que melhora a qualidade de vida do paciente.

Os efeitos adversos da radioterapia dependem da toxicidade aos diferentes tecidos atingidos. Atualmente, com as modernas técnicas de radioterapia, a dose e o volume irradiado são mais precisos, porém ainda são comuns os efeitos agudos e tardios do tratamento radioterápico (Tabela 2).

TABELA 2 Efeitos adversos da radioterapia

| Efeitos agudos | Efeitos tardios |
|---|---|
| Ocorrem durante ou logo após a conclusão da radioterapia, e são resolvidos em 4-6 semanas. | Ocorrem meses ou até mesmo anos após concluído o tratamento da radioterapia, e podem ser permanentes. |

O tecido biológico saudável atingido pela radioterapia possui uma radiossensibilidade que indica o quanto ele é suscetível ao dano celular. Como a composição tecidual de cada órgão é diferente, eles apresentarão diferentes respostas à radiação, conforme mostrado na Tabela 3.

TABELA 3 Tecidos biológicos comumente afetados pela radiação

| Tecidos biológicos | Efeito | Alteração |
|---|---|---|
| Ossos | Osteorradionecrose<br>Fratura | Danos na função dos osteoblastos, resultando em diminuição na produção da matriz óssea e maior risco de fraturas patológicas. |
| Mucosas | Mucosite<br>Ulcerações | Danos em células epiteliais com desnudação e subsequente formação de pseudomembranas compostas por células inflamatórias, exsudato intersticial, fibrina e restos celulares. |
| Músculo e tecido conjuntivo | Fibrose | Efeito tardio que se inicia no estroma com uma fibrose progressiva (exsudato fibrinoso intersticial torna rígido o revestimento de estroma) que tardiamente apresenta perda da elasticidade e pode ser acompanhado por fibrose da derme e do tecido subcutâneo. |
| Articulações | Rigidez articular<br>Dor | Diminuição da lubrificação articular e formação de fibrose, que podem levar inclusive a necrose tecidual. |

Ao se observar a composição das estruturas que fazem parte do corpo humano, nota-se diferente distribuição desses tecidos. Ao irradiar a mama de uma mulher, deve-se estar atento às alterações na pele, glândula mamária, músculo peitoral, costelas, além de pulmão e pleura, e consequentemente a todas as partes do nosso corpo.

A fisioterapia poderá atuar para minimizar esses efeitos adversos agudos e tardios da radioterapia, prevenir complicações, garantir funcionalidade e melhorar a qualidade de vida dos pacientes submetidos a radiação de forma terapêutica.

## EFEITOS ADVERSOS DA RADIOTERAPIA E ATUAÇÃO DA FISIOTERAPIA

### Fadiga

A fadiga relacionada a radioterapia pode ocorrer em até 80% dos casos de forma aguda e em 30% dos pacientes de forma crônica, sendo um dos efeitos mais frequentes e severos. Assim, a realização de exercícios é altamente recomendada durante a radioterapia.

Os mecanismos biológicos que explicam os benefícios do exercício na fadiga oncológica ainda não estão bem estabelecidos, porém o exercício aeróbico supervisionado é o que mostra melhores resultados, o que está diretamente ligado à duração e frequência, além da persistência na realização do exercício, mesmo durante o tratamento oncológico, e sua realizaçao é considerada segura. Além disso, essa atividade pode ser complementada pelo exercício resistido, que é importante para ganho de força muscular e melhora na composição corporal.

Os benefícios dos exercícios são físicos e psicológicos, podendo inclusive reduzir níveis de ansiedade e estresse, além de aumentar a adesão desses pacientes à prática de atividade física e autocuidados após o tratamento, o que melhora a qualidade de vida.

## Dor e fibrose

A etiologia da dor crônica em pacientes oncológicos não é bem definida, mas a neurotoxicidade, alterações na pele, músculos e ossos parecem estar relacionados; sendo assim, a avaliação da dor deve ser realizada a cada sessão de fisioterapia. Entre os casos de dor decorrente de radioterapia, há as plexopatias braquial e lombossacral, dor pélvica, fraturas e osteorradionecrose, que podem ocorrer dependendo da área irradiada (mama, pelve, cabeça e pescoço).

Ao contrário da dor, a fisiopatologia da fibrose pós-radioterapia é bem descrita na literatura científica, e tanto a fibrose do tecido subcutâneo quanto a do tecido muscular podem levar a alterações funcionais dependendo da região afetada. No caso da mama irradiada, pode agravar a limitação de amplitude de movimento do ombro, lesionar linfonodos linfáticos, acarretando linfedema, e reduzir a força muscular do braço. Nos pacientes com câncer de cabeça e pescoço que têm região de articulação temporomandibular e músculos mastigatórios irradiados, pode causar ou piorar casos de trismo (limitação na abertura da boca). Já a osteorradionecrose e as fraturas devido à radioterapia podem chegar ao fisioterapeuta tardiamente, e então o profissional terá de cuidar das complicações desses achados.

Muitas dessas condições podem demandar atendimentos por longo tempo e em alguns casos a alta pode não significar resolução completa da queixa.

## Alterações na pele

A radiodermite é um efeito adverso comum em pacientes que têm câncer na mama, cabeça e pescoço, próstata e períneo. As alterações iniciais envolvem eritema, descamação seca e descamação úmida, e os efeitos tardios incluem mudanças de pigmentação, teleangectasias, perda de pelos, atrofia, fibrose e ulceração.

Além das alterações na aparência (cor, textura), há que se considerar os efeitos nociceptivos. Outra preocupação dos pacientes e da equipe multidisciplinar envolve a necessidade de interromper a radioterapia por causa de problemas na pele.

A fisioterapia terá um papel importante na orientação dos pacientes para melhor adesão ao tratamento tópico com cremes e pomadas prescritos pela equipe multidisciplinar, orientado quanto à mitos e dúvidas do dia a dia e incentivar a cessação do tabagismo, já que são conhecidos os seus efeitos na cicatrização de feridas.

## Efeitos cardiovasculares e pulmonares

A pericardite pode ser um efeito pós-radioterapia em pacientes irradiados por linfoma de Hodgkin, e pneumonites são encontradas em 5-15% dos pacientes que realizam radioterapia por câncer de mama, pulmão e tumores de mediastino. Este último está diretamente relacionado com o volume de pulmão irradiado e o uso concomitante de quimioterapia, e normalmente se manifesta por febre baixa, congestão, tosse seca e dor torácica pleurítica em 1-3 meses após o término da radioterapia. A fibrose por radiação normalmente se desenvolve entre 6-12 meses e pode ser progressiva até a estabilidade do quadro em até 2 anos.

O conhecimento das manifestações radiológicas da doença pulmonar pós-radioterapia é importante para diferenciá-la de outras condições patológicas do pulmão, como infecções e até mesmo recorrência da doença oncológica. Então, na fase aguda pode se manifestar por opacidades em vidro fosco e consolidações, e na fase tardia por bronquiectasias, perda de volume e fibrose. Com esses conhecimentos, o fisioterapeuta poderá propor o programa de reabilitação pulmonar mais indicado.

Um programa de reabilitação pulmonar tem mostrado benefícios físicos (melhora na composição corporal, melhora da sintomatologia, ganho de força muscular), diminuição da exacerbação da doença pulmonar obstrutiva crônica (DPOC), diminuição nos dias de internação hospitalar e melhora na capacidade do exercício e da qualidade de vida. A reabilitação pulmonar pode acontecer concomitantemente à quimiorradioterapia ou após o tratamento oncológico; as atividades podem ser de alta intensidade, de acordo com as condições clínicas de cada paciente, unidas a orientações educacionais.

## Efeitos gastrointestinais

Os efeitos gastrointestinais envolvem desde xerostomia e mucosite, comuns nos pacientes irradiados por câncer de cabeça e pescoço, até as esofagites, enterites e prostatites.

A mucosite é uma inflamação da mucosa oral que pode ser aliviada com o uso de medicação, e a xerostomia é a diminuição da saliva na boca que pode ser compensada por saliva artificial, porém ambas podem vir acompanhadas de dor, disfagia, dificuldade de falar e de realizar higiene oral; assim, é essencial o acompanhamento multidisciplinar do paciente com estomatologista, fonoaudiólogo e fisioterapeuta.

A radioterapia para tratamento do câncer de próstata tem mostrado como grande problema as disfunções intestinais. O fisioterapeuta pode ou não ter uma atuação direta, mas deve sempre estar atento quando o paciente está em tratamento por incontinência urinária pós-prostatectomia, por exemplo. Se o paciente apresenta sangramento ou diarreia, a eletroestimulação endocavitária deve ser interrompida; se o paciente está em vigência de radioterapia não deve ser realizada em um período de pelo menos 6 meses.

Os sintomas intestinais decorrentes da irradiação por câncer colorretal, próstata e tumores ginecológicos podem ser dor abdominal, constipação, diarreia, incontinência fecal, prostatite e dor retal. A proximidade do câncer do esfíncter anal, a realização de quimioterapia e a necessidade de colostomia temporária ou permanente influenciam fortemente a intensidade desses sintomas. Muitas vezes será necessário o encaminhamento a um nutricionista para ajuste de dieta a fim de obter melhores resultados na reabilitação.

## Incontinência urinária e fecal

A irritação e a obstrução urinária estão fortemente associadas à realização da radioterapia por câncer de próstata; já a urgência e incontinência urinária estão relacionadas a altas doses de radiação e realização de prostatectomia, que pode acontecer até mesmo 3-5 anos após o tratamento. A incontinência fecal pode vir acompanhada por outros problemas intestinais, o que torna complexo o tratamento desses pacientes.

## Disfunção sexual

A disfunção sexual masculina inclui basicamente a impotência, muito comum em pacientes irradiados por câncer de próstata e menos comum naqueles por câncer colorretal. Os sintomas aparecerão normalmente após um ano do tratamento radioterápico, e podem ser piores em casos de tratamento com inibidores totais de andrógenos. A disfunção sexual na mulher é comum em casos irradiados por câncer cervical e de endométrio, e seus efeitos incluem diminuição do interesse sexual, secura vaginal e estenose, dispareunia (dor durante o ato sexual) e insatisfação sexual.

Além do tratamento padrão, o incentivo na realização de exercícios aeróbicos e resistidos tem mostrado eficácia na melhora na libido, qualidade de vida, ganho de massa muscular, redução da fadiga e ganho de força muscular e função física. Além disso, a educação sobre autoconhecimento corporal e a realização de exercícios de assoalho pélvico podem auxiliar e melhorar a qualidade de vida desses indivíduos.

# CONCLUSÕES

Os efeitos adversos da radioterapia aqui apresentados muitas vezes são multifatoriais, e o tratamento fisioterapêutico deverá preservar, manter ou recuperar as condições cinético-funcionais desses pacientes oncológicos, que passam por diversas etapas de um processo de doença e cura que muitas vezes se apresentam de forma desgastante física e emocionalmente. A seguir se verifica um resumo da atuação da fisioterapia nos efeitos adversos e as principais orientações a serem fornecidas aos pacientes irradiados (Tabela 4).

TABELA 4 Efeitos adversos da radioterapia e a atuação da fisioterapia

| Efeitos adversos | Localização do câncer | Fisioterapia | Orientações gerais |
|---|---|---|---|
| Fadiga | Cabeça e pescoço, mama, pélvicos, pulmão, sistema nervoso | ▪ Exercícios aeróbicos: 40-60 min, 3x/sem, intensidade submáxima<br>▪ Exercícios resistidos<br>▪ Técnicas de relaxamento | Checar exames laboratoriais. Evitar treinar 1-2 horas após a radioterapia ou antes do almoço. Não realizar treino aeróbico em piscina. *Orientações ao paciente*: qualidade do sono, diminuição do estresse, técnicas de relaxamento. |
| Dor e fibrose | Cabeça e pescoço, mama, pélvicos | ▪ Exercícios ativos e ativo-assistidos<br>▪ Alongamentos<br>▪ Exercícios resistidos<br>▪ Mobilização articular<br>▪ Liberação miofascial<br>▪ Fotoeletroterapia (*laser*, TENS)<br>▪ Reeducação neuromuscular<br>▪ Correção postural<br>▪ Técnicas de relaxamento | Checar condição da pele para realização de manobras manuais. Fortalecimento: aumento de carga progressivo. *Orientações ao paciente*: realizar os exercícios em casa, manter o alinhamento postural, informar características da dor durante todas as etapas do tratamento. |

(continua)

TABELA 4 Efeitos adversos da radioterapia e a atuação da fisioterapia *(continuação)*

| Efeitos adversos | Localização do câncer | Fisioterapia | Orientações gerais |
|---|---|---|---|
| Alterações na pele | Cabeça e pescoço, mama, próstata | ▪ Exercícios e alongamentos (interromper apenas se surgir ulceração e dor local)<br>▪ Posicionamento (usar almofada para diminuir o atrito com a pele) e uso de roupas adequadas (retirar o sutiã durante a realização dos exercícios)<br>▪ Técnicas de relaxamento<br>▪ Encaminhar para equipe de enfermagem (curativos), se necessário | É seguro realizar a fisioterapia durante a radioterapia, desde que a pele esteja íntegra. Facilitar a adesão ao tratamento tópico. *Orientações ao paciente*: realizar higiene local com sabão sem cheiro, usar desodorante recomendado pela equipe, fazer limpeza da pele e não usar nenhum produto 2 horas antes da radioterapia, evitar nadar em piscinas e realizar banhos em ofurôs, proteger a pele do sol. |
| Linfedema e edema | Cabeça e pescoço, mama | ▪ Terapia complexa descongestiva<br>▪ *Laser*<br>▪ Liberação cicatricial e tecidual<br>▪ Posicionamento | Pacientes em radioterapia que apresentem pele friável, não realizar manobras manuais na região alterada. Enfaixamento compressivo: pacientes em radioterapia, atentar para hidratação com creme e a área do enfaixamento, que não deve ultrapassar área irradiada. *Orientações ao paciente*: realizar hidratação e cuidados com a pele, automassagem, exercícios, evitar deitar sob área edemaciada. |

*(continua)*

TABELA 4 Efeitos adversos da radioterapia e a atuação da fisioterapia *(continuação)*

| Efeitos adversos | Localização do câncer | Fisioterapia | Orientações gerais |
|---|---|---|---|
| Alterações cardiopulmonares (pneumonite, fibrose pulmonar) | Mama, pulmão, mediastino | ▪ Reabilitação pulmonar<br>▪ Exercício aeróbico: 30-60 min, 1-3x/sem, alta intensidade (80% pico de resistência)<br>▪ Exercícios resistidos<br>▪ Exercícios respiratórios<br>▪ Encaminhar ao nutricionista, se necessário | Checar exames laboratoriais. Evitar treinar 1-2 horas após a radioterapia ou antes do almoço.<br>*Orientações ao paciente*: importância da cessação do fumo, educação sobre alterações comuns da doença e do tratamento oncológico, benefícios da nutrição adequada e dos exercícios, exercícios respiratórios. |
| Efeitos orais (xerostomia, mucosite, alteração paladar) | Cabeça e pescoço | ▪ *Laser*: 633-685 nm ou 780-830 nm; dose = 2 $J/cm^2$ como dose preventiva e 4 $J/cm^2$ como dose curativa; 2-3x/semana ou diariamente<br>▪ TENS: na região das glândulas parótidas e submandibulares, F = 50 Hz, LP = 250 ms, limiar sensorial, T = 5-20 min<br>▪ Encaminhar para estomatologia, fonoaudiologia e nutricionista, se necessário | No Brasil, ainda não há consenso entre médicos, fisioterapeutas e dentistas sobre quem pode ou não aplicar *laser* na cavidade oral dos pacientes; sendo assim, orienta-se entrar em concordância dentro de cada serviço e com cada equipe de saúde.<br>*Orientações ao paciente*: utilizar saliva artificial ou estratégias conforme orientação médica e de nutricionistas para aumentar o fluxo salivar, manter a higiene oral. |

*(continua)*

TABELA 4 Efeitos adversos da radioterapia e a atuação da fisioterapia *(continuação)*

| Efeitos adversos | Localização do câncer | Fisioterapia | Orientações gerais |
|---|---|---|---|
| Efeitos intestinais/ inconti-nências urinária e fecal | Bexiga, colorretal, próstata, ginecológi-cos | ▪ Treino de músculos do assoalho pélvico<br>▪ EE endocavitária: F = 50-70 Hz, LP = 500-700 us, por 20 min<br>▪ EENTP e EE sacral: F = 10 Hz, LP = 230 us, por 20 min<br>▪ *Biofeedback*<br>▪ Terapia manual<br>▪ Encaminhar para nutricionista, se necessário | Deve-se ter atenção para casos de sangramento, sinais de infecção e lesão cutânea, e nesses casos não realizar EE endocavitária.<br>Não realizar EE endocavitária em paciente com menos de 6 meses do término da radioterapia.<br>*Orientações ao paciente*: posicionamento correto e massagem para constipação, educação de hábitos intestinais, educação de hábitos urinários, sinais de alerta para comunicar a equipe. |
| Disfunção sexual/ estenose e resseca-mento vaginal | Colorretal e próstata, endométrio, vaginal | ▪ Cinesioterapia para fortalecimento e propriocepção de assoalho pélvico<br>▪ *Biofeedback*<br>▪ Exercício aeróbico e resistido<br>▪ Terapia manual<br>▪ Dilatadores vaginais<br>▪ Encaminhar para psicoterapia, se necessário | Educar o paciente sobre o assoalho pélvico e incentivar a participação do (a) parceiro(a) na reabilitação.<br>Incentivar o paciente para a prática de atividade física para ganhos cardiovasculares e musculares.<br>*Orientações ao paciente*: uso de lubrificante vaginal; pode ser interessante a terapia sexual para o paciente ou casal. |

## BIBLIOGRAFIA RECOMENDADA


1. Berkey FJ. Managing the adverse effects of radiation therapy. Am Fam Physician. 2010 Aug 15;82(4):381-8, 394. Review.
2. Cormie P, Chambers SK, Newton RU, Gardiner RA, Spry N, Taaffe DR, et al. Improving sexual health in men with prostate cancer: randomised controlled trial of exercise and psychosexual therapies. BMC Cancer. 2014 Mar 18;14:199.
3. Hickok JT, Morrow GR, Roscoe JA, Mustian K, Okunieff P. Occurrence, severity, and longitudinal course of twelve common symptoms in 1129 consecutive patients during radiotherapy for cancer. J Pain Symptom Manage. 2005 Nov;30(5):433-42.
4. Lehnert S. Radiobiologia. In: Salvajoli JV, Souhami L, Faria SL. Radioterapia em oncologia. Rio de Janeiro: MEDSI Editora Médica e Científica Ltda; 1999. p.91-118.
5. Leysen L, Beckwée D, Nijs J, Pas R, Bilterys T, Vermeir S, et al. Risk factors of pain in breast cancer survivors: a systematic review and meta-analysis. Support Care Cancer. 2017 Dec;25(12):3607-43.
6. Martins J, Vaz AF, Grion RC, Esteves SCB, Costa-Paiva L, Baccaro LF. Factors associated with changes in vaginal length and diameter during pelvic radiotherapy for cervical cancer. Arch Gynecol Obstet. 2017 Dec;296(6):1125-33.
7. Meneses-Echávez JF, González-Jiménez E, Ramírez-Vélez R. Effects of supervised exercise on cancer-related fatigue in breast cancer survivors: a systematic review and meta-analysis. BMC Cancer. 2015 Feb 21;15:77. Review.
8. Nam RK, Cheung P, Herschorn S, Saskin R, Su J, Klotz LH, et al. Incidence of complications other than urinary incontinence or erectile dysfunction after radical prostatectomy or radiotherapy for prostate cancer: a population-based cohort study. Lancet Oncol. 2014 Feb;15(2):223-31.
9. O'Sullivan B, Levin W. Late radiation-related fibrosis: pathogenesis, manifestations, and current management. Semin Radiat Oncol. 2003;13(3):274-89.
10. Rivas-Perez H, Nana-Sinkam P. Integrating pulmonary rehabilitation into the multidisciplinary management of lung cancer: a review. Respir Med. 2015 Apr;109(4):437-42.
11. Sciubba JJ, Goldenberg D. Oral complications of radiotherapy. Lancet Oncol. 2006 Feb;7(2):175-83. Review.
12. Stubblefield MD. Clinical evaluation and management of radiation fibrosis syndrome. Phys Med Rehabil Clin N Am. 2017 Feb;28(1):89-100.
13. Thomas GP, Bradshaw E, Vaizey CJ. A review of sacral nerve stimulation for faecal incontinence following rectal surgery and radiotherapy. Colorectal Dis. 2015 Nov;17(11):939-42.

# Quimioterapia/Hormonioterapia 5

Marcelo Casanova de Oliveira
Thalissa Maniaes

## QUIMIOTERAPIA

Os principais tratamentos oncológicos incluem cirurgia (remoção do tumor), quimioterapia, radioterapia, terapia-alvo e mais recentemente a imunoterapia, podendo ser utilizados isoladamente ou combinados. No caso das leucemias, outro tipo de tratamento se faz necessário, como o transplante de células tronco hematopoiéticas (TCTH) (ver Capítulo 11).

A quimioterapia tem como objetivo primário a destruição das células neoplásicas por meio de uma abordagem sistêmica, porém os agentes quimioterápicos atuam de forma inespecífica, lesando tanto células neoplásicas como células normais, principalmente as células de crescimento rápido, como as do sistema imunológico, as dos capilares e as do sistema gastrointestinal. Isso explica os vários efeitos adversos da quimioterapia, como náuseas, vômito, queda de cabelo e predisposição a infecções.

Há muitos anos, estudos vêm sendo realizados para maior eficiência da quimioterapia e a combinação de diversos agentes antineoplásicos. Resultados surpreendentes foram obtidos, com índices de cura de 75-90% em diversos tipos de câncer, e o diagnóstico precoce do tumor favorece o sucesso do tratamento quimioterápico.

A quimioterapia é uma das modalidades de tratamento que possuem maior chance de cura, e pode ser administrada por várias vias: intravesical, parenteral endovenosa, parenteral intramuscular, parenteral subcutânea, parenteral intra-arterial, parenteral intrapleural, parenteral intratecal e via enteral oral.

São diversos os mecanismos envolvidos na evolução de uma célula normal para uma célula potencialmente maligna, mas a maior parte dos quimioterápicos interfere na divisão celular. Assim, o conhecimento do ciclo celular ou de seus mecanismos é importante para a compreensão da etiologia do câncer. Os agentes antineoplásicos são classificados como ciclo celular específico e ciclo celular não específico. Este último tem a capacidade de atingir as células tumorais independentemente de estarem no ciclo celular ou estarem em repouso. Por serem tóxicos a qualquer tecido de rápida proliferação com elevado índice mitótico e ciclo celular curto, os agentes antineoplásicos causam reações adversas, em especial ao tecido hematopoiético, que apresenta alta taxa de proliferação celular. Os efeitos adversos são a leucopenia (redução dos leucócitos), a trombocitopenia (redução das plaquetas) e a anemia (redução dos glóbulos vermelhos). Portanto, os pacientes que realizam quimioterapia devem ser monitorados constantemente, e a fisioterapia deve fazer esse acompanhamento desde o início do tratamento, ou seja, desde o diagnóstico, para o manejo adequado dos possíveis efeitos adversos.

Dentre os efeitos adversos da quimioterapia, podem-se citar: mucosite e estomatite, causando dor e ulcerações (ver Capítulo 4), fadiga, dor, náuseas e vômito, complicações ósseas, cardiotoxicidade e dor neuropática (neuropatia periférica), que tem como característica a parestesia e a hiporreflexia, podendo acontecer perda da sensibilidade e disfunção neurovegetativa. Pode-se citar também a síndrome mielodisplásica secundária à quimioterapia, que é uma reação adversa ao tratamento intensivo antineoplásico e apresenta alta incidência para o desenvolvimento da leucemia mieloide aguda. Pode se desenvolver 4-5 anos após o tratamento quimioterápico e radioterápico, acometendo principalmente pacientes jovens.

## EFEITOS ADVERSOS DA QUIMIOTERAPIA E ATUAÇÃO DA FISIOTERAPIA

### Dor

A dor é um dos sintomas mais temidos do paciente em tratamento de câncer; alguns estudos relatam que 90% dos pacientes irão experimentá-la. Além do tratamento farmacológico, algumas terapias complementares podem auxiliar no controle desse sintoma, e os profissionais da saúde devem utilizar todos os recursos disponíveis para controlar a dor. No caso da fisioterapia, por exemplo, podemos empregar práticas integrativas e complementares (PIC) e recursos como a eletroterapia (ver Capítulo 12).

O manejo inadequado da dor em pacientes com câncer aumenta os custos em geral em razão dos altos cuidados necessários, inclusive aumentando as readmissões nos hospitais pela dor incontrolável.

### Neuropatia periférica

A dor neuropática (39,7%) relacionada ao câncer tem um impacto significativo na qualidade de vida, no sono e no humor do paciente e é um grande desafio terapêutico.

A neuropatia periférica induzida por quimioterapia (NPIQ) é a complicação neurológica mais prevalente no tratamento do câncer, afetando 1/3 de todos os pacientes que se submetem à quimioterapia, como visto no Reino Unido, onde se esperam 60.000 novos casos por ano. A NPIQ prejudica a capacidade funcional, apresentando uma série de sintomas neuromusculares (sensório/motor), compromete a qualidade de vida e resulta na redução da dose ou na cessação da quimioterapia. Por isso, representa um efeito colateral limitante da dose de muitos medicamentos antineoplásicos. Os sintomas podem ser agudos, leves ou graves, transitórios ou crônicos, dependendo do tratamento quimioterápico. Os sinais e sintomas sensoriais incluem dormência, formigamento, ardor, dor, ataxia, redução da sensibilidade ao toque, vibração e propriocepção. Em relação aos sintomas motores, inclui-se fraqueza, distúrbios do equilíbrio e dificuldade para executar habilidades motoras finas. Alguns estudos revelam que a neuropatia periférica aumenta o risco de quedas. A queda é um evento significativo principalmente na população idosa, pois pode causar incapacidades graves, perda da independência e aumento da mortalidade.

### Tratamento farmacológico

Os anticonvulsivantes (gabapentina e pregabalina) e antidepressivos, analgésicos com opioides são muito úteis, porém podem trazer efeitos adversos que precisam ser monitorados para os devidos ajustes das doses.

### Tratamento não farmacológico

A fisioterapia é indicada para o tratamento das complicações relacionadas à dor neuropática por meio de técnicas neuromoduladoras, melhorando a sensibilidade e o quadro álgico. Algumas opções terapêuticas incluem: eletrotermoterapia, terapia manual, massagem terapêutica, exercício físico, alongamento, treino de equilíbrio e propriocepção. A reabilitação proporciona maior funcionalidade e autonomia a esses pacientes.

## Fadiga

A fadiga é relatada em 30-60% dos pacientes com câncer durante o tratamento e interfere nas funções físicas, cognitivas e ocupacionais. Esse sintoma é um efeito colateral importante e comum associado ao tratamento de quimioterapia e radioterapia; cerca de 30% dos sobreviventes de câncer apresentam fadiga relacionada à doença 1-5 anos após o término do tratamento.

Estudos recentes demonstram que as PIC como relaxamento, reflexologia e musicoterapia são benéficas para os pacientes em tratamento quimioterápico, tendo adesão maior das mulheres em comparação com os homens. As PIC tratam o indivíduo de forma biopsicossocial e permitem que o paciente tenha um papel ativo no cuidado de sua saúde, com a ajuda de práticas toleráveis, baratas e de fácil acesso.

Os exercícios de relaxamento muscular progressivo e a reflexologia durante a quimioterapia diminuem a dor e a fadiga, aumentando a qualidade de vida dos pacientes. A reflexologia auxilia na diminuição dos sintomas adversos como dor, fadiga, ansiedade, pressão alta, insônia e depressão. É importante ressaltar que no Brasil as PIC são regulamentadas desde o ano 2006 e estão disponíveis no Sistema Único de Saúde (SUS) para todos os brasileiros. Os fisioterapeutas estão aptos a se especializar e atuar nas diversas práticas integrativas e complementares durante sua rotina profissional (Conselho Federal de Fisioterapia e Terapia Ocupacional - Cofitto).

### Exercício físico durante a quimioterapia

O exercício físico, principalmente o exercício aeróbico, antes, durante e após a quimioterapia, 2-3 vezes por semana, melhora a qualidade de vida, o consumo de oxigênio e a composição corporal, sendo aconselhável a sua prática para a prevençao dos efeitos adversos do tratamento. No entanto, um desafio muito grande ainda a ser enfrentado no Brasil é a adesão contínua dos pacientes a um programa de exercícios supervisionados.

## Náuseas e vômito

Outro efeito colateral comum durante o tratamento quimioterápico devido ao elevado nível de toxicidade são a náusea e o vômito, que causam grande impacto na qualidade de vida do paciente. A náusea e o vômito relacionados à quimioterapia podem ser classificados em agudos (nas primeiras 24 horas), tardios (a partir de 24 horas, podendo prolongar-se por alguns dias) e antecipatórios (antes da infusão da droga). Infelizmente esses sintomas contribuem potencialmente para o abandono do tratamento pelo paciente e inclusive podem atrapalhar na adesão de exercício físico durante a quimioterapia.

A fisioterapia pode auxiliar no controle desses sintomas com a estimulação elétrica nervosa transcutânea (TENS), um recurso terapêutico barato e sem efeitos colaterais. Geralmente a TENS é aplicada por 30-40 minutos com frequência de 10 HZ, com 0,5 milissegundos de tempo de duração do pulso, intensidade sublimiar com os eletrodos colocados no ponto P6 (ponto de acupuntura), localizado no nervo mediano. Pode ser realizada durante a quimioterapia no membro contralateral que está recebendo a droga (Figura 1).

O mecanismo de ação da estimulação do ponto P6 é desconhecido, porém uma das hipóteses é de que a estimulação da pele em baixas frequências ativaria as fibras alfa e beta, responsáveis pela

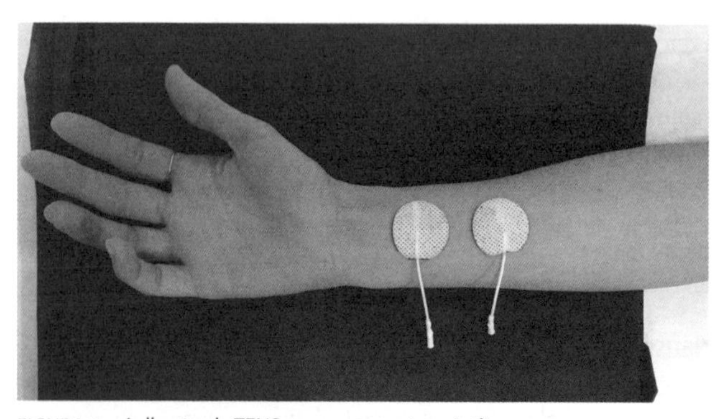

FIGURA 1 Aplicação da TENS como recurso terapêutico.

transmissão da sensação de tato, influenciando assim os neurotransmissores e promovendo, consequentemente, a inibição da secreção de ácido gástrico e a normalização do funcionamento gástrico.

## Cardiotoxicidade

Os avanços do tratamento oncológico propiciam maior exposição dos pacientes a efeitos adversos como a cardiotoxicidade induzida por quimioterapia e/ou radioterapia mediastinal. O paciente oncológico passou então a ser considerado um portador de doenças crônicas, principalmente os sobreviventes de câncer infantil, apresentando, por exemplo, manifestações clínicas cardiovasculares ao longo da vida. Além disso, junto do tratamento oncológico, a falta de atividade física e o aumento da atividade inflamatória levam a maior risco de complicações cardiovasculares, como hipertensão arterial sistêmica (HAS), hipertensão pulmonar, insuficiência cardíaca (IC), disfunção do miocárdio, doença arterial coronariana, doença valvular, doença vascular periférica e central (AVC), arritmias, complicações no pericárdio e tromboembolismo. A disfunção miocárdica e a insuficiência cardíaca são as complicações mais preocupantes durante o tratamento do câncer, aumentando assim os índices de morbidade e mortalidade.

A cardiotoxicidade baseia-se na redução da fração de ejeção do ventrículo esquerdo (FEVE). Segundo o Instituto Nacional de Saúde (NIHS), a cardiotoxicidade pode ser classificada em grau I, II e III. No grau I a redução é assintomática, com FEVE entre 10-20%, no grau II a redução da FEVE fica abaixo de 20% ou abaixo do normal, e o grau III é definido pela instalação da insuficiência cardíaca sintomática e pode apresentar-se nas formas aguda, subaguda ou crônica. As formas aguda e subaguda podem ser observadas desde o início até o 14º dia após o término do tratamento quimioterápico. Na forma crônica, o início dos sintomas clínicos pode ser observado em dois momentos:

1. Dentro do primeiro ano após o término da quimioterapia.
2. Um ano depois do término do tratamento quimioterápico. A cardiotoxicidade crônica leva a manifestações clínicas de insuficiência cardíaca congestiva por disfunção ventricular.

Os agentes quimioterápicos geram agressão miocárdica, levando a uma disfunção ventricular sistólica e consequentemente à insuficiência cardíaca, o que pode ter consequências no decorrer do tratamento oncológico, levando à interrupção do tratamento e comprometendo, a cura e/ou controle do câncer. Dentre os agentes quimioterápicos, os que mais causam disfunção ventricular esquerda são os da classe das antraciclinas, 5-35% dos casos (doxorrubicina, epirrubicina e idarrubicina), os agentes alquilantes, 5-25% dos casos (ciclofosfamida, ifosfamida), os antimetabólitos, 27% dos casos (clofarabina), os agentes antimicrotúbulos, 2,3-13% dos casos (docetacel), a classe dos anticorpos monoclonais, na qual se destaca o transtuzumabe (1,7-20,1% dos casos), e a classe dos inibidores de moléculas pequenas de tirosina-quinase, destacando-se a sunitinib (2,7-19% dos casos). A cardiotoxicidade causada pela classe das antraciclinas acontece nas primeiras doses e está relacionada a doses cumulativas com lesões miocárdicas irreversíveis; já no caso do transtuzumabe, ocorre uma disfunção transitória reversível, não havendo relação com a dose, o que permite um prognóstico mais positivo.

## Fatores de risco

Durante o acompanhamento clínico desses pacientes é importante atentar a alguns fatores de risco para a ocorrência da disfunção ventricular, como dose cumulativa, idade avançada (> 65 anos), população pediátrica (< 18 anos), sexo feminino, disfunção ventricular prévia, hipertensão arterial, diabetes, radioterapia mediastinal, insuficiência renal e predisposição genética.

## Apresentação clínica

A insuficiência cardíaca (IC), considerada uma síndrome clínica complexa, é uma das principais complicações no tratamento oncológico pelo inadequado suprimento sanguíneo para atender às necessidades metabólicas, podendo ser classificada em estágios evolutivos.

A cardiotoxicidade no tratamento quimioterápico pode ocorrer nas primeiras semanas ou de forma tardia, ou seja, anos após o tratamento. A principal apresentação clínica que leva o paciente a procurar uma unidade de pronto atendimento é a dispneia, sendo que sintomas como ortopneia (falta de ar ao deitar) e dispneia paroxística noturna (dificuldade de respirar durante o sono) podem estar presentes. Sintomas como cansaço e fadiga e sintomas digestivos (anorexia, distensão abdominal e diarreia) também podem favorecer o diagnóstico de IC.

Durante o exame físico, o profissional da saúde deve atentar aos sinais, considerados de maior especificidade, como turgência jugular e a presença de terceira bulha durante ausculta cardíaca, porém a ausência desses sinais não exclui o diagnóstico de IC. Outros sinais clínicos podem ser observados, como edemas em membros inferiores, hepatomegalias, ascite e taquicardia. Sinais de complicações na IC por baixo débito cardíaco incluem hipotensão arterial, confusão mental, oligúria, pulso de baixa amplitude e extremidades frias.

## Monitoramento da cardiotoxicidade

Todo paciente submetido à quimioterapia deve realizar uma avaliação cardiológica, e o monitoramento dos sinais vitais e dos sintomas de IC é fundamental para o adequado manejo desse paciente. A vigilância contínua das manifestações clínicas como fadiga, cansaço e limitação funcional para as atividades de vida diária (AVD) é importante também no período tardio pós-tratamento.

O monitoramento cardíaco envolve consulta cardiológica, avaliação da FEVE e dosagem de biomarcadores (pró-BNP e troponina).

O biomarcador pró-BNP é uma proteína circulante secretada pelos ventrículos em resposta a um aumento no volume e na pressão ventricular e é amplamente utilizado no cenário clínico como um sinal precoce de IC.

## Prevenção e tratamento

Sabe-se, com base em estudos de coorte observacionais, que os sobreviventes de câncer têm baixos níveis de atividade física, gerando imobilidade, perda muscular, ganho de peso, anemia e, assim, um comprometimento do sistema cardiovascular/pulmonar.

O treinamento físico, com exercício resistido associado ao exercício aeróbico, melhora o sistema imunológico, reduz a atividade inflamatória, diminui o índice de massa corpórea (IMC), aumenta o consumo de oxigênio ($VO_2$), melhora a força muscular, a fadiga, a qualidade de vida e os sintomas psicológicos como a depressão, prevenindo os efeitos da cardiotoxicidade (nível de evidência B). Diversos estudos já observaram que a intervenção com exercício aeróbico antes do tratamento com antraciclina fornece cardioproteção, atenuando assim o estresse oxidativo da quimioterapia (ver Capítulo 17).

Uma questão importante refere-se à duração e à intensidade do treinamento físico. Um estudo americano de 2011, realizado com animal, demonstrou que, quanto mais longa a duração do treinamento, mais longo será o período de cardioproteção, constatando que 10 semanas de exercício aeróbico pré-tratamento (corrida ou caminhada progressiva) minimizaram o efeito deletério da antraciclina nos cardiomiócitos e que esse efeito perdurou por 4 semanas após o término do tratamento quimioterápico. Mais estudos voltados a essa população são necessários, porém os benefícios do exercício físico são amplamente conhecidos. A melhor indicação será realizada por meio de minuciosa avaliação fisioterapêutica e da discussão de cada caso com a equipe médica e multiprofissional.

Sendo assim, a prevenção de doenças cardiovasculares durante o tratamento oncológico é essencial para a redução dos riscos responsáveis pela morbimortalidade nessa população, e a fisioterapia exerce um papel importante no acompanhamento clínico desses pacientes.

## HORMONIOTERAPIA

O uso da terapia hormonal contribuiu para a melhora na taxa de sobrevida de pacientes com câncer de mama por ser responsável pela redução do risco de recidiva local, metástases a distância e morte. O tamoxifeno foi o primeiro medicamento endócrino eficaz no tratamento do câncer de mama, e com menos efeitos colaterais. Na década de 1990 foi desenvolvida a terapia com inibidores de aromatase (IA), como o anastrozol, que consiste em medicações responsáveis pela diminuição do nível de estrogênio circulante. Contudo, esse tipo de tratamento compromete a qualidade de vida das pacientes, pois causa mudanças corporais como diminuição da massa magra e aumento da massa gorda, osteoporose, depressão, ansiedade, baixa autoestima, artralgia (dor articular e rigidez muscular) e fadiga, além de propiciar sedentarismo.

A combinação do exercício físico aeróbico (p. ex., caminhadas) e resistido de intensidade moderada melhora os sintomas provocados pelos inibidores de aromatase, melhorando o funcionamento físico, psicológico e social desses pacientes, propiciando melhor qualidade de vida e diminuindo os efeitos adversos, que podem continuar por muito tempo após o tratamento. Pode também minimizar a fadiga e melhorar a função cardiorrespiratória em pacientes com câncer de mama. Estudos relatam que exercícios em grupo aumentam a autoestima, melhoram o relacionamento interpessoal e motivam a troca de experiências, medos e desafios entre os participantes.

## BIBLIOGRAFIA RECOMENDADA

1. Almeida VL, Leitão A, Reina LCB. Câncer e agentes antineoplásicos ciclo-celular específicos e ciclo-celular não específicos que interagem com o DNA: uma introdução. Quim Nova. 2005;28(1):118-29.
2. Blackburn LM, Abel S, Green L, Johnson K, Panda S. Pain management nursing: the use of comfort kits to optimize adult cancer pain management. pain manag nurs [Internet]. 2019;20(1):25-31. Disponível em: https://doi.org/10.1016/j.pmn.2018.01.004.
3. Chen JJ, Wu P, Middlekauff HR, Nguyen K. Aerobic exercise in anthracycline--induced cardiotoxicity: a systematic review of current evidence and future directions. 2019;213-22.
4. Cramp F, Byron-Daniel J. Exercise for the management of cancer-related fatigue in adults. Cochrane Database Syst Rev. 2012;11:CD006145.
5. Dikmen HA, Terzioglu F. Effects of reflexology and progressive muscle relaxation on pain, fatigue, and quality of life during chemotherapy in gynecologic cancer patients. Pain Manag Nurs [Internet]. 2019;20(1):47-53. Disponível em: https://doi.org/10.1016/j.pmn.2018.03.001.
6. Enest E. Acupunture: a critical analysis. J Int Med. 2006;259(2):125-37.
7. Fallon MT. Neuropathic pain in cancer. BJA [Internet]. 2013;111(1):105-11. Disponível em: http://dx.doi.org/10.1093/bja/aet208.
8. Ferdinandi DM, Ferreira AA. Agentes alquilantes: reações adversas e complicações hematológicas. AC & T Científica. 2009;1(1):1-12.
9. Grabenbauer A, Grabenbauer AJ, Lengenfelder R, Grabenbauer GG, Distel LV. Feasibility of a 12-month-exercise intervention during and after radiation and chemotherapy in cancer patients: impacton quality of life, peak oxygen consumption, and body composition. Radiat Oncol. 2016;11(42):2-7.
10. Hydock DS, Lien CY, Jensen BT, Schneider CM, Hayward R. Exercise preconditioning provides long-term protection against early chronic doxorubicin cardiotoxicity. Integr Cancer Ther. 2011;10:47-57. doi: 10. 1177/1534735410392577.
11. Kalil Filho R, Hajjar LA, Bacal F, Hoff PM, Diz M del P, Galas FRBG, et al. I Diretriz Brasileira de Cardio-Oncologia da Sociedade Brasileira de Cardiologia. Arq Bras Cardiol. 2011;96(2 supl.1):1-52.
12. Marshall TF, Pinto G, Battaglia F, Moss R, Bryan S. Chemotherapy-induced--peripheral neuropathy, gait and fall risk in older adults following cancer treatment. J Cancer Res Pract [Internet]. 2017;4(4):134-8. Disponível em: https://doi.org/10.1016/j.jcrpr.2017.03.005.

13. Paulo TRS, Rossi FE, Viezel J, Tosello GT, Seidinger SC, Simões RR. The impact of an exercise program on quality of life in older breast cancer survivors undergoing aromatase inhibitor therapy: a randomized controlled trial. 2019;4:1-12.
14. Souza JB De, Carqueja CL. Physical rehabilitation to treat neuropathic pain. Rev Dor. 2016;17(Suppl. 1):85-90.
15. Task A, Members F, Luis J, Chairperson Z, Mun DR, France VA, et al. PAPER 2016 ESC Position Paper on cancer treatments and cardiovascular toxicity developed under the auspices of the ESC Committee for Practice Guidelines The Task Force for cancer treatments and cardiovascular toxicity of European Journal of Heart Failure. doi:10.1002/ejhf.654. 2017;19:9-42.
16. Untura LP, Conti LR, Vieira CA, Fae E, Untura LP. Estimulação elétrica nervosa transcutânea (TENS) no controle de náuseas e vômitos pós-quimioterapia. Revista da Universidade Vale do Rio Verde, Três Corações. 2012 ago-dez;10(2)220-8.
17. Velasco R, Bruna J. Chemotherapy-induced peripheral neuropathy: an unresolved issue. Neurol (English Ed [Internet]). 2010;25(2):116-31. Disponível em: http://dx.doi.org/10.1016/S2173-5808(10)70022-5.
18. Wilson CL, Stratton K, Leisenring WL, Oeffinger KC, Nathan PC, Wasilewski-Masker K, et al. Decline in physical activity level in the Childhood Cancer Survivor Study cohort. Cancer Epidemiol Biomarkers Prev. 2014;23:1619-27. doi:10.1158/ 1055-9965.EPI-14-0213.

# 6 Emergências oncológicas

Cintia Freire Carniel
Rodrigo Daminello Raimundo

## INTRODUÇÃO

Condição causada pelo câncer ou seu tratamento, que necessita de intervenção rápida:

- Emergência: situação considerada crítica ou com risco iminente que deve ser tratada nas primeiras horas após sua constatação.
- Urgência: processo agudo, sem risco de vida iminente, que deve ser tratado com rapidez.

TABELA 1 Classificação das emergências oncológicas

| Classificação | Exemplos |
|---|---|
| Estruturais e obstrutivas | Síndrome da veia cava superior, compressão medular, hipertensão intracraniana e obstrução da via aérea |
| Metabólicas ou hormonais | Hipercalcemia, secreção inapropriada de hormônio antidiurético, síndrome de lise tumoral, hiponatremia, hiperuricemia, hipoglicemia, acidose lática, hiperamonemia, insuficiência adrenal e neutropenia febril |

*(continua)*

TABELA 1 Classificação das emergências oncológicas *(continuação)*

| Classificação | Exemplos |
|---|---|
| Relacionada ao tratamento | Síndrome de lise tumoral, reação anafilática, anemia, tromboembolismo pulmonar e edema agudo pulmonar |
| Relacionadas ao órgão acometido | Derrame pericárdico, hemoptise, cistite, derrame pleural e linfangite carcinomatosa |

# FISIOTERAPIA NAS EMERGÊNCIAS ONCOLÓGICAS

## Edema agudo pulmonar *vs*. ventilação não invasiva

Com o avanço no tratamento oncológico, acontece maior exposição dos pacientes a fatores de risco cardiovasculares e à quimioterapia com potencial de cardiotoxicidade. Os efeitos cardiotóxicos são cumulativos e normalmente têm relação com a dose, a velocidade de infusão e a associação de drogas.

A ventilação não invasiva (VNI) consiste na aplicação de um suporte ventilatório sem recorrer a métodos invasivos, com benefícios comprovados em diversas condições clínicas que cursam com insuficiência respiratória, entre elas o edema agudo de pulmão (EAP), condição comum em oncologia, seja devido a hipervolemia dos pacientes ou a alteração na permeabilidade da membrana celular após o uso de alguns fármacos utilizados no tratamento oncológico.

Indicações para uso de VNI:

- dispneia moderada/intensa;
- taquipneia (FR > 25 cpm);
- respiração paradoxal e uso de musculatura acessória;
- hipercapnia ($PCO_2 > 45$);
- acidemia ($pH < 7,30$);
- $PO_2/FiO_2 < 200$.

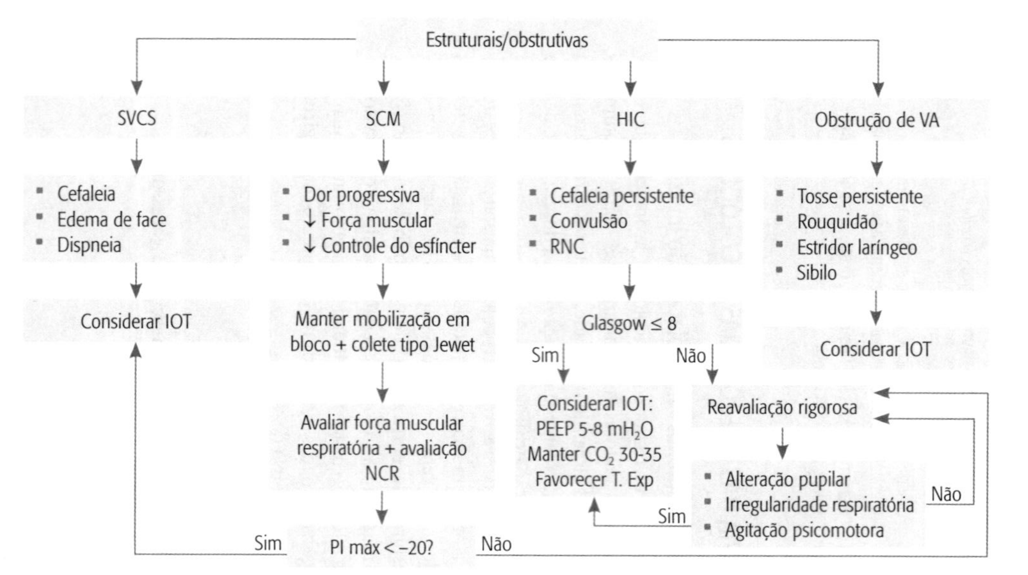


**FIGURA 1** Classificação das emergências oncológicas – estruturais e obstrutivas.

HIC: hipertensão intracraniana; IOT: intubação orotraqueal; NCR: neurocirurgia; PEEP: pressão positiva expiratória final; PIMÁX: pressão inspiratória máxima; RNC: rebaixamento do nível de consciência; SCM: síndrome de compressão medular; SVCS: síndrome da veia cava inferior; VA: via aérea.

Principais contraindicações para uso de VNI:

- parada cardiorrespiratória;
- pneumotórax não drenado;
- Glasgow ≤ 8;
- obstrução de vias aéreas (VA);
- instabilidade hemodinâmica grave.

Parâmetros ventilatórios iniciais:

- PSV + PEEP ou CPAP;
- PSV fornecendo VC 6-8 mL/kg com PEEP inicial de 6 $cmH_2O$;
- CPAP/PEEP inicial de 6 $cmH_2O$.

Importante: a VNI pode ser usada em condições específicas, como em pacientes que estão imunossuprimidos e transplantados de medula óssea, devido à maior taxa de pneumonia associada à ventilação mecânica invasiva. Pesquisas mostram menor necessidade de intubação orotraqueal e menor mortalidade em pacientes pós-ressecção pulmonar com o uso de VNI, e em pacientes terminais o seu uso tem aumentado para tratar insuficiência respiratória como medida paliativa no alívio da dispneia.

A literatura tem evidenciado bons resultados no uso da VNI em pacientes que apresentam neutropenia e plaquetopenia, e seu sucesso pode ser atribuído à instalação precoce em casos de insuficiência respiratória. Na prática clínica existem muitas dúvidas sobre o valor de referência seguro em caso de plaquetopenia, porém não há dados suficientes na literatura para contraindicar seu uso. À exceção de sangramentos ativos de vias aéreas superiores, a VNI pode ser um ótimo recurso para a insuficiência respiratória em pacientes oncológicos.

## Neutropenia febril

A neutropenia febril (NF) é uma condição hematológica grave, frequentemente limitadora de dose de tratamento. Ocorre em 10-50% de todos os pacientes com neoplasias sólidas e em mais de 80% de pacientes com neoplasias hematológicas. Como a NF reduz a resposta inflamatória, os pacientes têm elevado risco infeccioso e podem evoluir rapidamente para sepse e, em casos mais graves, choque séptico. A prevenção e o manejo adequado da NF são de extrema importância, já que 25-30% dos casos estão associados a complicações maiores (hipotensão, lesão renal aguda, falência respiratória e cardíaca) e 11% à mortalidade.

### Características

- Febre: temperatura ≥ 38,3 °C em qualquer momento; ou temperatura ≥ 38 °C mantida por 1 hora.
- Neutropenia: paciente com contagem de neutrófilos < 500/mm$^3$; ou contagem de neutrófilos < 1.500/mm$^3$ com tendência à queda nos próximos dias.

### Conduta multiprofissional

- Exame físico detalhado e constante.
- Coleta de exames laboratoriais e amostras de hemoculturas de diferentes sítios.
- Avaliar raio X de tórax em pacientes com sinais e/ou sintomas do trato respiratório inferior.
- Antibioticoterapia específica.
- Reavaliação respiratória constante para avaliação da necessidade de oxigenoterapia e/ou VNI.

## Hipertensão intracraniana (HIC)

Metástases cerebrais podem acontecer em 20-40% dos pacientes com câncer. Os tumores mais frequentes associados a metástases cerebrais são: mama, pulmão, cânceres de trato gastrointestinal, do aparelho geniturinário e melanoma maligno.

A hipertensão intracraniana (HIC) é o conflito de espaço na caixa craniana por edema, hemorragia, hidrocefalia ou, no caso de metástases, aumento de tecido na caixa craniana. Pode ser detectada clinicamente, por meio de tomografia computadorizada e ressonância magnética.

Principais sintomas relacionados à HIC:

- cefaleia persistente;
- náuseas e vômito;
- diminuição de força em membros;
- alterações do nível de consciência;
- convulsões;
- alterações visuais;
- alterações de marcha e equilíbrio.

No caso de alterações graves de nível de consciência, o paciente será submetido a intubação orotraqueal (IOT) e colocado em ventilação mecânica (VM). Deverá ser mantido sob sedação até a resolução/controle da HIC.

Principais cuidados na ventilação mecânica em pacientes com HIC:

- manter valores de PEEP entre 5 e 8 $cmH_2O$;
- cautela com pressões inspiratórias;
- manter $CO_2$ entre 30 e 35 mmHg;
- $FiO_2$ suficiente para manter saturação > 92%;
- favorecer tempo expiratório.

## Obstrução de vias aéreas

Os tumores de cabeça e pescoço podem evoluir rapidamente e invadir ou comprimir as estruturas e bloquear a via aérea.

Principais locais de obstrução de vias aéreas e possíveis patologias:

| | |
|---|---|
| Supraglótica | Lesões orofaríngeas, tumores da base da língua, epiglotite, tumores invasivos do esôfago superior |
| Glótica | Paralisia das pregas vocais, tumores de glote, pólipos |
| Subglótica | Estenose de traqueia, laringomalácia, tumores subglóticos |
| Traqueia distal | Linfoma, massa tireoidea, massa mediastinal |

Os sintomas de estreitamento das vias aéreas podem ser indicativos de uma obstrução potencialmente fatal devido à possibilidade de haver dificuldade no procedimento de intubação orotraqueal (IOT) e à necessidade de traqueostomia (TQT) de urgência.

Principais sintomas de obstrução de vias aéreas:

- dispneia;
- tosse persistente e obstrutiva;
- hemoptise;
- sibilos;
- estridor;
- disfagia;
- rouquidão.

### Diagnóstico

Se houver suspeita de obstrução de vias aéreas, os pacientes exigem avaliação imediata com broncoscopia, que pode tratar a obstrução e permitir que sejam coletados materiais para o diagnóstico. Tomografia de tórax (TC) e ressonância nuclear magnética (RNM) são recomendadas quando o tempo e as condições do paciente permitirem (o decúbito pode piorar os sintomas) uma melhor investigação da extensão da lesão.

### Tratamento

Otimizar a oxigenação é fundamental em todas as situações que envolvam a via aérea e considerar corticoide endovenoso.

- Considerar sempre IOT e TQT de urgência.

## Tromboembolismo pulmonar

Grave complicação em pacientes com câncer, sendo uma das principais causas de óbito nessa população. As neoplasias são associadas ao aumento do risco de trombose em 4 vezes, e o tratamento com quimioterapia aumenta o risco em aproximadamente 6 vezes. A incidência de tromboembolismo venoso (TEV) em doentes com câncer vem aumentando por várias razões, dentre elas as drogas antiangiogênicas e o uso de terapias hormonais; os fatores de risco estão relacionados a cirurgias, imobilidade e idade avançada.

Esses pacientes requerem anticoagulação em longo prazo, o que está associado ao risco de complicações hemorrágicas duas vezes maior do que em pacientes sem neoplasia.

Principais sintomas relacionados ao tromboembolismo pulmonar (TEP):

- dispneia persistente;
- refratariedade ao $O_2$;
- dor torácica;
- instabilidade hemodinâmica

Principais fatores de risco relacionados ao TEP em pacientes oncológicos:

- sítios do câncer e tipos mais associados: cérebro, pâncreas, rins, ovário, estômago, pulmão, mieloma e linfoma;
- mais incidente em pacientes com doença metastática, quando comparado a doentes sem metástase;
- período inicial após o diagnóstico: risco maior nos 3 primeiros meses após o diagnóstico; e
- quimioterapia, terapia hormonal e uso de agentes antiangiogênicos.

### Diagnóstico

Deve-se avaliar a probabilidade clínica de TEV, e, se necessário, angiotomografia ou estudo ventilação/perfusão pulmonar. O uso de dímero D não é recomendado para diagnóstico nesses pacientes, em razão de sua especificidade ser muito reduzida. Se confirmada trombose no Doppler de membros inferiores, a anticoagulação deve ser iniciada, sem necessidade de testes adicionais.

### Profilaxia

Meias de compressão elástica graduada devem ser consideradas em internados ou desde o pré-operatório e, na ausência de contraindicações (feridas abertas, insuficiência arterial), em associação com a profilaxia farmacológica. Segundo estudos atuais, a compressão pneumática intermitente adjunta não resultou em incidência significativamente menor de trombose venosa profunda proximal dos membros inferiores do que a profilaxia farmacológica isolada. Pacientes com TEP confirmado ou com grande suspeita, estáveis hemodinamicamente, devem receber anticoagulação enquanto aguardam os exames.

## Derrame pleural paraneoplásico

É uma complicação pulmonar frequente nos pacientes oncológicos. A descoberta de células malignas no líquido pleural ou na biópsia da pleura parietal significa disseminação ou progressão da doença primária e caracteriza redução da expectativa de vida dos pacientes com câncer. Os principais sítios tumorais associados à formação de derrame pleural paraneoplásico (DPL) são: carcinoma de pulmão, câncer de mama, linfomas e carcinoma de ovário.

O aumento da permeabilidade capilar pela resposta inflamatória e a interferência da integridade da drenagem linfática (principalmente se houver comprometimento mediastinal) podem contribuir para o acúmulo de líquido no espaço pleural. Pode ser resultante de radioterapia ou de uso de alguns fármacos, e os sintomas mais comuns são: dispneia, dor torácica e tosse. É facilmente diagnosticado por meio de exame citológico do líquido pleural através de toracocentese e complementado com os exames radiológicos (radiografia e tomografia de tórax).

O tratamento objetiva a melhora da dispneia, e a intensidade desta é dependente do volume do DPL e da condição do pulmão e da pleura. Toracocentese de alívio e drenagem pleural são indicadas nas situações emergenciais; posteriormente, nos DPL de repetição, deve-se avaliar a possibilidade de pleurodese.

## Derrame pericárdico

Acúmulo anormal de líquido entre as duas membranas do pericárdio (acima de 50 mL), podendo causar tamponamento cardíaco (aumento da pressão intracardíaca devido ao aumento da pressão intrapericárdica). Os principais sinais e sintomas são conhecidos como tríade de Beck (hipotensão arterial, ingurgitamento jugular, bulhas cardíacas abafadas), além de hipoperfusão periférica, taquicardia e taquipneia.

O tratamento pode ser clínico com morfina, analgésico, diuréticos e oxigenoterapia, porém em casos de emergência deve ser feita pericardiocentese (descompressão temporária) e/ou drenagem pericárdica.

## Síndrome da veia cava superior

Síndrome clínica associada à compressão do vaso em estruturas rígidas do tórax, decorrente normalmente de neoplasias malignas, principalmente linfoma e câncer de pulmão. Normalmente se associa a quadro de emergência se é associado à compressão de vias aéreas superiores (ver "Compressão de vias aéreas superiores").

Sinais e sintomas relacionados à síndrome da veia cava superior (SVCS):

- cefaleia;
- edema facial e em membros superiores (casos avançados);
- sensação de "pressão" na face;
- dispneia;
- tosse;
- disfagia;
- rouquidão.

O tratamento comumente empregado é à base de radioterapia e corticosteroides e apresenta melhora normalmente 72 horas após a terapêutica empregada. O prognóstico dos pacientes que apresentam SVCS é usualmente ruim, exceto no caso dos linfomas, com potencial curativo.

## Síndrome da lise tumoral

Síndrome resultante da destruição de um número elevado de células tumorais em um curto intervalo de tempo. Ocorre a elevação sérica de substâncias intracelulares: potássio, ácido úrico, fósforo, ureia e creatinina. As neoplasias mais frequentemente associadas a esse quadro são as leucemias e os linfomas de graus intermediário e alto de malignidade; a síndrome raramente é associada a tumores sólidos.

Se não identificada precocemente, pode ser confundida com sintomas da toxicidade do tratamento e o paciente evoluir rapidamente para situação de deterioração clínica, muitas vezes irreversíveis.

Sinais e sintomas da síndrome da lise tumoral (SLT):

- cefaleia;
- alterações de nível de consciência;
- convulsões;
- arritmias cardíacas;
- dispneia;
- fraqueza muscular;
- anorexia.

O diagnóstico requer confirmação por exames laboratoriais, com dosagens de eletrólitos e função renal. Para o tratamento, deve-se instituir medidas profiláticas em pacientes com alto risco de desenvolver a SLT: neoplasias hematológicas, grande volume de massa tumoral e disfunções renais preexistentes.

## Compressão medular

A compressão da medula espinal é uma das complicações mais devastadoras do câncer e requer rápida tomada de decisão por parte de vários especialistas, dado o risco de lesão medular permanente ou morte. A compressão maligna da medula espinal (MSCC) se desenvolve em aproximadamente 5% dos pacientes que têm câncer e é a apresentação inicial dessa doença em quase 20% dos casos. Os tipos mais comuns de malignidades que causam MSCC são mieloma múltiplo, linfoma (tanto Hodgkin como não Hodgkin), câncer de pulmão, mama e próstata.

Sinais e sintomas de compressão medular:

- dor progressiva;

- diminuição de força muscular;
- perda sensorial;
- deformidade da coluna vertebral;
- perda de controle esfincteriano.

As fraturas vertebrais patológicas podem comprimir diretamente a medula espinal, o que pode levar ao comprometimento vascular e a edema vasogênico e resultar em perda rápida da função neurológica.

O diagnóstico precoce e o tratamento imediato têm como objetivo fornecer alívio sintomático e prevenir a deterioração neurológica. O tratamento deve ser uma combinação de corticosteroides, cirurgia para reconstrução ou fixação da vértebra e radioterapia, de acordo com as características do paciente, estadiamento do tumor e qualidade óssea do paciente. O uso de coletes do tipo Jewet pode ser considerado pela equipe para maior estabilização.

## Linfangite carcinomatosa

Também chamada de linfangite pulmonar neoplásica, é a disseminação intrapulmonar de células neoplásicas metastáticas via vasos linfáticos dos septos alveolares, peribrônquicos e interstício pulmonar, caracterizada por uma neoplasia infiltrativa difusa dos vasos linfáticos pulmonares por células malignas. Está associada principalmente a carcinomas (mama, estômago, próstata), e sua sintomatologia é pouco específica, com tosse seca, sibilos e dispneia. Na imagem radiológica pode apresentar derrame pleural com presença de infiltrados reticulares inespecíficos, e seu prognóstico é reservado.

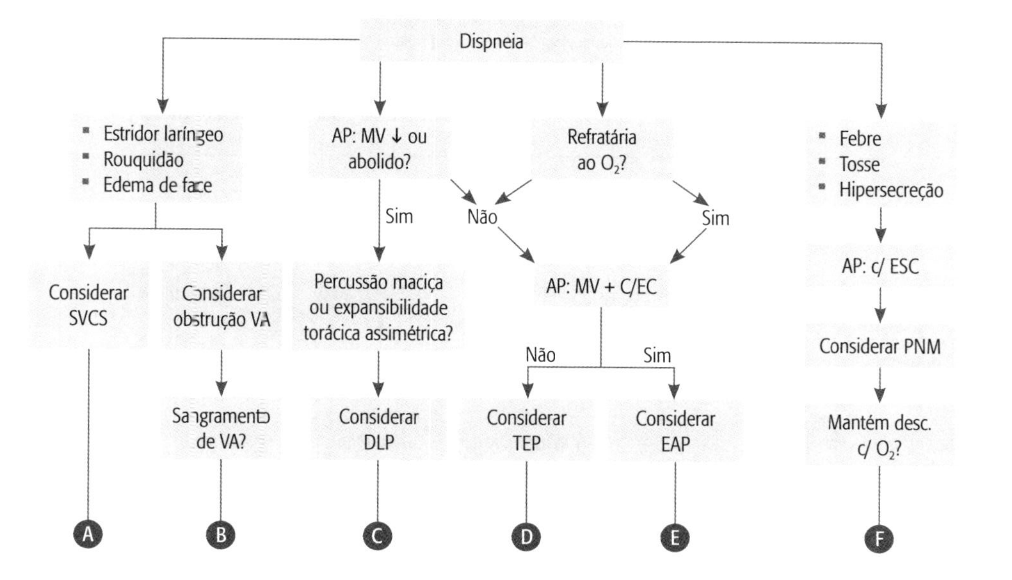
Dispneia
Estridor laríngeo
Rouquidão
Edema de face
Considerar SVCS
Considerar obstrução VA
Sangramento de VA?
AP: MV ↓ ou abolido?
Sim
Não
Percussão maciça ou expansibilidade torácica assimétrica?
Considerar DLP
Refratária ao $O_2$?
Sim
AP: MV + C/EC
Não
Sim
Considerar TEP
Considerar EAP
Febre
Tosse
Hipersecreção
AP: c/ ESC
Considerar PNM
Mantém desc. c/ $O_2$?
A
B
C
D
E
F

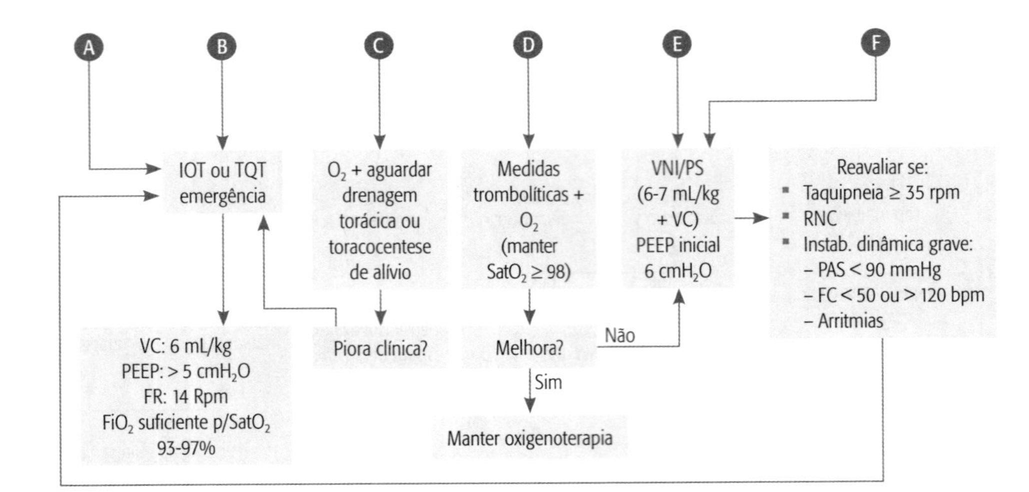


FIGURA 2 Principais causas de dispneia no paciente oncológico.

AP: ausculta pulmonar; DLP: derrame pleural; FC: frequência cardíaca; EAP: edema agudo pulmonar; EC: estertores crepitantes; ESC: estertores subcrepitantes; $FiO_2$: fração inspirada de oxigênio; FR: frequência respiratória; HIC: hipertensão intracraniana; IOT: intubação orotraqueal; MV murmúrio vesicular; PAS: pressão arterial sistólica; PEEP: pressão positiva expiratória final; PNM: pneumonia; RNC: rebaixamento do nível de consciência; SCM: síndrome de compressão medular; SVCS: síndrome da veia cava inferior; TQT: traqueostomia; TEP: tromboembolismo pulmonar; VA: via aérea; VC: volume corrente; VNI: ventilação não invasiva.

## BIBLIOGRAFIA RECOMENDADA


1. Arabi YM, Al-Hameed F, Burns KEA, Mehta S, Alsolamy SJ, Alshahrani MS, et al.; Saudi Critical Care Trials Group: adjunctive intermittent pneumatic compression for venous thromboprophylaxis. N Engl J Med. 2019.
2. Bergstrom C, Nagalla S, Gupta A. Management of patients with febrile neutropenia: A Teachable Moment. JAMA Intern Med. 2018 abr 1;178(4):558-9.
3. Boussios S, Cooke D, Hayward C, Kanellos FS, Tsiouris AK, Chatziantoniou AA, et al. Metastatic spinal cord compression: unraveling the diagnostic and therapeutic challenges. Anticancer Res. 2018 set;38(9):4987-97.
4. Calvo Villas JM. Tumour lysis syndrome. Med Clin (Barc). 2019 jan 3. pii: S0025-7753(18)30732-2.
5. Donnellan E, Khorana AA. Cancer and venous thromboembolic disease: a review. Oncologist. 2017 fev;22(2):199-207.
6. Fang CH, Friedman R, White PE, Mady LJ, Kalyoussef E. Emergent awake tracheostomy: the five-year experience at an urban tertiary care center. Laryngoscope. 2015 nov;125(11):2476-9.
7. Ferreiro L, Porcel JM, Valdés L. Diagnosis and management of pleural transudates. Arch Bronconeumol. 2017 nov;53(11):629-36.
8. Gorospe-Sarasúa L, Arrieta P, Muñoz-Molina GM, Almeida-Aróstegui NA. Oncologic thoracic emergencies of patients with lung cancer. Rev Clin Esp. 2019 jan-fev;219(1):44-50. Epub 2018 set 25.
9. Grupo de Estudos em Insuficiência Cardíaca da Sociedade Brasileira de Cardiologia (GEIC/SBC); Sociedade Brasileira de Oncologia Clínica; Instituto do Coração – Faculdade de Medicina da Universidade de São Paulo; Instituto do Câncer do Estado de São Paulo – Faculdade de Medicina da Universidade de São Paulo, Kalil Filho R, Hajjar LA, Bacal F, Hoff PM, Diz Mdel P, Galas FR, et al. I Brazilian Guideline for Cardio-Oncology from Sociedade Brasileira de Cardiologia. Arq Bras Cardiol. 2011;96(2Suppl.1):1-52.
10. Hess DR. Noninvasive ventilation for acute respiratory failure. Respir Care. 2013 Jun;58(6):950-72.
11. Khan UA, Shanholtz CB, McCurdy MT. Oncologic mechanical emergencies. Hematol Oncol Clin North Am. 2017 dez;31(6):927-40.
12. Sacco TL, Davis JG. Management of intracranial pressure part II: nonpharmacologic interventions. Dimens Crit Care Nurs. 2019 mar/abr;38(2):61-9.
13. Sagiv D, Nachalon Y, Mansour J, Glikson E, Alon EE, Yakirevitch A, et al. Awake tracheostomy: indications, complications and outcome. World J Surg. 2018 set;42(9):2792-9.

14. Schettino GP, Reis MA, Galas F, Park M, Franca S, Okamoto V. Mechanical ventilation noninvasive with positive pressure. J Bras Pneumol. 2007;33 Suppl.2S:S92-105.
15. Wacker D, McCurdy MT, Nusbaum J, Gupta N. Managing patients with oncologic complications in the emergency department. Emerg Med Pract. 2018 jan 22;20(1 Suppl Points & Pearls):1-2.
16. Wahidi MM, Reddy C, Yarmus L, Feller-Kopman D, Musani A, Shepherd RW, et al. Randomized trial of pleural fluid drainage frequency in patients with malignant pleural effusions: the ASAP Trial. Am J Respir Crit Care Med. 2017 abr 15;195(8):1050-57.

# Exames laboratoriais em oncologia | 7

Fernanda Antico Benetti
Rodrigo Daminello Raimundo

## INTRODUÇÃO

Vários são os exames laboratoriais, e cada um deles serve para avaliar diferentes parâmetros em pacientes oncológicos auxiliando no diagnóstico.

- Síndromes paraneoplásicas são eventos que ocorrem na presença de um câncer (ou anteriormente) e que não estão diretamente relacionados com o tumor primário. Muitos desses eventos podem ser diagnosticados por exames laboratoriais. Os principais sinais e sintomas são febre, suores noturnos, anorexia e caquexia.

Na grande maioria das vezes, o diagnóstico é feito por meio de uma avaliação clínica do paciente e da combinação de vários exames laboratoriais e de imagens.

# EXAMES LABORATORIAIS EM ONCOLOGIA

## Hemograma

O hemograma completo é o exame de sangue que avalia as células que compõem o sangue (Tabela 1). Avalia anemias, distúrbios plaquetários, neoplasias hematológicas, processos infecciosos ou inflamatórios e também acompanha o efeito de terapias medicamentosas. Deve-se atentar para a quantidade de glóbulos vermelhos e o tamanho das hemácias e leucócitos, que podem indicar células atípicas ou imaturas. Pacientes com leucemia linfoide aguda, por exemplo, apresentam leucograma com células imaturas (linfoblastos), eritograma e plaquetograma diminuídos.

Os quimioterápicos podem influenciar na divisão celular devido ao seu grau de toxicidade medular. Após 10 dias da quimioterapia pode haver uma baixa na contagem das células sanguíneas, levando a quadros de anemia, predisposição a infecções (neutropenia) ou sangramentos (plaquetopenia).

## Mielograma

Trata-se de um exame para avaliar a medula óssea, realizado por meio de uma punção óssea seguida de aspiração (Tabela 2). É realizada sob anestesia local, para diminuir a dor ou desconforto, sendo examinados, preferencialmente, os ossos ilíaco, esterno e tíbia, de forma rápida e com raras complicações.

Tem por finalidade mostrar como se comportam as células da medula óssea, avaliando se existe a presença de células malignas. É amplamente utilizado para detecção de doenças do sistema hematopoiético e para detecção e estadiamento de neoplasias, como leucemias e linfomas. Também é utilizado para avaliar a resposta à quimioterapia durante o tratamento contra o câncer.

A indicação para realização do mielograma, em geral, ocorre após o surgimento de anormalidades encontradas no hemograma,

TABELA 1 Valores de referência do exame de sangue laboratorial

| Eritrograma | |
|---|---|
| Eritrócitos | 4,5-5,9 milhões/$mm^3$ |
| Hemoglobina | 12-17,5 g % |
| Hematócrito | 40-52% |
| VCM | 80-100 $U^3$ |
| HCM | 26-36 pg |
| CHCM | 31-36% |
| **Leucograma** | |
| Leucócitos | 4.500-11.000/$mm^3$ |
| Neutrófilos | 50-70% (1.750-7.350/$mm^3$) |
| Metamielócitos | 0-1% (até 100/$mm^3$) |
| Bastonetes | 0-4% (até 400/$mm^3$) |
| Segmentados | 36-66% (2.000-7.500/$mm^3$) |
| Eosinófilos | 0-4% (100-400/$mm^3$) |
| Basófilos | 0-1% (até 100/$mm^3$) |
| Linfócitos | 20-40% (900-4.400/$mm^3$) |
| Monócitos | 2-8% (200-800/$mm^3$) |
| **Plaquetograma** | |
| Plaquetas | 150.000-400.000/$mm^3$ |

em casos suspeitos de infiltração medular por tumor. Em algumas situações, pode ser necessária a realização da biópsia da medula óssea, um exame mais complexo e detalhado.

Quase todos os quimioterápicos exercem toxicidade sobre a formação do tecido hematopoiético. Sua consequência imediata é a incapacidade da medula óssea de repor os elementos do sangue circulante, aparecendo assim a leucopenia, a trombocitopenia e a anemia. A toxicidade hematopoiética é um fator limitante para a continuidade do tratamento quimioterápico.

TABELA 2 Valores de referência do mielograma

| Célula | Valores de referência (%) | Diâmetro médio (micra) |
|---|---|---|
| Mieloblasto | 0,5-5,5 | 15-20 |
| Promielócito | 1,5-8 | 14-18 |
| Mielócito neutrófilo | 4,5-18 | 12-18 |
| Mielócito eosinófilo | 0-3 | 12-18 |
| Mielócito basófilo | 0-1 | 12-18 |
| Metamielócito neutrófilo | 12-42 | 10-18 |
| Metamielócito eosinófilo | 0,5-3,5 | 10-18 |
| Metamielócito basófilo | 0-0,1 | 10-18 |
| Bastão neutrófilo | 15-33 | 10-14 |
| Bastão eosinófilo | 0-2 | 10-14 |
| Bastão basófilo | 0-0,5 | 10-14 |
| Segmentado neutrófilo | 14-35 | 10-14 |
| Segmentado eosinófilo | 1-7 | 10-14 |
| Segmentado basófilo | 0-0,5 | 10-14 |
| Linfócito | 7-38 | 10-12 |
| Monócito | 0-5 | 10-12 |
| Proeritoblasto | 0-6 | 10-14 |
| Eritroblasto basófilo | 1-6 | 10-12 |
| Eritroblasto policromatófilo | 5-26 | 8-10 |
| Eritroblasto acidófilo | 2-21 | 6-8 |
| Célula reticular | 0-2 | 0,5-2 |
| Célula plasmática | 0-3 | 1-5 |
| Megacariócito | 0-1 | 18-25 |

## Gasometria arterial

Refere-se ao exame do sangue arterial com o objetivo de avaliar o oxigênio e o gás carbônico distribuídos no sangue, o pH e o equilíbrio acidobásico. Normalmente é um exame solicitado quando o quadro clínico do paciente sugere uma anormalidade na ventilação, como quadros súbitos de dispneia, que são frequentes em pacientes oncológicos na fase terminal, por exemplo.

Pacientes com câncer de pulmão também são propensos a evoluir com insuficiência respiratória devido a congestão pulmonar, infecções e atelectasias.

Os parâmetros mais comumente avaliados na gasometria arterial são (valores de referência):

- pH 7,35-7,45;
- $pO_2$ (pressão parcial de oxigênio) 80-100 mmHg;
- $pCO_2$ (pressão parcial de gás carbônico) 35-45 mmHg;
- $HCO_3$ (necessário para o equilíbrio acidobásico sanguíneo) 22-26 mEq/L;
- $SaO_2$ Saturação de oxigênio (arterial) > 95%.

## Exames bioquímicos

São realizados para detecção e dosagem de alguns elementos químicos específicos no organismo humano, os quais podem ajudar no diagnóstico ou descartar a hipótese de certas doenças.

Pacientes oncológicos submetidos ao tratamento quimioterápico podem apresentar distúrbios na bioquímica sérica, como níveis alterados da ureia, creatinina, bilirrubinas, transaminases e eletrólitos, com a manifestação clínica correspondente.

Para todos os pacientes oncológicos é indicado que se solicite ureia, creatinina, enzimas hepáticas como TGO, TGP, fosfatase alcalina, gamaglutamil-transferase, desidrogenase lática, além de bilirrubinas, albumina, cálcio sérico, ácido úrico e eletrólitos.

- Encontram-se diminuídos:
  - glicemia;
  - proteínas e albuminas séricas (decorrentes de desnutrição, perda de sangue, etc.);

  - anemia (decorrente de hemorragia, desnutrição, hemólise, anemia da doença crônica, mielocística, etc.).
- Encontram-se aumentados:
  - ácido úrico sérico;
  - cálcio sérico (geralmente decorrente de metástases ósseas não detectadas, > 14 mg/dL sugere-se câncer em vez de hiperparatireoidismo);
  - globulina sérica;
  - ácido lático sérico;
  - presença de sangue oculto nas fezes;
  - VHS (> 100 mm/h, geralmente está associada a metástase);
  - leucometria (decorrente de necrose tumoral, infecção secundária, etc.).
- Hipercoagulabilidade (associada a tromboembolia recorrente).

## Exames microbiológicos

Os exames microbiológicos são frequentemente realizados nas rotinas laboratoriais. Será analisada a presença de fungos, vírus, protozoários e bactérias nas amostras colhidas.

Podem ser fontes de amostras: sangue, pus, exsudato ou drenagem de feridas, olhos ou ouvido, urina, fezes e escarro, corrimentos ou secreções genitais, líquido cerebrospinal.

## Exames imunológicos

Em oncologia, os exames imunológicos são utilizados no diagnóstico, no prognóstico e na escolha terapêutica. Além disso, em indivíduos com histórico familiar, os exames podem predizer o risco de desenvolvimento de neoplasias. Esses exames oferecem informações mais detalhadas, podendo definir se um tumor é um carcinoma, linfoma, melanoma ou sarcoma, determinando uma melhor forma de tratamento e provável evolução do câncer, assim como identificando com precisão sítios de origem da neoplasia detectadas por meio de metástases.

## Exames hormonais

A dosagem de hormônios pode ser usada em pacientes oncológicos.

- Hormônio tireoestimulante (TSH); T3 e T4 (hormônios da tireoide) e tireoglobulina são hormônios que podem verificar a atividade da glândula tireoide. A calcitonina também pode ser usada, pois é um hormônio produzido pela tireoide. Pode ser encontrado em altas doses em tumores da tireoide, mama, leucemias, doenças mieloproliferativas, câncer de pulmão e outros tumores da linhagem neuroectodérmica.
- Valores de referência:
  - TSH entre 0,45 e 4,5 mUI/mL;
  - T4 livre deve estar entre 0,7 e 1,8 ng/dL;
  - T3 livre de 2,5-4 pg/m.
    - Calcitonina: Homens até 8,4 pg/mL.<br>Mulheres até 5 pg/mL.

Na suspeita de tumores neuroendócrinos são investigados alguns hormônios da hipófise, como adrenocorticotrópico (ACTH), prolactina, hormônios de crescimento e cortisol, além de cálcio sérico e dos níveis do hormônio da paratireoide.

Valores muito elevados de prolactina (acima de 200 ng/mL) são altamente sugestivos de adenomas hipofisários, enquanto valores pouco elevados podem ser encontrados em outros tumores hipofisários.

- Valores de referência:
  - ACTH: acima de 18-20 µg/dL.
  - Prolactina: Homens: 4-15,2 ng/mL.<br>Mulheres: 4,8-23,3 ng/mL.

- GH: < 5 ng/mL.
- Cortisol: 4-18 µg/dL.
- PTH: 15-65 pg/mL.

Os principais tipos de câncer nas mulheres (mama, ovários e endométrio) parecem estar associados aos hormônios, sobretudo os estrogênios, que devem ser investigados nos casos de tumores adrenais ou testiculares.

- Valores de referência de estradiol:
  - Homens/adultos: 7,63-42,6 pg/mL.
  - Mulheres:
    - Pré-puberes: até 21 pg/mL.
    - Fase folicular: 12,5-166 pg/mL.
    - Fase ovulatória: 85-498 pg/mL.
    - Fase lútea L: 43,8-54,6 pg/mL.
    - Pós-menopausa: até 54,7 pg/mL.

## Coagulograma

Avalia a coagulação sanguínea e as doenças hemorrágicas. É solicitado no pré-operatório ou para tratamentos que causam sangramento.

Em pacientes oncológicos, os sangramentos geralmente acontecem em decorrência de uma plaquetopatia (defeito funcional associado à redução quantitativa da contagem das plaquetas). Aproximadamente 90% dos pacientes com câncer apresentam alterações da coagulação, como aumento da agregação plaquetária, maior atividade de fatores procoagulantes como protrombinase e fator X, e, por outro lado, menor atividade dos fatores anticoagulantes.

Um dos indicadores mais importantes do coagulograma é o índice padronizado para unificar as análises do tempo de protrombina chamado de índice internacional normalizado (INR).

O controle do INR em pacientes oncológicos é importante devido ao risco de sangramento; pacientes que usam anticoagulantes podem ter INR entre 2-3. Pacientes com válvulas cardíacas metálicas podem ficar com INR entre 3-4,5. Consideram-se valores acima de 5 como alto risco de hemorragia.

Obs.: alimentos com alto teor de vitamina K, como verduras verde-escuras, podem alterar o INR.

- Valores de referência:

| | |
|---|---|
| Tempo de sangramento | 1-4 minutos |
| Tempo de coagulação | 4-10 minutos |
| Tempo de protrombina ativada | 10-14 segundos |
| Tempo de tromboplastina parcial | 24-40 segundos |
| INR | 0,8-1 |

## Marcadores cardíacos

Pacientes oncológicos apresentam, com frequência, doenças cardiovasculares decorrentes da cardiotoxicidade provocada por tratamentos quimioterápicos e da exposição a um número maior de fatores de risco cardiovasculares durante todo o tratamento.

Os marcadores cardíacos auxiliam na detecção precoce de lesões decorrentes da utilização de quimioterápicos e no acompanhamento do tratamento oncológico.

- Os marcadores mais utilizados são:

| | |
|---|---|
| Troponina | Capaz de predizer o desenvolvimento de disfunção ventricular em pacientes com risco de cardiotoxicidade. |
| Peptídeo natriurético (NT-ProBNP) | Capaz de predizer a gravidade da lesão miocárdica. |

É comum pacientes com câncer terem, atualmente, maior expectativa de vida. Sendo assim, podem aumentar os fatores de risco para doenças cardiovasculares (doenças coronarianas, hipertensão arterial sistêmica, dislipidemia, entre outras).

## Urinálise

É um exame simples que obtém, de forma rápida, uma análise com informações sobre diversas doenças renais primárias e sistêmicas.

A análise é feita por meio da coloração da urina, que se altera em determinadas situações, por exemplo, a cor preta pode ocorrer por mioglobinúria, hemoglobinúria, ocronose e alcaptonúria, e pode ser descrita em pacientes com melanomas. Odor, aspecto e volume também são analisados.

## Marcadores tumorais

Geralmente são proteínas produzidas em resposta ao câncer e podem ser produzidos pelo próprio corpo ou pelo tumor (Tabela 3). Podem estar associados a um único tipo de tumor, enquanto outros podem estar associados a vários deles.

Podem ser usados para diagnóstico, prognóstico, estadiamento e orientação/monitoramento de tratamento.

Doenças benignas também podem aumentar os valores dos níveis de marcadores tumorais, enquanto algumas pessoas com câncer podem não apresentar alterações nos valores; por isso, muitas vezes a simples presença do marcador tumoral não é suficiente para indicar a presença de câncer. Dessa forma, os marcadores tumorais são utilizados na suspeita de câncer e ajudam a determinar o local de origem em tumores que já se disseminaram. O marcador tumoral mais conhecido é o antígeno prostático específico (PSA).

TABELA 3 Descrição dos principais marcadores tumorais

| Principais marcadores tumorais | Tipo de câncer relacionado (referências) |
|---|---|
| AFP (alfafetoproteína) | Fígado, ovariano e testículo (inferiores a 10 ng/mL) |
| ALK (quinase do linfoma anaplásico) | Pulmão |
| B2M (beta-2-microglobulina) | Mieloma múltiplo, leucemia e linfomas |
| BTA (antígeno tumoral da bexiga) | Bexiga |
| CA 15-3 (antígeno de câncer 15-3) | Mama, pulmão e ovariano (inferior a 30 U/mL) |
| CA 19-9 (antígeno de câncer 19-9) | Pancreático |
| CA 27-29 (antígeno de câncer 27-29) | Mama (inferior a 40 U/mL) |
| CA-125 (antígeno de câncer 125) | Ovariano (inferior a 35 U/mL) |
| Calcitonina | Tireoide (inferior a 5-12 pg/mL) |
| CEA (antígeno carcinoembrionário) | Colorretal (inferior a 5,5 ng/mL) |
| Cromogranina A(CgA) | Receptores de estrogênio |
| Receptor do fator de crescimento epidérmico (EGFR) | Pulmão, cabeça e pescoço, colorretal |
| Receptores de estrogênio | Mama |
| hCG (gonadotrofina coriônica humana) | Testículos |
| Her-2/neu | Mama |
| Imunoglobulinas monoclonais | Mieloma múltiplo |
| Receptores de progesterona | Mama |
| PSA (antígeno prostático específico) | Próstata (inferiores a 4 ng /mL) |
| Antígeno mucoide (MCA) | Mama (inferiores a 11 U/mL) |
| Tireoglobulina | Tireoide |
| S100 | Melanoma |

## Proteína C reativa (PCR)

Valores elevados de PCR aparecem geralmente em casos de inflamações e infecções, podendo estar relacionados inclusive com a presença de câncer.

O exame apresenta, como valor de referência, tanto para homens quanto para mulheres, de até 3 mg/L ou 0,3 mg/dL.

O PCR sozinho não é capaz de determinar a doença; assim, em casos de valores elevados, pode se tornar necessária a solicitação de outros exames, como tomografias computadorizadas, dosagem de marcadores tumorais etc.

### Dímero D

Trata-se de um biomarcador associado com maior risco de trombose venosa profunda (TVP) em pacientes com câncer, nos quais níveis elevados de dímero-D aumentam as chances de TVP.

Os valores de referência costumam ser abaixo de 500 ng/dL e resultam na alteração dos produtos de degradação da fibrina.

## BIBLIOGRAFIA RECOMENDADA


1. I Diretriz Brasileira de Cardio-Oncologia da Sociedade Brasileira de Cardiologia. Arq Bras Cardiol. São Paulo. 2011;96(2)supl.1.
2. Alencar NX, Kohayagawa A, Campos KCH, Takahira RK. Mielograma. Parte I: indicações e colheita do material. Rcv Educo Contin. CRMV-5P São Paulo. 2002;5(2):157-16.
3. American Cancer Society. Tumor markers. Disponível em: http://www.cancer.org/docroot/PED/content/PED_2_3X_Tumor_Markers.asp?sitearea=PED through http://www.cancer.org.
4. Del Giglio A, Kalihs R. Oncologia: análise de casos clínicos. Barueri: Manole; 2007.
5. Patrocinio LG, Moura GB, Silva JBP, Júnior JRS, Resende KO, Patrocinio JA. Epistaxe grave e plaquetopatia em paciente com câncer. Arq Otorrinolaringol. São Paulo. 2005;9(3):235-8.
6. Soares JLMF, Rosa DD, Leite VRS, Pasqualotto AC. Métodos diagnósticos: consulta rápida. São Paulo: Artmed; 2012.

# Exames de imagem em oncologia | 8

Fernanda Antico Benetti
Rodrigo Daminello Raimundo

## INTRODUÇÃO

Os exames de imagem são ferramentas importantes para o diagnóstico e acompanhamento de tumores (Figura 1).

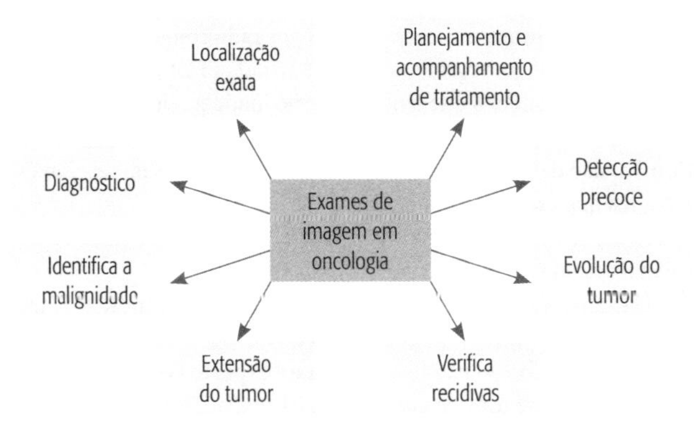


FIGURA 1 Exames de imagem em oncologia.

# EXAMES DE IMAGEM EM ONCOLOGIA

Podem ser utilizados diferentes tipos de energia, como ondas sonoras (ultrassom), campos magnéticos (ressonância nuclear magnética), partículas radioativas (cintilografia) e raios X.

Vários fatores podem determinar qual exame de imagem deve ser feito. Entre os mais importantes fatores estão: tipo de câncer e sua localização, custo/benefício e a necessidade de biópsia.

Os exames de imagem podem mostrar a vascularização, uma vez que tumores malignos apresentam correlação com o número de vasos presentes nessas lesões.

## Tomografia computadorizada

Trata-se de um exame não invasivo que auxilia na detecção da forma, tamanho, localização de tumores e também dos vasos sanguíneos que os alimentam. A utilização de contrastes pode melhorar a nitidez das lesões.

Pode ainda ser utilizada para orientar procedimentos como guiar agulhas durante procedimentos de biópsia ou para alguns tipos de tratamento de tumores, como ablação por radiofrequência.

Por meio da tomografia computadorizada (TC) pode-se avaliar cadeias de linfonodos que tenham acesso inadequado ao exame clínico, ou seja, é possível detectar linfonodos não palpáveis; no entanto, a TC não detecta se os linfonodos são metastáticos ou reacionais, a menos que existam áreas evidentes de necrose.

A TC em espiral utiliza menos radiação do que a convencional e é mais rápida, sendo atualmente mais utilizada.

O exame serve ainda para monitorar a doença e a eficácia de tratamentos.

Os resultados do exame apresentam aspectos diferentes entre si, variando entre tons de cinza, preto e branco. Tecidos densos podem ser vistos em branco. Tecidos pouco densos são vistos em preto. Tecidos cuja densidade varia podem ser vistos com variações de cinza. A captação do contraste pode ser vista em uma coloração branca brilhante (Figuras 2 a 4).

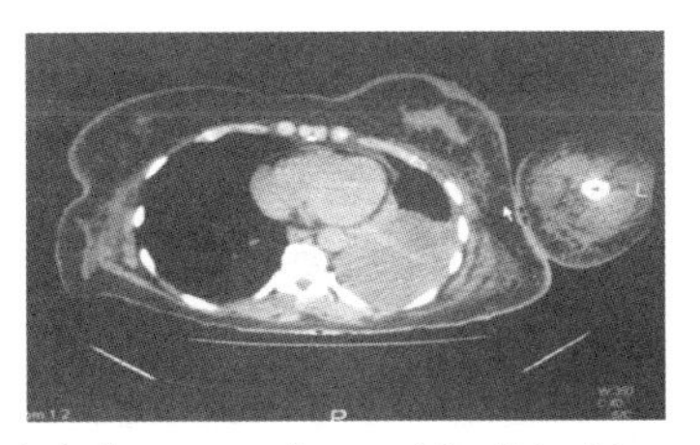

FIGURA 2 Neoplasia de mama maligna estádio clínico IV com derrame pleural paraneoplásico.

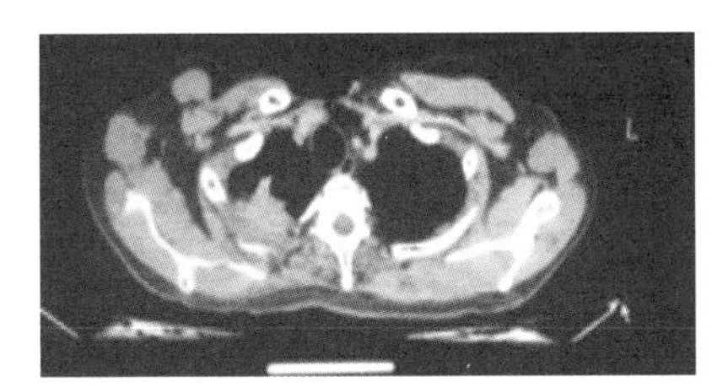


FIGURA 3 Carcinoma espinocelular (CEC) de pele com metástase pulmonar em ápice.

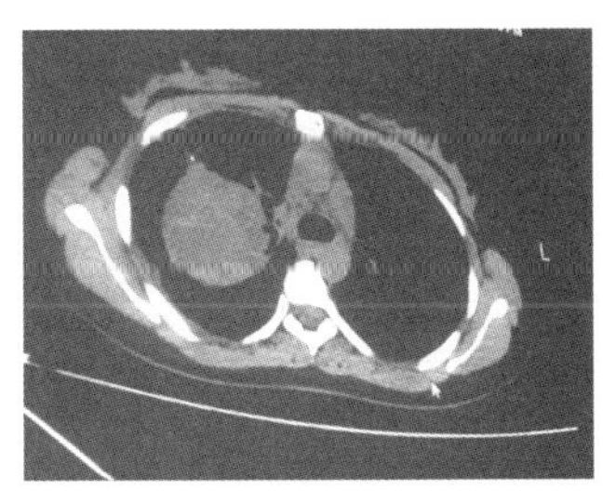


FIGURA 4 Massa tumoral pulmonar.

## Ressonância nuclear magnética

A ressonância magnética cria imagens de partes moles do corpo que são difíceis de serem observadas em outros exames de imagem, sem expor o paciente à radiação. Pode ser realizada com a utilização de contraste para facilitar a visualização de alguns tipos de tumores, por exemplo, os cerebrais, e é empregada para diagnosticar, localizar, planejar tratamento e diferenciar se o tumor é benigno ou maligno, assim como para procurar sinais de disseminação da doença (Figuras 5 a 8).

A ressonância magnética com difusão (DWI) é uma ferramenta de imagem promissora para caracterização tecidual, na predição de resposta tumoral e acompanhamento de pacientes oncológicos em tratamento quimioterápico.

Pode ser um exame mais efetivo no diagnóstico diferencial entre tumores benignos e malignos, pois consegue detalhar melhor o tamanho e as características morfológicas do tumor, assim como a relação entre o tumor e as estruturas anatômicas adjacentes.

No exame da mama, pode mostrar a localização precisa do tumor e detectar lesões multifocais que podem não ser vistas em mamografias. No entanto, trata-se de um exame com vários casos de falso-positivo, incapaz de visualizar microcalcificações mamárias e difícil de identificar alguns casos de doenças benignas e malignas.

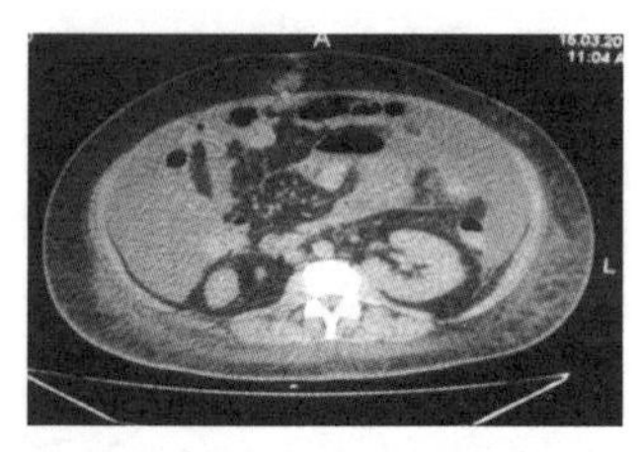

FIGURA 5 Sarcoma (tumor estromal gastrointestinal – GIST) – ascite volumosa com massa abdominal.

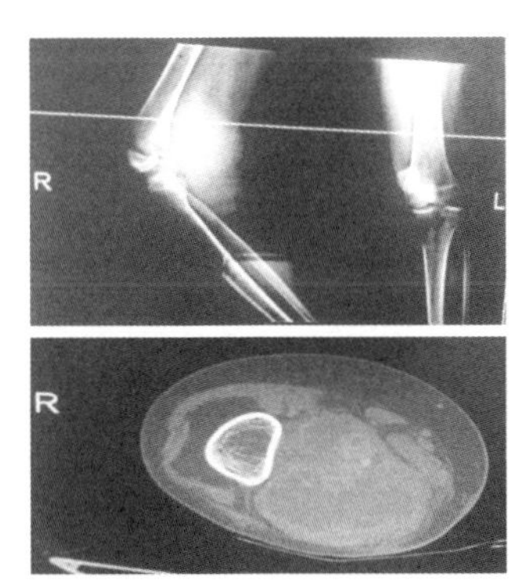


FIGURA 6 Sarcoma de partes moles (membro inferior direito – joelho direito).

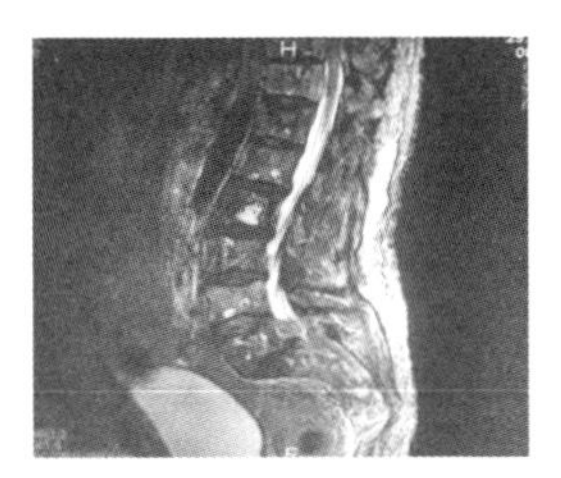


FIGURA 7 Carcinoma espinocelular (CEC) de esôfago (invasão de traqueia e fístula traqueoesofágica) associado com derrame pleural e atelectasia.

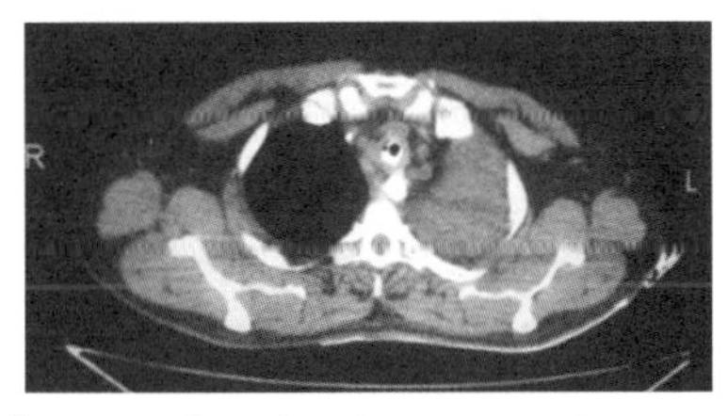


FIGURA 8 Paciente com câncer de próstata com metástase no corpo vertebral lombar.

# Radiografia

## Raio x

Trata-se de um exame rápido, barato, fácil de ser realizado e com risco insignificante. Pode ser realizado com a utilização de contrastes para facilitar a visualização (Figuras 9 a 16).

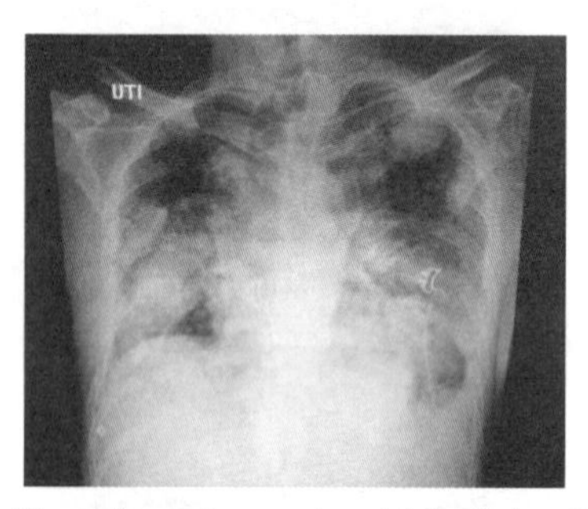


FIGURA 9 Opacificação homogênea em terço inferior do hemitórax direito.

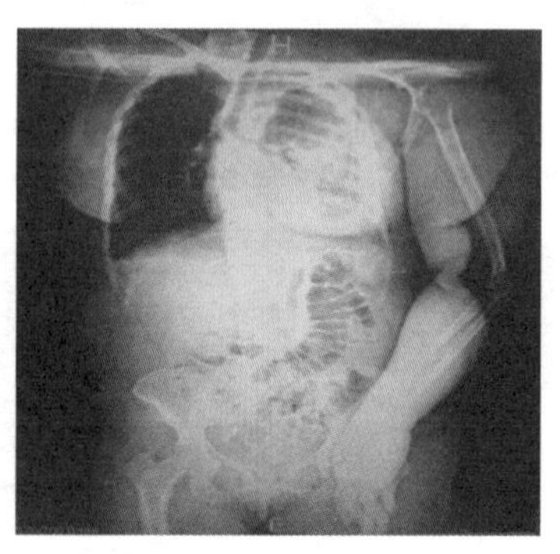

FIGURA 10 Câncer inflamatório em mama esquerda com linfangite cutânea e linfedema obstrutivo com derrame pleural paraneoplásico.

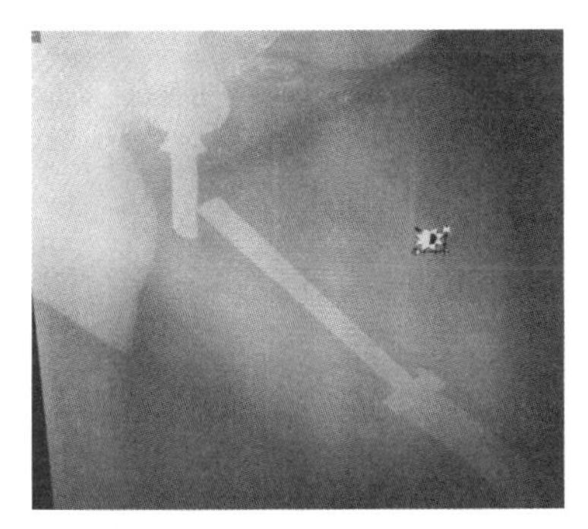

FIGURA 11 Endoprótese.

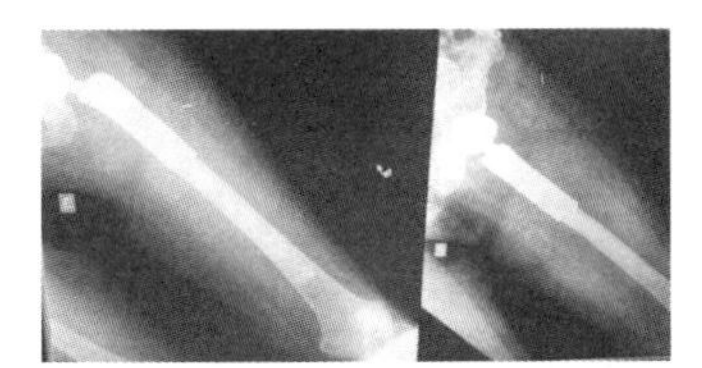

FIGURA 12 Endoprótese modular.

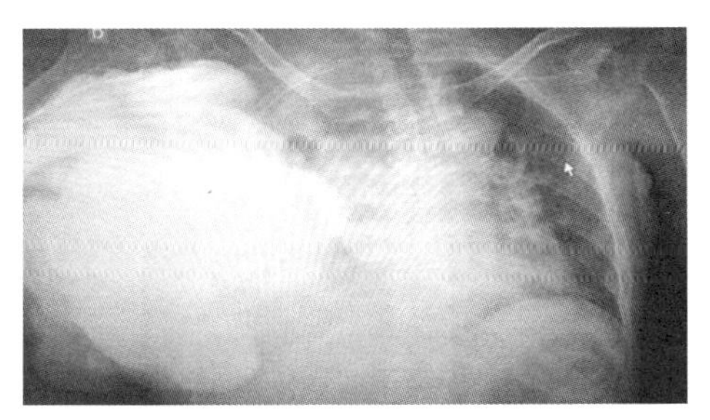

FIGURA 13 Massa tumoral mamária extensa e extrusa.

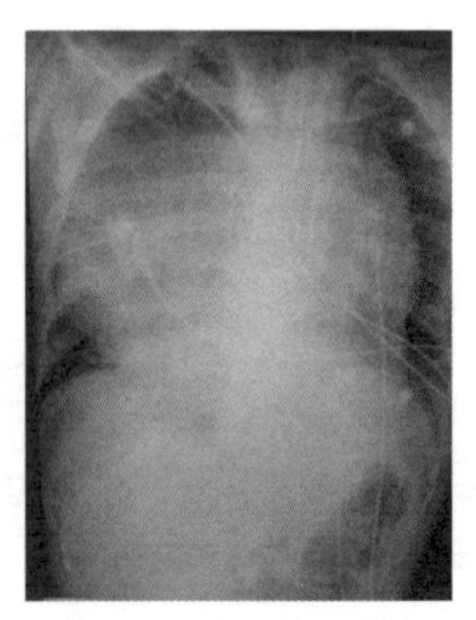

FIGURA 14 Massa mediastinal comprimindo veia cava superior por teratoma.

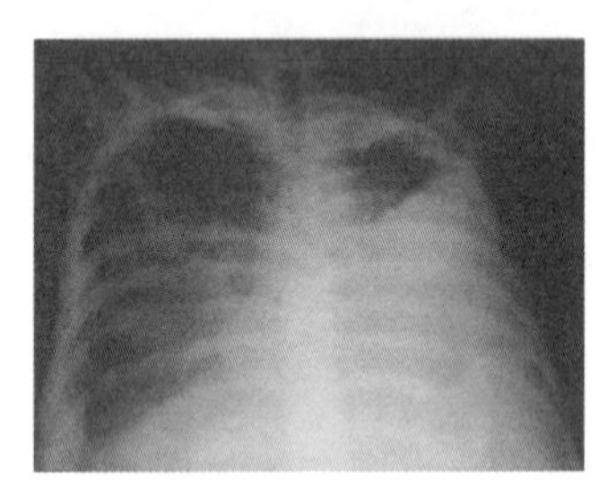

FIGURA 15 Derrame pleural paraneoplásico.

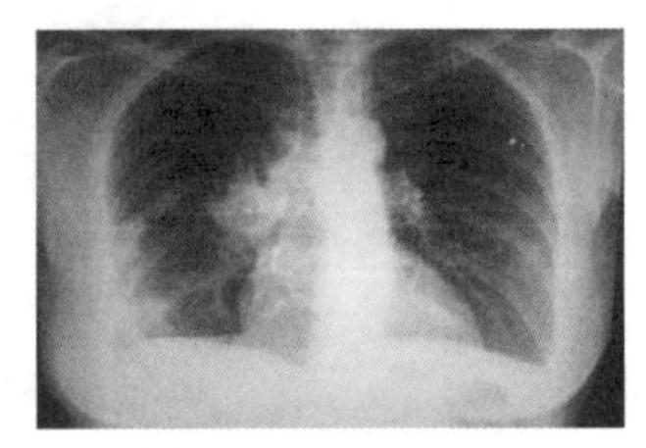

FIGURA 16 Câncer de pulmão associado a tromboembolismo pulmonar.

## Angiografia/arteriografia

Trata-se de um exame que associa a utilização de raio x e a injeção de contrastes para delinear os vasos sanguíneos, facilitando sua visualização. Dessa forma, pode mostrar as artérias que fornecem sangue para os tumores, se o fluxo sanguíneo está sendo bloqueado ou sendo comprimido por um tumor ou mostrar a presença de vasos sanguíneos anormais. Também pode ser útil para detectar tumores que possam ter se desenvolvido nas paredes dos vasos sanguíneos ou tumores não visíveis em outros exames de imagem.

## Pielograma intravenoso

Pielograma intravenoso ou pielografia, assim como a urografia excretora ou urografia retrógrada, são exames radiológicos, com utilização de contraste, empregados para detectar anormalidades no sistema urinário (rins, ureteres, bexiga urinária e uretra) e avaliar a funcionalidade dos rins.

## Venografia

Realiza-se um raio x das veias após a aplicação de uma injeção de contraste. Pode ser utilizada também na suspeita de tromboembolismo venoso (TEV), uma grave complicação em pacientes com câncer que pode até levar a óbito.

## Urografia excretora

Estudo radiológico dos rins, vias urinárias e bexiga utilizando contraste iodado endovenoso e radiografias seriadas à medida que o contraste vai sendo eliminado. É responsável por detectar principalmente neoplasias da pelve renal e ureter; no entanto, em casos de massas sólidas e cistos renais, a tomografia, ressonância ou ultrassom podem delinear melhor a lesão do que a urografia excretora.

## Mamografia

Por meio da mamografia pode-se verificar se existem sinais de doenças na mama, ainda que não haja sinais ou sintomas, podendo detectar câncer em seus estágios iniciais.

Os principais achados mamográficos são calcificações (que podem ou não ser causados por câncer), nódulos e massas (que podem ou não conter calcificações, podendo ser cistos, tumores benignos ou lesões neoplásicas).

Nem todos os tipos de câncer de mama podem ser diagnosticados pela mamografia. Em alguns casos a ressonância nuclear magnética de mama é recomendada junto com a mamografia para determinar com mais precisão o tamanho do tumor e a existência (ou não) de outros tumores na mama.

## Medicina nuclear

A medicina nuclear utiliza radionuclídeos incorporados a compostos específicos para avaliar a fisiologia e o metabolismo do corpo para diagnóstico e tratamento (Tabela 1).

Algumas doenças, como o câncer, afetam os tecidos do corpo, fazendo-os absorver mais ou menos radiofármacos se comparados aos tecidos normais.

TABELA 1 Radionuclídeos utilizados no diagnóstico de câncer

| Radionuclídeos | Diagnóstico |
|---|---|
| Gálio 67 | Pode ser utilizado para fazer uma varredura do corpo inteiro ou para detectar câncer em certos órgãos |
| Tecnécio 99 | Utilizado para detectar a disseminação do câncer |
| Tálio 201 | Utilizado no estudo de doenças cardíacas |
| Iodo 123 ou Iodo 131 | Utilizado no diagnóstico e no tratamento do câncer de tireoide |

## Cintilografia óssea

Avalia a função metabólica do osso e permite detectar lesões tumorais precocemente, sejam elas originadas do próprio osso ou de outros órgãos. Além disso, é fundamental no acompanhamento do tratamento, avaliando se existe ou não melhora.

## Gamagrafia com gálio

Utiliza baixas doses de radioisótopo que pode ser captado por órgãos em situações patológicas com maior irrigação sanguínea ou aumento de metabolismo. Tem como principal função detectar tumores primários ou metástases ósseas, determinando o avanço da doença.

## Tomografia por emissão de pósitrons (PET-*scan*)

É um exame que combina medicina nuclear e análise bioquímica para detecção de doenças antes mesmo que existam sinais visíveis em exames de imagens.

As células malignas, em sua grande maioria, apresentam alto metabolismo glicolítico comparado aos tecidos normais. Os radiofármacos são administrados ao paciente, por via venosa, antes da realização do exame. Como as células cancerígenas se reproduzir muito rapidamente, e consomem muita energia para se reproduzirem e se manter em atividade, moléculas de glicose, que são energia pura, são marcadas por um radioisótopo e injetadas nos pacientes. Alguns minutos depois é possível fazer um mapeamento do organismo do paciente, detectando ponto a ponto a concentração do radiofármaco no organismo.

O PET-*scan* permite detectar se o câncer se disseminou para os linfonodos. Raramente é usado para pacientes com câncer do colo de útero em estágio inicial, mas pode ser empregado para detectar a doença mais avançada.

Alguns aparelhos combinam o PET com a TC, fornecendo informações mais detalhadas sobre qualquer aumento na atividade celular, o que ajuda na localização de tumores. No entanto, a exposição do paciente à radiação é maior.

## Gamagrafia de tireoide

Utilizado principalmente para avaliar a função e detectar câncer de tireoide, é um exame que usa doses baixas de radioisótopo (tecnécio 99) que, em condições normais, costuma ser captado uniformemente pelo tecido. No entanto, em condições tumorais essa captação se torna diferente do tecido normal.

Células anômalas, como no caso do câncer, são incapazes de captar iodo; dessa forma, tumores malignos costumam apresentar uma zona de captação nula. Tumores benignos apresentam altos níveis de captação.

## Ultrassom

A ultrassonografia utiliza ondas sonoras de alta frequência que entram em choque com determinados tecidos, produzindo ecos que são convertidos em imagens. Alguns tecidos, como ossos e cavidades com ar, não permitem que as ondas sonoras os atravessem, e dessa forma seu uso fica limitado.

O ultrassom não possui imagens detalhadas como outros exames, no entanto é muito bom para imagens de doenças de tecidos moles.

Pode distinguir cistos cheios de líquido e tumores sólidos, mas não consegue diferenciar um tumor benigno de um maligno.

Equipamentos especiais como o eco-Doppler podem mostrar como o sangue flui através dos vasos sanguíneos; uma vez que o fluxo de sangue nos tumores é diferente do apresentado nos tecidos normais, favorece o diagnóstico de algumas doenças.

# BIBLIOGRAFIA RECOMENDADA

1. Bontrager KL. Tratado de técnica radiológica e base anatômica. Rio de Janeiro: Guanabara Koogan; 2003.
2. Junior JS, Fonseca RP, Cerci JJ, Buchpiguel CA, Cunha ML, Mamed M, et al. Lista de Recomendações do Exame PET/CT com 18F-FDG em Oncologia. Consenso entre a Sociedade Brasileira de Cancerologia e a Sociedade Brasileira de Biologia, Medicina Nuclear e Imagem Molecular. Radiol Bras. 2010 jul-ago;43(4):255-59.
3. Soares JLMF, Rosa DD, Leite VRS, Pasqualotto AC. Métodos diagnósticos: consulta rápida. São Paulo: Artmed; 2012.
4. Soderstrom CE, Harms SE, Farrell RS Jr., Pruneda JM, Flamig DP. Detection with MR imaging of residual tumor in the breast soon after surgery. AJR. 1997;168:485-8.
5. Testa ML, Chojniak R, Sene LS, Damascena AS. Ressonância magnética com difusão: biomarcador de resposta terapêutica em oncologia. Radiol Bras. 2013 mai-jun;46(3):178-80.

# 9 Diagnóstico funcional em pacientes oncológicos segundo a Classificação Internacional de Funcionalidade

Ingrid Correia Nogueira
Daniel Cordeiro Gurgel
Luiz Alberto Forgiarini Junior
Ana Cristhina de Oliveira Brasil de Araújo

Os pacientes diagnosticados com câncer manifestam com elevada frequência alterações bioquímicas, fisiológicas, metabólicas, sociais, emocionais e comportamentais ocasionadas pelos efeitos locais e sistêmicos da própria doença. Estas podem ser amplificadas a depender do estadiamento do tumor e de sua localização anatômica. Além disso, tais manifestações podem ser agravadas quando o paciente é submetido aos tratamentos convencionais de cirurgia, quimioterapia, radioterapia, hormonioterapia e imunoterapia.

O aumento de sobrevida em pacientes oncológicos experimentado nos últimos anos ocorreu com a evolução dos tratamentos, especialmente a partir da incorporação de novos agentes nos esquemas terapêuticos convencionais, porém trouxe consigo um aumento no número de toxicidades sistêmicas, relacionadas diretamente à piora no estado de funcionalidade, gerando repercussão negativa na qualidade de vida.

Neste contexto, avaliar o estado de funcionalidade tornou-se indispensável para auxiliar na elaboração do diagnóstico funcional e na resposta ao tratamento. Atualmente, o aumento da sobrevida e a cronicidade da doença já não permitem mais considerar a mortalidade como resultado primário em oncologia. O próprio perfil epidemiológico das doenças neoplásicas justifica a necessidade de inserir os componentes da funcionalidade no contexto do cuidado do paciente diagnosticado com câncer.

Devido à necessidade de um novo modelo de saúde que contemplasse todos os aspectos biopsicossociais e suas interações multidirecionais e dinâmicas, a Organização Mundial da Saúde (OMS) lançou em 2001 a Classificação Internacional de Funcionalidade e Incapacidade em Saúde (CIF), traduzida para o português em 2003.

O ponto mais importante que a CIF propõe é a mudança de foco da doença para a funcionalidade humana. Dessa forma, é enfatizado não somente o indivíduo com a deficiência, mas sim todos os componentes que facilitam e dificultam a execução das suas funções biológicas e da sua participação no contexto social em que vive.

A CIF é estruturada em duas partes, cada uma com dois componentes. Parte 1 – Funcionalidade e Incapacidade – inclui Funções e Estruturas do Corpo, Atividades e Participação; Parte 2 – Fatores Contextuais – incorpora os Fatores Ambientais (ambiente físico, social e atitudinal em que as pessoas conduzem suas vidas) e Fatores Pessoais (não passíveis de classificação até o momento, devido à grande variabilidade social e cultural relacionada a esse componente) (Figura 1).

O primeiro componente se refere às características anatômicas e às funções fisiológicas relacionadas aos sistemas orgânicos. Alterações nas "funções ou estruturas do corpo", como uma perda ou uma anormalidade importante, são definidas como "deficiência". Já o componente "atividade" é descrito como a execução de uma tarefa ou ação pelo indivíduo, ou seja, a capacidade do indivíduo para realização das atividades de vida diária (AVD). A "limitação da atividade" é definida como a presença de dificuldade para a realização das AVD. Além disso, a "participação" é definida como o envolvimento do indivíduo em uma situação de vida, e quando há problemas relacionados a esse domínio ocorre a "restrição à participação".

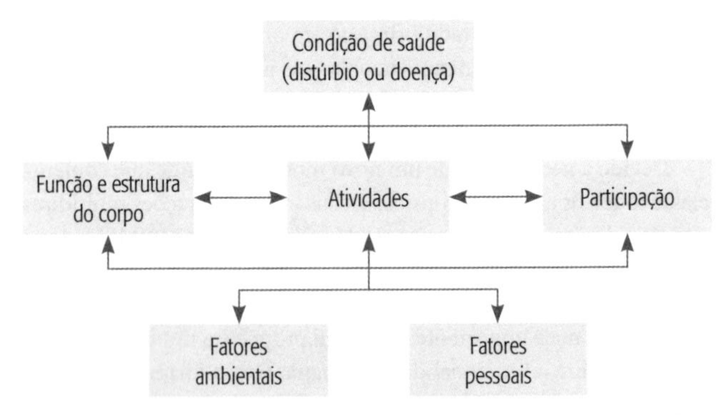


FIGURA 1 Modelo da Classificação Internacional da Funcionalidade e suas interações multidirecionais e dinâmicas.
Fonte: Organização Mundial da Saúde (OMS, 2003).

Assim, a funcionalidade e a incapacidade podem ser classificadas de duas formas, podendo indicar aspectos positivos ou neutros relacionados com a saúde (resumidos sob o termo "funcionalidade") ou negativos (incapacidade, limitação de atividade ou restrição de participação designadas pelo termo genérico "deficiência"). Os componentes "estrutura e função do corpo" e "atividade e participação" podem ser considerados positivos, neutros ou negativos, bem como os "fatores ambientais" podem ser concebidos como positivos (facilitadores) ou negativos (barreiras).

Para codificar seus componentes, a CIF utiliza um sistema alfanumérico: "b" (*body*) para funções do corpo, "s" (*structure*) para estruturas do corpo, "d" (*domain*) para atividade e participação e "e" (*environment*) para fatores ambientais. As letras supracitadas são seguidas por um código numérico iniciado pelo número do capítulo (um dígito), seguido pelo segundo nível (dois dígitos) e do terceiro e quarto níveis (um dígito).

Exemplo: b7302.1 – deficiência leve da força dos músculos de um lado do corpo. b (*body*) – funções do corpo; 7 (primeiro nível) – funções neuromusculoesqueléticas e relacionadas ao movimento; 30 (segundo nível) – funções da força muscular; 2 (terceiro nível) – força dos músculos de um lado do corpo; .1 (qualificador) – deficiência leve.

Para iniciar a codificação, deve-se observar o organismo biológico e posteriormente analisar sua relação com os fatores ambientais. Para classificar as funções e estruturas do corpo conforme a CIF é necessário conhecer os parâmetros de normalidade relacionados a cada sistema orgânico para então indicar a extensão e a natureza da deficiência. A extensão desta será mensurada por meio de instrumentos avaliativos objetivos para inter-relacioná-las com os qualificadores da CIF por meio de regras de ligação.

Para criar um código da CIF, cada categoria deve ser acompanhada por um qualificador para evidenciar a magnitude do acometimento (deficiência, limitação, restrição, barreiras ou facilitadores das condições de saúde). Os qualificadores são números adicionados à categoria após um ponto final (Tabelas 1 e 2).

A partir desse modelo de funcionalidade da OMS, o fisioterapeuta deverá examinar os aspectos específicos relacionados à possível deficiência na estrutura e função corporal e também o impacto na realização das suas tarefas diárias e/ou cotidianas (AVD e AIVD) e na participação social para elaborar o diagnóstico cinesiológico funcional.

Portanto, segundo Brasil (2013), é preciso desenvolver informações que registrem não só a doença, mas também os demais aspectos da situação de saúde dos indivíduos, deixando de ver a doença apenas como aspecto biológico, e sim como problema de saúde produzido pela sociedade. Dessa forma, a OMS orienta que a CIF seja utilizada na prática clínica, para descrição do estado de saúde funcional do paciente e de seus determinantes, auxiliando no processo

TABELA 1 Qualificadores utilizados para a codificação de acordo com a CIF

| | | | |
|---|---|---|---|
| xxx.0 | NÃO há problema | (nenhum, ausente, insignificante...) | 0-4% |
| xxx.1 | Problema LEVE | (leve, pequeno, ...) | 5-24% |
| xxx.2 | Problema MODERADO | (médio, regular, ...) | 25-49% |
| xxx.3 | Problema GRAVE | (grande, extremo, ...) | 50-95% |
| xxx.4 | Problema COMPLETO | (total, ...) | 96-100% |
| xxx.8 | Não especificado | | |
| xxx.9 | Não aplicável | | |

Fonte: Organização Mundial da Saúde (OMS), 2003.

TABELA 2 Qualificadores utilizados para a codificação dos fatores ambientais

| | | | |
|---|---|---|---|
| xxx.0 | NENHUMA barreira | xxx + 0 | NENHUM facilitador |
| xxx.1 | Barreira LEVE | xxx + 1 | Facilitador LEVE |
| xxx.2 | Barreira MODERADA | xxx + 2 | Facilitador MODERADO |
| xxx.3 | Barreira GRAVE | xxx + 3 | Facilitador GRAVE |
| xxx.4 | Barreira COMPLETA | xxx + 4 | Facilitador COMPLETO |
| xxx.8 | Barreira não especificada | xxx + 8 | Facilitador não especificado |
| xxx.9 | Não aplicável | xxx + 9 | Não aplicável |

Fonte: Organização Mundial da Saúde (OMS), 2003.

de diagnóstico para posterior registro e documentação das informações pelo fisioterapeuta.

A CIF conta com mais de 1.400 categorias, e visando facilitar a aplicação da CIF foram desenvolvidas listas resumidas por grupos de especialistas da área de fisioterapia em oncologia, denominados *core sets*. Estes referem-se ao conjunto das principais categorias da CIF que descrevem de forma específica o estado de funcionalidade das pessoas com determinada condição de saúde. Pode-se citar, por exemplo, os *core sets* para tumores localizados na mama, cabeça e pescoço, próstata, colo do útero e para sobreviventes do câncer.

A seguir serão descritas as possíveis deficiências relacionadas ao câncer e ao seu tratamento nos seguintes sistemas: cardiovascular, respiratório e osteoneuromuscular, bem como alguns dos instrumentos de avaliação quantitativa para mensuração das deficiências, da limitação das atividades e da restrição à participação do paciente oncológico.

## AVALIAÇÃO DAS ALTERAÇÕES DO SISTEMA CARDIOVASCULAR NA ONCOLOGIA

A disfunção cardíaca pode ser associada a alguns esquemas de quimioterapia frequentemente empregados no tratamento do câncer. A patogênese da cardiomiopatia possui relação muito próxima com o descondicionamento físico resultante dos efeitos diretos do tratamento do câncer. A quimioterapia, inclusive, pode gerar comprometimento da função sistólica a ponto de conduzir à insuficiência cardíaca (Figura 2).

Com frequência, essas lesões acontecem no contexto de um estilo de vida desfavorável à saúde devido à ação sinérgica da inatividade física e do ganho ponderal, principalmente na forma de massa gorda, comumente encontrados nos sobreviventes de câncer.

O fisioterapeuta deve reconhecer os padrões de alteração funcional no sistema cardiovascular e correlacioná-los com a anamnese (sinais e sintomas), os tratamentos realizados, os parâmetros cardiovasculares (frequência cardíaca, pressão arterial, saturação periférica de oxigênio – $SpO_2$), os exames laboratoriais (concentração de hemoglobina, saturação arterial e venosa central e lactato sanguíneo), além de utilizar ferramentas para avaliação da dispneia e da percepção de esforço (índice de percepção de esforço – IPE; escala de Borg e equivalente metabólico – MET).

O reconhecimento da queixa principal é de grande relevância para nortear a localização da deficiência relacionada ao sistema

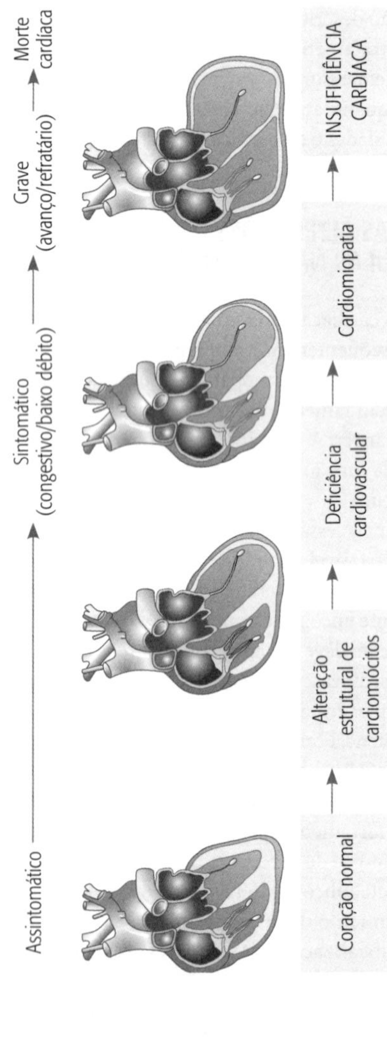


FIGURA 2 Sequência de eventos que conduzem à disfunção cardíaca na quimioterapia relacionada ao câncer.

Fonte: Adaptada de Lipshultz et al., 2013.

cardiovascular. A dispneia aos esforços, o edema em membros inferiores e a turgência da jugular podem estar relacionados à presença de insuficiência cardíaca congestiva. Já a taquipneia, a sudorese e a palidez cutânea podem indicar sinais de baixo débito cardíaco.

## AVALIAÇÃO DAS ALTERAÇÕES DO SISTEMA RESPIRATÓRIO NA ONCOLOGIA

A insuficiência respiratória aguda (IRpA) pode ocorrer em 30% dos pacientes com câncer, como consequência da toxicidade, e se associa como a principal causa de internação em unidade de terapia intensiva (UTI) nessa população. Possui elevada mortalidade, alcançando taxas de 50%, ou superiores a esta nos indivíduos em uso de ventilação mecânica.

A radiação no tórax é um fator de risco significativo e se associa a eventos pulmonares tardios, como pneumonite e fibrose pulmonar. Além disso, quimioterápicos como bleomicina e adriamicina são capazes de elevar o risco de pneumonia por radiação. A cronificação da lesão pulmonar se inicia após alguns meses e progride gradualmente ao longo dos anos, ocorrendo aproximadamente entre 6 e 24 meses após a radioterapia. Como alguns pacientes podem ser assintomáticos, a dispneia pode surgir em graus variados.

A cirurgia de ressecção pulmonar (RP) é o tratamento indicado para o câncer de pulmão quando o tumor se encontra localizado e sem disseminação, podendo ser acompanhada de quimioterapia e radioterapia neoadjuvantes. No entanto, a ressecção do parênquima pulmonar representa risco de perda funcional pulmonar, bem como diminuição da capacidade de realização das AVD, deterioração da qualidade de vida e risco de morte. Estima-se que a perda funcional no volume expiratório forçado no primeiro segundo (VEF1) seja de aproximadamente 8-15% para lobectomia, e de 25-50% para pneumectomia.

Durante a anestesia geral, a posição supina e a ventilação mecânica invasiva promovem alterações na mecânica ventilatória por prejudicar a ação do diafragma, o que resulta em redução dos volumes e das capacidades pulmonares, promovendo distúrbios na relação ventilação-perfusão que prejudicam a complacência pulmonar e predispõem ao aparecimento da hipoxemia. A persistência das áreas de atelectasia no pós-operatório, associada à disfunção transitória da musculatura respiratória e eventual dor ventilatório-dependente após cirurgias torácicas e/ou abdominais, pode resultar em aumento do trabalho respiratório, podendo estar associada à disfunção diafragmática. Assim, sintomas como dispneia e intolerância aos esforços podem ser causados pela fraqueza dos músculos inspiratórios. O diagnóstico costuma ser tardio, pois grande parte dos protocolos de investigação de dispneia não inclui a avaliação da força muscular respiratória.

Na seleção dos candidatos à RP, torna-se fundamental a avaliação da reserva pulmonar para a estratificação do risco cirúrgico por meio da espirometria, da capacidade de difusão do monóxido de carbono (DLCO) e de testes relacionados à capacidade funcional (*shuttle walking test – SWT*, teste do degrau – TD e TC 6 min).

De acordo com as recomendações do American College of Chest Physicians (ACCP) e da British Thoracic Society (BTS), pacientes com DLCO ou VEF1ppo > 60% são considerados aptos para a lobectomia e com DLCO ou VEF1ppo > 80% para a pneumectomia, sendo estes classificados como de baixo risco para a cirurgia e não necessitando de avaliação adicional. Pacientes com DLCO ou VEF1 (ppo) entre 30 e 60% devem ser submetidos ao SWT e ao teste do degrau para avaliar a tolerância ao exercício. Considera-se de baixo risco para a RP uma distância percorrida > 400 metros no SWT ou > 22 metros no TD.

Apesar de o TC6 não ter sido citado nas diretrizes da ACCP e da BTS, é amplamente utilizado para avaliar a resposta de um indivíduo ao exercício e propicia uma análise global do sistema respiratório, cardíaco e metabólico. Uma distância percorrida pelo TC6 < 350 metros está associada a um pior prognóstico e aumento da mortalidade. Já Marjanski et al. (2015) afirmam que uma distância percorrida no TC6 inferior a 500 metros pode ser considerada um fator preditor de complicações pulmonares pós-operatórias e do aumento do tempo de internação hospitalar após cirurgia de ressecção pulmonar.

Diante da presença de função pulmonar limítrofe e/ou da redução da capacidade funcional, o paciente deve ser submetido a ergoespirometria e/ou cintilografia de perfusão.

A investigação de sintomas respiratórios (tosse, dispneia, dor torácica, hemoptise) e constitucionais (fadiga e emagrecimento) é de grande relevância durante a anamnese, pois pode predizer desfechos prognósticos.

Nesse contexto, é extremamente importante o fisioterapeuta reconhecer os padrões de alteração funcional no sistema respiratório e correlacioná-los com a anamnese, os tratamentos realizados e os parâmetros respiratórios (frequência respiratória, padrão ventilatório, $SpO_2$ e presença de desconforto respiratório). Da mesma forma, exames específicos como pico de fluxo expiratório, força muscular respiratória, espirometria e DLCO podem auxiliar na avaliação da função pulmonar. Todavia, podem ser utilizados o raio X de tórax, a tomografia computadorizada de tórax e a ultrassonografia pulmonar como recursos importantes na determinação da avaliação de condições pulmonares como atelectasia, derrame pleural, consolidação, entre outras. Além disso, o uso de novas tecnologias, como a tomografia por impedância elétrica (TIE), poderá facilitar a avaliação funcional da ventilação pulmonar regional e da perfusão pulmonar.

## AVALIAÇÃO DAS ALTERAÇÕES DO SISTEMA OSTEONEUROMUSCULAR NA ONCOLOGIA

As repercussões sistêmicas do tratamento oncológico impactam no sistema ósseo e incluem um risco aumentado, a longo prazo, para o desenvolvimento de osteoporose devido à perda de massa óssea relacionada diretamente à desregulação da remodelação óssea e, indiretamente, ao hipogonadismo e à nefrotoxicidade associados. Os tratamentos associados a esses efeitos incluem os glicocorticoides e fármacos antineoplásicos como a doxorrubicina e carboplatina utilizados isoladamente, bem como o uso combinado de 5-fluorouracil, leucovorina e irinotecano (FOLFIRI), que estão diretamente associados à redução significativa do volume ósseo, ao desenvolvimento de fraturas, bem como à atrofia muscular e seus efeitos prognósticos negativos sobre a funcionalidade.

A associação da utilização desses medicamentos com hábitos de vida desfavoráveis (alimentação inadequada e inatividade física), durante o tratamento e após a sua finalização, está relacionada a fraturas por fragilidade comumente encontradas na coluna vertebral, no quadril e punho. As taxas de perda de massa óssea ocasionadas pela quimioterapia podem ser 10 vezes maiores diante da população geral.

A redução de massa muscular é comum e pode variar amplamente nesses pacientes, podendo conduzir ao diagnóstico de sarcopenia, condição definida por reduzida massa muscular esquelética (miopenia), associada com a diminuição da força muscular (dinapenia) e da funcionalidade/desempenho. O tratamento pode agravar a perda ponderal e então conduzir o paciente para um estado mais avançado de depleção muscular, a temida caquexia. A caquexia foi definida como perda ponderal de pelo menos 5% ou mais em período igual ou inferior a 12 meses na presença de doença prévia, associada a três dos seguintes critérios: dinapenia, fadiga, anorexia, reduzido índice de massa livre de gordura ou modificações bioquímicas como elevação de marcadores inflamatórios: proteína C reativa > 5 mg/L, IL-6 > 4 pg/mL, anemia e hipoalbuminemia (< 3,5 g/dL). Pacientes tratados com quimioterapia neoadjuvante passam por significativa miopenia e dinapenia.

Um recente trabalho sobre obesidade sarcopênica que relacionou a miopenia com o seu impacto na sobrevida e complicações do tratamento oncológico revelou que pacientes com tumores avançados do pulmão e do trato gastrointestinal apresentam elevada perda de massa muscular e um incremento em seu percentual de gordura corporal (Figura 3). Além disso, os autores chamam a atenção para a prevalência de obesidade sarcopênica em pacientes com câncer avançado, que atinge, em média, 9% dessa população, bem como 1 a cada 4 pacientes com IMC de 30 kg/m$^2$ é sarcopênico.

Pacientes em radioterapia para cânceres de cabeça e pescoço, tórax, mama, abdominal e pelve evoluem com perda de massa muscular global quando comparado o início com o final da radioterapia, bem como com 3 meses após o fim do tratamento, ocasionando diminuição da capacidade funcional, piora na qualidade de vida, maior tempo de permanência no hospital e aumento da morbimortalidade.

A dinamometria tem sido recomendada como uma alternativa para avaliar a força muscular e se correlaciona com a força muscular global. Em idosos, a confirmação da dinapenia pode ser obtida quando os valores de força de preensão são menores que 20 kgf (nas mulheres) e 30 kgf (nos homens), além de servir para o diagnóstico de sarcopenia e fraqueza adquirida na UTI quando os valores são inferiores a 7 kgf (mulheres) e 11 kgf (homens).

## AVALIAÇÃO DAS ATIVIDADES DE VIDA DIÁRIA

A incapacidade relacionada à limitação para a realização das AVD é experimentada em pacientes com câncer; de acordo com a CIF, a capacidade está relacionada à aptidão que o indivíduo apresenta para a execução das atividades e a participação em um ambiente padronizado. Já o desempenho descreve as atividades e a participação que o indivíduo executa rotineiramente. Dessa forma, a CIF considera

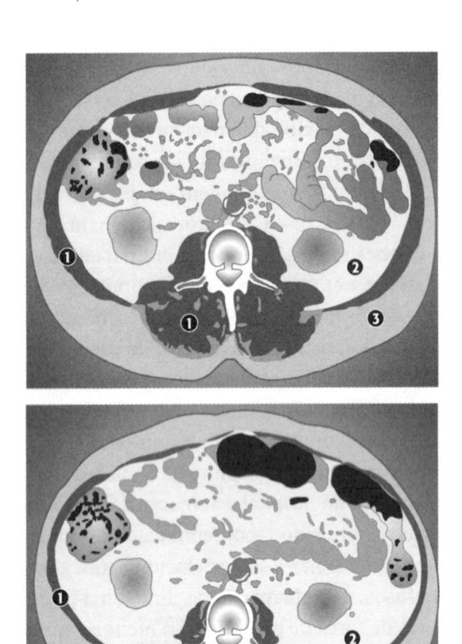

FIGURA 3 As imagens lombares transversais axiais foram tiradas com 10 meses de intervalo e pertencem a um paciente masculino com diagnóstico de câncer de pulmão de não pequenas células no estágio IV. Nos dois momentos, o IMC foi de 30,7 kg/m$^2$. No primeiro registro temporal (imagem superior), os índices foram: área muscular 172,5 cm$^2$; área gorda 452 cm$^2$; no segundo registro (imagem inferior), o paciente era sarcopênico: área muscular 86,7 cm$^2$; área gorda 506 cm$^2$.

Fonte: Adaptado de Baracos, Arribas, 2018.

tanto o que é possível realizar em um ambiente padrão, de teste, como o seu desempenho na realização das atividades na vida real.

O conhecimento das categorias nas funções e atividades necessárias para o movimento humano facilita a escolha de instrumentos de avaliação para sua posterior classificação. Esses códigos podem ser utilizados para descrição do estado de funcionalidade de pacientes oncológicos, estabelecendo uma linguagem padronizada. Vale ressaltar que a descrição das atividades pela CIF pode interagir com várias estruturas e funções corporais.

As funções essenciais para andar (d450) integram a combinação de orientação (b114), vestibular (b235), controle dos movimentos voluntários (b760), força muscular (b730), tônus (b735), mobilidade das articulações (b710), suporte estrutural dos ossos (s7700), ligamentos e tendões (s7701), além das barreiras e facilitadores relacionados aos fatores ambientais. Dessa forma, é possível analisar funções específicas do corpo e ações mais complexas relacionadas a vários sistemas corporais.

Visto que o ato de andar é uma das principais atividades da vida diária, vários testes e escalas têm sido utilizados para medir a capacidade funcional do paciente oncológico no contexto ambulatorial e hospitalar. Um dos instrumentos utilizados especificamente para mensurar e avaliar os elementos que compõem o quadro com o olhar para a funcionalidade em pacientes oncológicos é a *Eastern Cooperative Oncology Group* (ECOG-PS), que mensura especificamente o estado funcional de pacientes com câncer e sua evolução ao longo do tratamento. Pode ser utilizada ainda a Escala de *Performance* de *Karnofsky*, cujo resultado classifica a habilidade de uma pessoa para desempenhar suas atividades e avalia o progresso alcançado durante e após a realização do tratamento.

Outra ferramenta não específica para pacientes oncológicos, mas que pode ser utilizada em pacientes clínicos e hospitalares, é o *Timed Up and Go Test* (TUGT). Este surge como um possível instrumento de fácil aplicabilidade e custo reduzido para rastreamento da sarcopenia. Pode-se ainda avaliar a capacidade de os pacientes realizarem suas AVD utilizando a Escala de Barthel ou a Medida de Independência Funcional (MIF), as quais demonstraram as possíveis limitações às atividades desses indivíduos.

Frequentemente, esses pacientes podem estar internados na UTI e sua avaliação funcional é de extrema importância, podendo ser utilizadas escalas adaptadas transculturalmente e validadas, tais como a *Perme Escore* (*Perme Intensive Care Unit Mobility Score*), a Escala de Mobilidade em UTI (*ICU Mobility Scale*), a Escala de Estado Funcional em UTI (*FSS-ICU – Functional Status Score for the ICU*) e a Chelsea Critical Care Physical Assessment Toll (Cpax).

## AVALIAÇÃO DA PARTICIPAÇÃO

O World Health Disability Assessment Schedule (WHODAS 2.0) é um instrumento de fácil aplicação, desenvolvido pela OMS, fundamentado no arcabouço teórico-conceitual da CIF. É uma ferramenta genérica que utiliza 6 domínios de vida (cognição, mobilidade, autocuidado, relações interpessoais, atividades de vida e participação social) para fornecer uma medição comum e confiável do impacto de qualquer condição de saúde sobre a funcionalidade. Foi adaptado transculturalmente para uso no Brasil em 2015, e é possível utilizar 3 versões com diferença no número total de questões: 36 questões; 12 questões; e 12 + 24 questões.

Uma revisão sistemática realizada com o objetivo de identificar e discutir os instrumentos capazes de mensurar os códigos do *core set* da CIF para câncer de mama evidenciou que o WHOQOL-Bref foi o instrumento mais abrangente encontrado na literatura. Outro instrumento que pode ser aplicado para avaliar o impacto do câncer e do tratamento sobre a qualidade de vida, incluindo a participação social, é o SF-36.

## CONSIDERAÇÕES FINAIS

Os métodos diagnósticos cujo estado de funcionalidade é apresentado por meio da utilização da CIF, após a devida regra de ligação entre o instrumento de avaliação e a referida classificação, são de extrema importância para pacientes oncológicos, independentemente do órgão (estrutura anatômica) acometido. Além disso, a associação de outras ferramentas com foco na saúde funcional, no sistema acometido, no impacto sobre as limitações e restrições geradas no desempenho das atividades, bem como sobre a participação dos pacientes na sociedade é determinante para uma intervenção terapêutica adequada a partir do diagnóstico funcional.

## BIBLIOGRAFIA RECOMENDADA

1. Argiles JM, Lopez-Soriano FJ, Toledo M, Betancourt A, Serpe R, Busquets S. The cachexia score (CASCO): a new tool for staging cachectic cancer patients. J Cachexia Sarcopenia Muscle. 2011;2(2):87-93.
2. Baracos VE, Arribas L. Sarcopenic obesity: hidden muscle wasting and its impact for survival and complications of cancer therapy. Annals of Oncology. 2018;29(Suppl. 2):ii1-ii9.
3. Brasil ACO. Promoção de saúde e a funcionalidade humana. Revista Brasileira em Promoção da Saúde (Online). 2013;26(1):1-4.
4. Carvalho ESV, Leão ACM, Bergmann A. Funcionalidade de pacientes com neoplasia gastrointestinal alta submetidos ao tratamento cirúrgico em fase hospitalar. ABCD Arq Bras Cir Dig. 2018;31(1):1-5.
5. Carvalho FN; Koifman RJ; Bergmann A. International Classification of Functioning, Disability, and Health in women with breast cancer: a proposal for measurement instruments. Cad Saúde Pública. 2013;29(6):1083-93.
6. Carvalho FNC, Bergmann A, Carvalho FN, Koifman JR. Functionality in women with breast cancer: the use of international classification of functioning, disability and health (ICF) in clinical practice. J Phys Ther Sci. 2014;26(5):721-30.
7. Castaneda L, Alves JCT, Dantas THM, Dantas DS. Identificação de conceitos da Classificação Internacional de Funcionalidade, Incapacidade e Saúde em

medidas de qualidade de vida para o câncer de colo do útero. Revista Brasileira de Cancerologia. 2018;64 (4):509-516.

8. Castro SS, Leite CF, Osterbrock C, Santos MT, Adery R. Avaliação de saúde e deficiência: Manual do WHO Disability Assessment Schedule (WHODAS 2.0). Uberaba: Universidade Federal do Triângulo Mineiro; 2015. Disponível em: http://www.uftm.edu.br/upload/ensino/Portuguese_version_-_WHODAS_2.0_-_SS_Castro__CF_Leite_-_TR_14017.pdf.
9. Cruz-Jentoft AJ, Baeyens JP, Bauer JM, Boirie Y, Cederholm T, Landi F, et al. Sarcopenia: European consensus on definition and diagnosis: Report of the European Working Group on Sarcopenia in Older People. Age Ageing. 2010;39(4):412-23.
10. Lipshhultz SE, Adams MJ, Colan SD, Constine LS, Herman EH, Hsu DT, et al. Long-term cardiovascular toxicity in children, adolescents, and young adults who receive cancer therapy: pathophysiology, couse, monitoring, management, prevention, and research directions: a scientific stamen from the American Heart Association. 2013;128(17):1927-95.
11. Miranda Rocha AR, Martinez BP, Maldaner da Silva VZ, Forgiarini Junior LA. Early mobilization: why, what for and how? Med Intensiva. 2017;41(7):429-36.
12. Nogueira IC, Araújo AS, Morano MT, Cavalcante AG, Bruin FP, Paddison JS, et al. Assessment of fatigue using the Identity-Consequence Fatigue Scale in patients with lung cancer. J Bras Pneumol. 2017;43(3):169-75.
13. Nogueira IC; Pereira, EDBP. Validação da Escala de Identificação e Consequências da Fadiga e avaliação da fadiga em pacientes com câncer de pulmão submetidos a ressecção pulmonar: estudo longitudinal. [Tese]. Programa de Pós-Graduação em Ciências Médicas. Faculdade de Medicina da Universidade Federal do Ceará; 2016.
14. Oken MM, Creech RH, Tormey DC, Horton J, Davis TE, McFadden ET, et al. Toxicity and response criteria of the Eastern Cooperative Oncology Group. Am J Clin Oncol. 1982;5(6):649-55.
15. Organização Mundial da Saúde. Classificação Internacional de Funcionalidade, Incapacidade e Saúde. São Paulo: Edusp; 2003.

# Tumores sólidos *vs*. hematológicos: principais diferenças

10

Amanda Estevão da Silva
Rodrigo Daminello Raimundo

## INTRODUÇÃO

A imagem que remete ao câncer, na maioria dos casos, é aquela que representa fisicamente a doença, como nódulos e/ou massas crescentes, de aspecto sólido, localizados em determinada região do corpo.

Os tumores sólidos representam cerca de 90% de todos os casos de neoplasias malignas existentes; entretanto, qualquer célula do organismo pode sofrer mutação, inclusive as células sanguíneas e/ou do sistema linfático, originando os tumores hematológicos, conhecidos como neoplasias líquidas.

## PRINCIPAIS DIFERENÇAS ENTRE TUMORES SÓLIDOS E HEMATOLÓGICOS

### Tumores hematológicos

São neoplasias líquidas circulantes, que se originam nas células sanguíneas ou nas células do sistema linfático.

TABELA 1 Principais diferenças entre os tumores sólidos e os hematológicos.

| Tumores | Tumores sólidos | Tumores hematológicos |
|---|---|---|
| Origem | Restritos ao órgão de origem. | Tecido hematológico ou sistema linfático, caracterizado por uma lesão circulante. |
| Sintomas | Relacionados ao local de instalação ou metástase (p. ex., nódulo na mama e tosse com hemoptise). | Inespecíficos, confundidos com uma série de outras doenças (p. ex., febre e fadiga). |
| Incidência | 90% de todos os tumores. | 7-10% de todos os tumores. |
| Diagnóstico | Exames de imagem e biópsia incisional ou agulhadas. | Biópsia de medula óssea ou biópsia de linfonodo. |
| Metástase | Ocorre com a progressão da doença. | Já está na circulação (origem). |
| Tratamentos | O principal tratamento é o locorregional*. | Como as células são circulantes, o tratamento inclui terapias sistêmicas com quimioterápicos e terapias-alvo**. |

* A quimioterapia é utilizada quando se objetiva a redução do tumor sólido ou para doenças metastáticas. ** Em alguns casos, radioterapia pode ser administrada.

Os tumores hematológicos manifestam-se por meio sintomas inespecíficos e generalizados, o que dificulta o diagnóstico inicial e precoce da doença. Na maioria dos casos o diagnóstico preciso das patologias onco-hematológicas só ocorre após o aparecimento de sintomas mais específicos, como sangramento importante, infecção grave de difícil resolução e níveis incapacitantes de fadiga.

Os principais tipos de tumores hematológicos são as leucemias, os linfomas e o mieloma múltiplo.

## Leucemias

Segundo o biênio 2018-2019 determinado pelo Instituto Nacional do Câncer (Inca), para o Brasil estimam-se 5.940 novos casos de leucemia. De acordo com o *ranking* da estimativa de incidência do câncer no Brasil (exceto o câncer de pele não melanoma), a leucemia ocupa o nono lugar na população masculina e o décimo lugar na população feminina.

Os tipos mais comuns de leucemia são: leucemia linfoide e mieloide, ambas agudas ou crônicas.

### Leucemia mieloide aguda (LMA)

Caracterizada pela proliferação de clone celular de origem mieloide sem capacidade de diferenciação e com a presença de um número de blastos elevados na periferia, a LMA é mais comum em idosos. Os sintomas são decorrentes da falência medular, como cansaço, fraqueza, palidez, sangramentos no geral ligados a plaquetopenia e quadros infecciosos secundários a imunodeficiência; pode ocorrer também infiltração de órgãos e/ou tecidos pelo clone leucêmico.

Com as terapias atuais, a sobrevida em longo prazo, em casos de bom prognóstico, pode chegar a 70%.

O tratamento é realizado com poliquimioterapia e é dividido em três fases: suporte, indução da remissão completa e tratamento pós-remissão.

### Leucemia mieloide crônica (LMC)

É uma doença mieloproliferativa clonal, caracterizada pela presença do cromossomo Philadelphia (Ph). Essa anormalidade genética de causa desconhecida (podendo a radiação ter associação em determinados casos) é característica dos pacientes com LMC.

Todas as faixas etárias podem ser acometidas, incluindo crianças (mais raro), entretanto a média de idade de aparecimento é aos 45 anos, sendo ligeiramente mais comum em homens.

O sintoma mais comum é a esplenomegalia, além de fadiga, sudorese e perda de peso.

A terapia-alvo (imatinibe) revolucionou o tratamento da LMC, resultando em melhor qualidade de vida e maior sobrevida.

## Leucemia linfoide aguda (LLA)

A LLA caracteriza-se pela proliferação clonal de linfoblastos na medula óssea e no sangue periférico. As células ocupam toda a medula óssea e interferem no crescimento e desenvolvimento das demais células ali formadas.

É a neoplasia mais frequente da infância, sua incidência aumenta após os 40 anos e é mais comum no sexo masculino.

Os sintomas também são relacionados a anemia, plaquetopenia e neutropenia. Além destes, os pacientes podem apresentar adenomegalias e/ou hepatoesplenomegalia.

Em alguns casos pode ser observada a infiltração da célula leucêmica no sistema nervoso central (SNC), sendo os sintomas mais comuns cefaleia, paralisia dos nervos cranianos e sintomas de hipertensão craniana.

Em crianças também pode ocorrer infiltração óssea, manifestando-se por meio de sinais inflamatórios articulares.

O tratamento consiste em quatro etapas de administração de poliquimioterapia, sendo elas: indução da remissão, consolidação, manutenção e profilaxia de infiltração para o SNC.

O transplante de células tronco hematopoiéticas (TCTH) alogênico (ver Capítulo 11) é indicado para indivíduos que não apresentam resposta ao tratamento convencional ou com alto risco de recidiva.

## Leucemia linfoide crônica (LLC)

É caracterizada pela proliferação clonal de um linfócito B maduro, com altos graus de anaplasia.

A LLC é a mais comum das leucemias, representando 30% de todos os casos. O único fator de risco para esse tipo de leucemia é o histórico familiar, e sua incidência aumenta com a idade.

Ao diagnóstico cerca de 50% dos pacientes são assintomáticos, sendo o diagnóstico acidental por linfocitose no sangue periférico.

A evolução da doença se relaciona com o aparecimento de linfonodomegalia, hepatomegalia e esplenomegalia.

O curso da LLC é heterogêneo. Parte dos pacientes apresenta grande sobrevida mesmo sem tratamento quimioterápico, e outros apresentam evolução agressiva e curta sobrevida. Portanto, a indicação de tratamento para LLC varia de acordo com a manifestação dos sintomas, podendo ser tratada com poliquimioterapia e anticorpos monoclonais.

## Linfomas

São neoplasias malignas originadas nos linfócitos, células do sistema linfático, sendo divididos em dois grupos: os linfomas de Hodking e os linfomas de não Hodking. Essa diferenciação é determinada pelos fatores morfológicos da célula acometida.

### Linfoma de Hodking (LH)

Segundo o biênio 2018-2019 determinado pelo Inca, para o Brasil estimam-se 1.480 novos casos de LH. De acordo com o *ranking* de estimativa da incidência de câncer no Brasil (exceto o câncer de pele não melanoma), o LH ocupa o décimo quarto lugar na população masculina e o décimo sétimo na população feminina. O LH corresponde a 30% de todos os linfomas e pode ocorrer em qualquer faixa etária, sendo mais incidente dos 15-40 anos.

Trata-se de uma neoplasia que possui característica microscópica conhecida, denominada células multinucleadas de Reed-Sternberg. Normalmente, os pacientes portadores de LH apresentam antecedentes de mononucleose infecciosa.

Em grande parte dos casos, o LH acomete os linfonodos cervicais e/ou intratorácico. O acometimento extranodal é raro, podendo-se observar acometimento do baço e da medula óssea.

A doença se manifesta com linfonodomegalias progressivas, febre, emagrecimento, sudorese e prurido noturno.

O tratamento do LH envolve quimioterapia, podendo ou não se associar a radioterapia. As taxas de cura são altas se o tratamento adequado for realizado após uma detecção precoce da doença.

## Linfoma não Hodking (LNH)

Segundo o biênio 2018-2019 determinado pelo Inca, para o Brasil estimam-se 5.370 novos casos de LNH. De acordo com o *ranking* de estimativa da incidência do câncer no Brasil (exceto o câncer de pele não melanoma), o LNH ocupa o décimo primeiro lugar para ambos os sexos.

Os LNH compreendem um grupo heterogêneo de doenças malignas do sistema linfático e são classificados de acordo com a célula linfoide madura acometida, sendo elas o linfócito B, T ou NK. Essa informação é de extrema importância para determinar o tratamento da doença.

Existem mais de 40 subtipos de LNH; a evolução da doença varia de acordo com o tipo de linfoma, podendo ser rápida e agressiva ou insidiosa e lenta. Dessa forma, os LNH são divididos em linfomas indolentes e linfomas agressivos.

Os linfomas agressivos são mais incidentes e frequentemente apresentam origem linfonodal, mas têm capacidade de acometer qualquer órgão e/ou tecido.

Por se tratar de uma doença extremamente agressiva, o diagnóstico e o tratamento precoces impactam diretamente na taxa de sobrevida.

O tratamento dos LNH envolve poliquimioterapia, podendo ou não se associar a radioterapia. Os pacientes que falham nessa primeira linha de tratamento são avaliados quanto à possibilidade de realização do TMO.

### Mieloma múltiplo (MM)

É caracterizado pela malignização dos plasmócitos na medula óssea, pela presença de imunoglobulinas monoclonais no sangue e/ou na urina e por lesões osteolíticas.

Ocorre principalmente após os 70 anos, e os principais sintomas são dor óssea que piora a movimentação, diminuição da altura por colapso de vértebras, anemia (acompanhada de fraqueza e fadiga) e infecções de repetição.

A presença aumentada de paraproteína pode se relacionar com a síndrome de hiperviscosidade, que está diretamente relacionada à interferência na função plaquetária, associando-se a sangramentos anormais, epistaxe e quadro respiratório com alterações radiológicas (que comumente e erroneamente podem sugerir edema agudo de pulmão).

A compressão medular também pode estar presente e está associada a plasmocitomas ou fraturas compressivas nas vértebras. Tal acometimento ósseo ocorre devido ao desequilíbrio entre a absorção e a formação óssea (função osteoblástica e osteoclástica). Vale ressaltar que a doença óssea é a principal causa de morbidade do MM.

A insuficiência renal ocorre em 40% dos pacientes, sendo secundária a hipercalcemia e o rim do mieloma (doença renal relacionada ao mieloma).

## TUMORES SÓLIDOS

Os tumores sólidos são categorizados de acordo com a localização anatômica, característica histológica e comportamento da célula; podem ser classificados como benignos e malignos.

## Diferenças entre neoplasias benignas e malignas

### Diferenças histológicas

TABELA 2 Diferenciação entre os tumores sólidos: benignos e malignos

| Neoplasia sólida | Benigna | Maligna |
|---|---|---|
| Tipo de crescimento | Expansivo | Infiltrativo |
| Fluxo de crescimento | Baixo | Rápido |
| Grau de diferenciação | Bem diferenciada | Anaplásica |
| Limite de lesão | Definido | Impreciso |
| Mitoses | Raras | Frequentes |
| Necrose | Ausente | Presente |
| Cápsula | Presente | Rara ou ausente |
| Metástase | Não ocorre | Frequente |

### Diferenças classificatórias e de nomenclatura

A nomenclatura e a classificação dos tumores são determinadas pela origem das células do parênquima.

- Para tumores benignos é utilizado o nome da célula de origem + o sufixo "oma".
- Para tumores malignos é utilizado o nome da célula de origem + o sufixo "carcinoma" (para neoplasia de origem epitelial) ou "sarcoma/blastoma" (para neoplasia de origem mesenquimal).

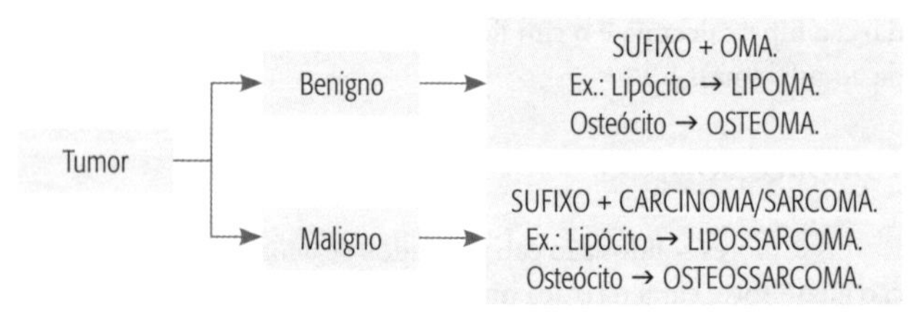


FIGURA 1 Nomenclatura dos tumores sólidos: benignos e malignos.

Essa regra não se aplica a alguns tumores do SNC, aos tumores hematológicos e ao melanoma, assim como aos tumores epônimos (p. ex., o tumor de Wilms).

## Tumores sólidos malignos

As neoplasias malignas sólidas são massas tumorais que em geral ficam restritas às barreiras teciduais durante os estágios iniciais da progressão tumoral até adquirirem características invasivas, quando então conseguem se desprender do local de origem e colonizar novos sítios.

Os tumores sólidos malignos são classificados de acordo com a origem embrionária dos tecidos em que o tumor se inicia, podendo ser de origem epitelial ou mesenquimal.

Os tumores malignos de origem epitelial se originam nos epitélios de revestimento interno/externo e no tecido glandular; recebem o nome de carcinoma e adenocarcinoma, sucessivamente. Esses tumores têm a via linfática como principal trajeto de metástase.

Os tumores malignos de origem mesenquimal se originam nos tecidos conjuntivos e recebem o nome de sarcomas ou blastomas. Esses tumores têm a via hematogênica como principal trajeto de metástase.

Os tumores de origem epitelial são mais incidentes que os de origem mesenquimal por acometerem células que têm uma taxa de divisão celular maior.

Os tumores malignos sólidos são classificados pelo sistema TNM Esse critério é baseado em três componentes: T – relacionado ao tamanho do tumor; N – linfonodo de drenagem regional acometido; e M – presença ou ausência de metastase a distância. Essa classificação é primordial para o planejamento do tratamento, prognóstico, acompanhamento de resultados e facilitação de comunicação entre os locais de acompanhamento oncológico.

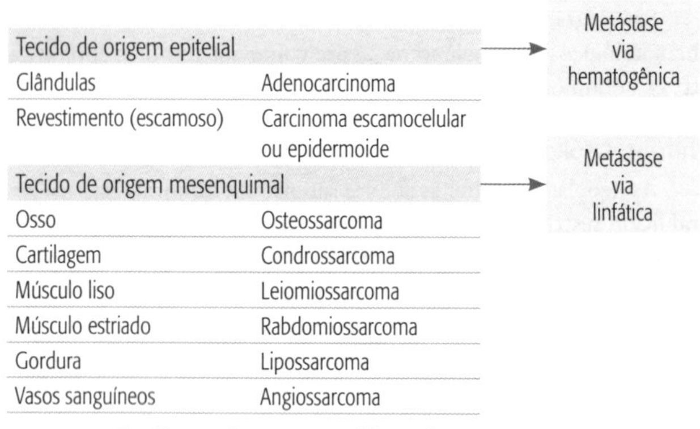

| Tecido de origem epitelial | |
|---|---|
| Glândulas | Adenocarcinoma |
| Revestimento (escamoso) | Carcinoma escamocelular ou epidermoide |
| **Tecido de origem mesenquimal** | |
| Osso | Osteossarcoma |
| Cartilagem | Condrossarcoma |
| Músculo liso | Leiomiossarcoma |
| Músculo estriado | Rabdomiossarcoma |
| Gordura | Lipossarcoma |
| Vasos sanguíneos | Angiossarcoma |



FIGURA 2 Classificação dos tumores sólidos malignos.

As informações dos três itens do TNM permitem o estadiamento clínico da doença que varia de 0 até IV. Quanto menor o estadiamento, melhor o prognóstico da doença (estágios iniciais).

## FISIOTERAPIA NOS TUMORES SÓLIDOS *VS*. TUMORES HEMATOLÓGICOS

Independentemente do tipo de câncer, a fisioterapia visa preservar e recuperar a integridade funcional dos pacientes, além de prevenir complicações causadas pelo tratamento oncológico que podem comprometer sua independência, como diminuição da força muscular, adinamia, queda do condicionamento cardiovascular e, no caso das crianças, atraso no desenvolvimento neuropsicomotor.

A fadiga oncológica encontra-se presente em 75-95% dos pacientes oncológicos e impacta diretamente na sua qualidade de vida.

Os pacientes onco-hematológicos contam com a quimioterapia, a radioterapia, a terapia-alvo e o TCTH como principais ferramentas de tratamento. Isso faz com que esses pacientes passem um longo período em situação de pancitopenia, portanto é importante que o fisioterapeuta atente para as adaptações necessárias na prescrição de exercício (de acordo com o hemograma), na utilização das manobras de higiene brônquica e na indicação e contraindicação da ventilação não invasiva (ver Capítulos 11, 14 e 16).

Os pacientes com tumores sólidos, principalmente em estágio inicial da doença, contam com tratamento locorregional (cirurgia e radioterapia) como principal ferramenta de tratamento. Essas terapêuticas estão diretamente ligadas a alterações de mobilidade articular, retrações cicatriciais, linfedema, seroma, alterações respiratórias, fadiga oncológica, entre outros. As alterações variam de acordo com o local de abordagem, a extensão cirúrgica e a recepção da radioterapia.

## BIBLIOGRAFIA RECOMENDADA

1. Almeida EMP, et al. Exercício em pacientes oncológicos: reabilitação. Acta Fisiatr. 2012;19(2):82-9.
2. Brito CMM, et al. Manual de reabilitação em oncologia do Icesp. Barueri: Manole; 2014.
3. Castro MAA. Estudo da diversidade tumoral e desenvolvimento de ferramenta de bioinformática para análise citogenética e molecular de neoplasias sólidas [Tese – doutorado em Bioquímica]. Ciências Básicas da Saúde, Porto Alegre, Universidade Federal do Rio Grande do Sul; 2009.
4. Instituto Nacional de Câncer (Brasil). ABC do câncer: abordagens básicas para o controle do câncer/Instituto Nacional de Câncer. Rio de Janeiro: Inca; 2011.
5. Instituto Nacional de Câncer (Brasil). Estimativa 2018: incidência de câncer no Brasil/Inca. Coordenação de Prevenção e Vigilância – Rio de Janeiro: Inca; 2017.
6. Jones S, et al. Comparative lesion sequencing provides insights into tumor evolution. Proc Natl Acad Sci USA. 2008;18;105(11):4283-8.
7. Juliusson G, Hough R. Leukemia. Prog Tumor Res. 2016;43:87-100.
8. Martins MA, et al. Clínica médica. 2.ed. Barueri: Manoel; 2016. v.3.
9. Noble S. Palliation for haematological and solid tumours: what difference? The Lancet Haematology. 2015;2(8):309-301.

# 11 Fisioterapia no transplante de células-tronco hematopoiéticas

Indiara Soares Oliveira Ferrari
Jaqueline Custódio dos Santos
Valéria Ferreira Santos Lino

## INTRODUÇÃO

O uso da medula óssea para tratar doenças, mais especificamente a leucemia, iniciou-se em 1981. No Brasil, o transplante de medula óssea é realizado desde a década de 1970.

Anteriormente, as células-tronco hematopoiéticas (CTH) eram obtidas apenas da medula óssea (cristas ilíacas). Hoje essas células são coletadas através do sangue periférico (aférese) e do sangue de cordão umbilical, constituindo o transplante de células-tronco hematopoiéticas (TCTH). Trata-se da infusão intravenosa de células para restaurar a hematopoiese e a função imunológica de uma medula óssea doente. Há três tipos de TCTH, e suas descrições estão detalhadas no Quadro 1.

Esse transplante é indicado como tratamento para várias doenças hematológicas, imunológicas e oncológicas. No Quadro 2, apresentam-se as principais indicações para esse tratamento.

O TCTH é caracterizado por duas fases: pré e pós-transplante. A fase pré-transplante corresponde ao condicionamento: quimioterapia

QUADRO 1 Tipos de TCTH

| Tipo | Características |
|---|---|
| Transplante alogênico | Doador aparentado ou não aparentado<br>Doador HLA (sistema antígeno leucocitário humano) fenotipicamente idêntico |
| Transplante autólogo | Células (medula) do próprio paciente |
| Transplante singênico | Irmão gêmeo idêntico |

QUADRO 2 Indicações para TCTH

- Leucemia mieloide aguda (LMA)
- Leucemia linfoide aguda (LLA)
- Síndrome mielodisplásica (SMD)
- Leucemia mieloide crônica (LMC)
- Neoplasias mieloproliferativas
- Linfoma não Hodgkin (LNH)
- Linfoma de Hodgkin (LH)
- Mieloma múltiplo (MM)
- Tumores sólidos
- Condições não malignas (síndrome de Hurle, talassemia, anemia falciforme, anemia aplásica)

de altas doses, em combinação ou não com a irradiação corporal total (ICT), com o objetivo de mieloblação, seguida pela infusão de medula óssea, iniciando assim a fase pós-transplante.

Após o regime de condicionamento e infusão, é esperada a recuperação da medula (pega medular). O tempo esperado para a pega da medula pode variar de acordo com o tipo do transplante. Geralmente a recuperação é mais rápida em CTH do sangue periférico (em torno de 12 dias), e para as CTH obtidas da medula óssea a pega ocorre em torno de 22 dias.

## PRINCIPAIS COMPLICAÇÕES RELACIONADAS AO TCTH

As principais complicações que afetam os pacientes no pós-transplante de células-tronco hematopoiéticas (TCTH) podem ser relacionadas ao regime de condicionamento, de processos infecciosos, de doenças do enxerto contra o hospedeiro (agudo ou crônico), de complicações tardias, de recidiva da doença de base, dentre outras complicações.

Na fase do condicionamento, as células que ocupavam o espaço intraósseo destroem a doença e imunossuprimem os pacientes com o objetivo de permitir condições adequadas para a nova medula se desenvolver. Todavia, esse processo gera alguns efeitos colaterais indesejáveis, que podem ser agravados quando relacionados aos fármacos empregados.

Os primeiros dias do TCTH estão associados a leucopenia profunda, frequentemente associada a neutropenia absoluta e linfocitopenia. Nesse período é relativamente frequente a ocorrência de complicações infecciosas, que por sua vez devem ser identificadas e tratadas precocemente.

É importante ressaltar que os primeiros 100 dias pós-TCTH são o período em que se apresentam mais complicações, e que com o passar do tempo essas complicações tendem a diminuir.

Dentre os efeitos colaterais mais comuns e com potencial para interferir nas condutas fisioterapêuticas, podemos citar:

- Pancitopenia, que se caracteriza pela diminuição global dos elementos celulares do sangue (hemoglobina, leucócitos, neutrófilos e plaquetas).
- Insuficiência respiratória aguda. Durante o processo do TCTH os pacientes são submetidos a transfusões de hemoderivados ou à administração de fármacos em altos volumes. Com isso, o sistema cardiovascular pode sofrer danos de sobrecarga e

consequentemente os pulmões sofrem esse impacto, ocasionando assim o indesejado desconforto respiratório.

- Algumas complicações pulmonares são peculiares aos pacientes que passam pelo TCTH. Devido ao efeito cumulativo da quimioterapia e/ou radioterapia durante o período da imunossupressão prévia ou imediatamente após a enxertia, elas ocorrem em torno de 40-60% dos pacientes após o transplante, sendo as maiores causas de morbidade e mortalidade. Essas complicações podem ser caracterizadas como infecciosas e não infecciosas e estão presentes por todo o processo que envolve o TCTH: fases neutropênica, precoce e tardia. As complicações pulmonares não infecciosas mais comumente encontradas na fase neutropênica são: edema pulmonar agudo, toxicidade por drogas e hemorragia alveolar difusa.

Além destes, também existem os efeitos colaterais devidos à fadiga acentuada e à incapacidade de realizar atividade física normal.

A doença do enxerto contra hospedeiro (DECH) é uma das principais complicações após o TCTH alogênico, e está associada a inúmeros efeitos colaterais físicos e psicológicos. Aproximadamente 30-70% dos receptores dessa modalidade de transplante desenvolvem DECH, e vários estudos demonstram seu impacto negativo na qualidade de vida. A manifestação clínica da DECH é variável e envolve órgãos como a pele, os músculos esqueléticos, a cápsula articular, o pulmão, o fígado e o trato gastrointestinal. Está associada à imunossupressão profunda, aumentando assim o risco de complicações infecciosas.

O transplante autólogo está associado a um baixo risco de complicações quando relacionado com o risco de morte, embora a principal causa de falha seja a recorrência da doença.

Em todo o tratamento os pacientes podem apresentar náuseas, vômito, diarreia e mucosite. Essas complicações podem interferir de forma indesejada no desempenho funcional do paciente, porém com o tratamento adequado (profilático e/ou precoce) os sintomas são minimizados e o paciente consegue tolerá-los.

No sistema urinário, em situações extremas e de altas doses de quimioterápicos, pode ocorrer a síndrome de lise tumoral, que por consequência pode proporcionar a insuficiência renal. O fígado também pode sofrer impacto com as altas doses de quimioterápicos e apresentar complicação conhecida por doença venoclusiva hepática. A boa função hepática e renal é fundamental para a liberação e o ajuste dos medicamentos, além do acompanhamento do tratamento.

No Quadro 3, estão listadas as principais complicações relacionadas ao TCTH.

QUADRO 3 Complicações pós-TCTH

- Rejeição do enxerto (doença do enxerto contra hospedeiro – DECH)
- Infecções
- Mucosite oral
- Complicações pulmonares
  - infecciosas: fúngicas e virais (pneumonia)
  - não infecciosas: edema pulmonar, bronquiolite obliterante, hemorragia alveolar difusa
- Fadiga
- Toxicidade cardíaca, renal e hepática
- Neoplasias secundárias
- Infertilidade
- Disfunção endócrina

## ATUAÇÃO DA FISIOTERAPIA NO TCTH

O TCTH pode levar a uma diminuição da funcionalidade e do desempenho físico. O longo período de isolamento protetor necessário para o tratamento restringe as atividades físicas, promovendo diminuição da função respiratória, da força muscular global e da capacidade funcional.

A fisioterapia tem papel importante no tratamento de pacientes submetidos ao TCTH, visando à melhoria da funcionalidade e da qualidade de vida, por meio do condicionamento físico e cardiopulmonar.

A avaliação fisioterapêutica é um ponto importante na condução de um bom desempenho do paciente durante o TCTH. As avaliações do paciente e seu tratamento fisioterapêutico devem ser realizados logo após sua admissão hospitalar, preferencialmente antes do início do condicionamento e do aparecimento das complicações e efeitos colaterais (Figura 1).

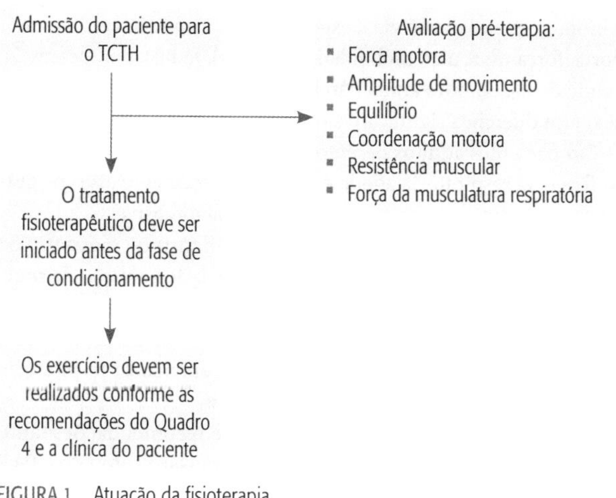


FIGURA 1 Atuação da fisioterapia.

## Intervenção fisioterapêutica *versus* pacientes adultos imunocomprometidos

A terapia de um paciente com trombocitopenia grave pode ser um grande desafio para o fisioterapeuta, pois, além do risco existente de sangramento associado à atividade física e ao suporte ventilatório, há pouco tempo ainda não estava claro até que ponto era possível aplicar o exercício físico a esses pacientes.

Apesar de os riscos associados serem menores do que a realidade, especialmente em pacientes com trombocitopenia grave e anemia, os médicos recomendam a abstenção de exercícios físicos por causa do risco potencial de hemorragia.

Os recentes estudos apontam que os possíveis riscos associados ao exercício físico em pacientes com trombocitopenia grave precisam ser avaliados em conjunto com os efeitos negativos da imobilidade. Contudo, já é sabido que o exercício em pacientes com câncer pode melhorar a qualidade de vida, especialmente a aptidão cardiorrespiratória, força muscular, mobilidade funcional, fadiga, dor, depressão e saúde óssea, embora ainda não haja evidências de que o exercício físico faça diferença significativa quando o desfecho é o óbito.

Em pacientes adultos hematológicos, imunocomprometidos, a insuficiência respiratória aguda é uma das principais causas de gravidade e da admissão em ambiente de terapia intensiva.

Atualmente, as evidências científicas demonstram que o uso da ventilação não invasiva (VNI) proporcionou a diminuição da mortalidade, da necessidade de intubação e das taxas de pneumonia. Portanto, na maioria dos casos, os resultados positivos esperados da VNI em pacientes imunocomprometidos com insuficiência respiratória aguda superam as consequências indesejáveis.

As evidências demonstram benefícios e recomendações tanto para uso precoce do BIPAP (dois níveis de pressão) como do CPAP (um nível de pressão contínua nas vias aéreas). Em contrapartida, novos estudos apontam benefícios da oxigenoterapia com cânulas nasais de alto fluxo sobre o BIPAP no que diz respeito à intubação e mortalidade, porém mais estudos são necessários para determinar se essa modalidade tem vantagens sobre a VNI em pacientes imunocomprometidos com insuficiência respiratória aguda.

Pensando nas preocupações da terapia e com o risco de sangramento em pacientes com câncer hematológico trombocitopênico e nas complicações respiratórias, desenvolveram-se as recomendações descritas no Quadro 4.

QUADRO 4 Recomendações baseadas em evidências para exercícios e ventilação não invasiva em pacientes hematológicos

| Trombocitopenia | Recomendação |
|---|---|
| > 20.000/µL | Sem restrições adicionais |
| 10.000-20.000/µL | Nenhum exercício resistido<br>Se houver alto risco de queda, evitar ficar em pé ou deambular |
| 5.000-10.000/µL | Sem exercícios resistidos e atividade física mais leve (limitar os exercícios na cama ou na cadeira) |
| < 5.000/µL | Discutir com a equipe médica ou considerar adiar o tratamento |
| **Citopenia (anemia)** | **Recomendação** |
| Hb < 10 g/dL | Adição de exercícios conforme clínica do paciente |
| **Insuficiência respiratória aguda** | **Recomendação** |
| | Início precoce de CPAP ou BIPAP |

Obs.: Os clínicos nunca devem ver essas recomendações como uma receita absoluta. Nenhuma recomendação pode levar em consideração todas as circunstâncias clínicas individuais dos pacientes. A clínica é soberana!

Para as recomendações apontadas no Quadro 4, a frequência de eventos hemorrágicos graves e de taquicardia crítica relacionada à atividade física em pacientes adultos com contagem de plaquetas inferior a 10.000/µL e hemoglobina abaixo de 8 g/dL foi rara. Sendo assim, o risco de sangramento com fisioterapia parece ser pequeno e os benefícios que a mobilização pode oferecer são incontestavelmente maiores que os riscos potenciais associados ao exercício nessa população.

## BIBLIOGRAFIA RECOMENDADA

1. Adda M, Coquet I, Darmon M, Thiery G, Schlemmer B, Azoulay E. Predictors of noninvasive ventilation failure in patients with hematologic malignancy and acute respiratory failure. Critical Care Medicine. 2008;36(10):2766-72.
2. Almstedt HC, Grote S, Korte JR, Perez Beaudion S, Shoepe TC, Strand S, et al. Combined aerobic and resistance training improves bone health off emale cancer survivors. Bone Reports. 2016;5:274-9.
3. Armand Keating MRB. Hematopoietic stem cell transplantation. Goldman--Cecil Medicine. Elsevier; 2016. p.1198-204.
4. Bergenthal N, Will A, Streckmann F, Wolkewitz KD, Monsef I, Engert A, et al. Aerobic physical exercise for adult patients with haematological malignancies. The Cochrane Database of Systematic Reviews. 2014(11):CD009075.
5. BosnakGuclu M, Bargi G, Sucak GT. Impairments in dyspnea, exercise capacity, physical activity and quality of life of allogeneic hematopoietic stem cell transplantation survivors compared with healthy individuals: a cross sectional study. Physiotherapy – Theory and Practice.. 2019:1-12.
6. Center for Medicare & Medicaid Services, Inpatient Rehabilitation Therapy Services: complying with documentation requirements. Disponível em: https://www.cms.gov/Outreach-and-Education/Medicare-Learning-NetworkMLN/MLNProducts/Downloads/Inpatient_Rehab_Fact_Sheet_ICN905643.pdf. Acesso em: 5 jul. 2019.
7. Dimeo F, Bertz H, Finke J, Fetscher S, Mertelsmann R, Keul J. Anaerobic exercise program for patients with haematological malignancies after bone marrow transplantation. Bone Marrow Transplantation. 1996;18(6):1157-60.
8. Dimeo F, Fetscher S, Lange W, Mertelsmann R, Keul J. Effects of aerobic exercise on the physical performance and incidence of treatment-related complications after high-dose chemotherapy. Blood. 1997;90(9):3390-4.
9. Elter T, Stipanov M, Heuser E, von Bergwelt-Baildon M, Bloch W, Hallek M, et al. Isphysical exercise possible in patients with critical cytopenia undergoing intensive chemotherapy for acute leukaemia or aggressive lymphoma? International Journal of Hematology. 2009;90(2):199-204.

10. Engbers MJ, Blom JW, Cushman M, Rosendaal FR, van HylckamaVlieg A. The contribution of immobility risk factors to the incidence of venous thrombosis in anolder population. Journal of Thrombosis and Haemostasis: JTH. 2014;12(3):290-6.
11. Frey PM, Mean M, Limacher A, Jaeger K, Beer HJ, Frauchiger B, et al. Physical activity and risk of bleeding in elderly patients taking anticoagulants. Journal of Thrombosis and Haemostasis. JTH. 2015;13(2):197-205.
12. Fu JB, Tennison JM, Rutzen-Lopez IM, Silver JK, Morishita S, Dibaj SS, et al. Bleeding frequency and characteristics among hematologic malignancy in patient rehabilitation patients with severe thrombocytopenia. Supportivecare in Cancer: Official Journal of the Multinational Association of Supportive Care in Cancer. 2018;26(9):3135-41.
13. Gristina GR, Antonelli M, Conti G, Ciarlone A, Rogante S, Rossi C, et al. Noninvasive versus invasiveventilation for acute respiratory failure in patients with hematologic malignancies: a 5-year multicenter observational survey. Critical Care Medicine. 2011;39(10):2232-9.
14. Lemiale V, Mokart D, Resche-Rigon M, Pene F, Mayaux J, Faucher E, et al. Effect of noninvasive ventilationvs oxygen therapy on mortality among immunocompromised patients with acute respiratory failure: a randomized clinical trial. Jama. 2015;314(16):1711-9.
15. Ministério da Saúde – Inca. Tópicos em transplante de células-tronco hematopoéticas; 2012.
16. Mohammed J, AlGhamdi A, Hashmi SK. Full-body physical therapy evaluation for pre- and post-hematopoietic cell transplant patients and the need for amodified rehabilitation musculoskeletal specific grading system for chronic graft-versus-host disease. Bone Marrow Transplantation. 2018;53(5):625-7.
17. Mok A, Khaw KT, Luben R, Wareham N, Brage S. Physical activity trajectories and mortality: population based cohort study. BMJ. 2019;365:2323.
18. Morishita S, Tsubaki A, Hotta K, Fu JB, Fuji S. The benefit of exercise in patients who undergo allogeneic hematopoietic stem cell transplantation. The Journal of the International Society of Physical and Rehabilitation Medicine. 2019;2(1):54-61.
19. Pitombeira BS, Paz A, Pezzi A, Amorin B, Valim V, Laureano A, et al. Validationofthe EBMT risk score for South Brazilian patients submitted to allogeneic hematopoietic stem cell transplantation. Bone Marrow Research. 2013;2013:565824.
20. Rexer P, Kanphade G, Murphy S. Feasibility of an exercise program for patients with thrombocytopenia undergoing hematopoietic stem cell transplant. Journal of Acute Care Physical Therapy, 2016;7(2):55-64.

21. Schumacher H, Stuwe S, Kropp P, Diedrich D, Freitag S, Greger N, et al. A prospective, randomized evaluation fthe feasibility of exergaming on patients undergoing hematopoietic stem cell transplantation. Bone Marrow Transplantation. 2018;53(5):584-90.
22. Silva IC, Vinhote JFC, Florêncio ACL, Marizeiro DF, Braga DK, Dias MT. Physiotherapy performance in bone marrow transplant recipients: systematic review of the literature. J Health BiolSci. 2017;5(4):371-7.
23. Smith-Turchyn J, Richardson J. A systematic review on the use of exercise interventions for individuals with myeloid leukemia. Supportive Care in Cancer: Official Journal of the Multinational Association of Supportive Care in Cancer. 2015;23(8):2435-46.
24. Squadrone V, Massaia M, Bruno B, Marmont F, Falda M, Bagna C, et al. Early CPAP prevents evolution of acutelung injury in patients with hematologic malignancy. Intensive Care Medicine. 2010;36(10):1666-74.
25. Zhou Y, Zhu J, Gu Z, Yin X. Efficacy of Exercise interventions in patients with acute leukemia: a meta-analysis. PloSone. 2016;11(7):e0159966.

# Manejo da dor em pacientes oncológicos

12

Victor Figueiredo Leite

## INTRODUÇÃO

A prevalência de dor em pacientes com câncer em estágio inicial é de 50%, e de 75% nos estágios terminais. Dentre os sobreviventes de câncer, cerca de um terço apresentam dor crônica, e metade desses pacientes com dor tem impacto importante na funcionalidade diária devido ao quadro álgico. Há várias causas de dor nessa população. Resumidamente:

A. compressão tumoral sobre estruturas como músculo, osso, estruturas nervosas, vasos e vísceras;
B. síndromes paraneoplásicas – produção de hormônios, proteínas e outras substâncias pelo tumor que podem causar alterações vasculares ou nervosas;
C. dores causadas pelo tratamento oncológico (p. ex., hormonioterapia, quimioterapia, radioterapia, cirurgia, entre outros);
D. dores decorrentes de alterações biomecânicas secundárias ao tratamento oncológico (p. ex., fraqueza de assoalho pélvico, gerando

lombalgia crônica; discinesia escapular causando síndrome do manguito rotador);

E. dores não ocasionadas pelo câncer e pelo tratamento oncológico (p. ex., osteoartrite de joelho).

Portanto, dor em paciente oncológico **não é igual** a dor oncológica.

## APRESENTAÇÃO CLÍNICA

Há uma grande heterogeneidade no quadro clínico de dores apresentadas por pacientes oncológicos, decorrente da variabilidade do quadro clínico do câncer e das diversas causas possíveis de dor nessa população, conforme explicado na introdução.

As dores frequentemente têm etiologia mista, com diferentes padrões de componente nociceptivo, visceral e neuropático, tendo em sua grande maioria componente misto. Apesar de o componente nociceptivo ser mais frequente na maior parte dos casos, estima-se que haja componente neuropático em 20% dos casos de dor em pacientes oncológicos, variando de 8-31% a depender do sítio primário do câncer. Portanto, anamnese e exame físico minuciosos são essenciais no diagnóstico dos diferentes componentes da dor em pacientes oncológicos.

A anamnese da dor deve ser completa, identificando duração da dor, fatores de piora e melhora, intensidade, características da dor, localização e padrões de irradiação com o objetivo de identificar os possíveis componentes sindrômicos, topográficos e etiológicos da dor. Exemplos sugestivos de algumas etiologias encontram-se na Tabela 1. É necessário também entender qual tratamento oncológico foi realizado e em que momento, para tentar estabelecer se há relação com a dor. O exame físico deve ser suficiente para avaliar todos os diagnósticos diferenciais, sendo os exames musculoesquelético e neurológico quase sempre necessários. Só assim é possível fazer a hipótese diagnóstica para as síndromes, topografias e etiologias da dor, bem como o peso que cada componente apresenta nessa a partir daí, pode-se fazer estabelecer um plano de tratamento com foco em cada um desses componentes.

TABELA 1 Sinais sugestivos de diferentes componentes de dor

| Oncológica | Neuropática | Nociceptiva | Instabilidade óssea |
|---|---|---|---|
| Piora ao repouso | Dor em queimação | Dor constante | Melhora ao repouso |
| Dor noturna | Dor em choque | Alívio com analgésicos ou anti-inflamatórios | Piora com descarga de peso no membro |
| Dor em topografia do tumor | Prurido | Melhora ao repouso | Dor localizada em região com fratura ou metástase óssea |
| | Dor lancinante, sem desencadeante aparente | | |

# TRATAMENTO

O tratamento deve ser multimodal e abordar os diferentes componentes da dor. Caso esta tenha componente oncológico importante, o tratamento do câncer é um dos principais componentes no manejo da dor. Dores por metástase óssea ou por acometimento tumoral localizado geralmente respondem bem à radioterapia.

## Tratamento não medicamentoso

### Educação

A orientação do paciente e dos seus cuidadores sobre etiologia e prognóstico da dor é essencial, assim como estratégias para evitar exacerbação da dor. Sempre que possível, deve-se ensinar e estimular o paciente e cuidadores a realizar exercícios que não requeiram supervisão profissional.

### Meios físicos

Métodos que frequentemente têm baixo custo e que podem auxiliar o controle da dor. Por serem estratégias não medicamentosas, têm grande valor em pacientes com polifarmácia, ou com dificuldade de administração medicamentosa (seja oral ou parenteral).

- Termoterapia de adição (p. ex., compressas quentes, ultrassom) pode ser usada em casos de dores musculares ou viscerais. É contraindicada a realização de termoterapia de adição diretamente sobre regiões com tumores, pois pode favorecer sua proliferação.
- Termoterapia de subtração (p. ex., compressa frias, bolsa de gelo) pode ser usada em casos de tendinopatias, dores articulares, dores inflamatórias e neuropáticas. Alguns pacientes com dores neuropáticas também se beneficiam de alternância entre termoterapia de adição e subtração (p. ex., banho de contraste).
- Eletroterapia (p. ex., estimulação energética transcutânea – TENS, na sigla em inglês) pode ser usada em diversas dores (p. ex., lombalgia, tendinopatia, polineuropatias periféricas).

Existem outros meios físicos, com custo mais elevado, que podem ser considerados em alguns casos específicos, como o *laser* (fotobiomodulação) e a terapia de ondas de choque.

### Cinesioterapia

Indicada para praticamente todas as dores, deve ser específica para a patologia que está sendo tratada. No caso de dores em mama e ombro após mastectomias, por exemplo, é importante realizar exercícios para ganho de amplitude de movimento (ADM) da cintura escapular e cervical, com alongamento da região peitoral e fortalecimento do manguito rotador e de adutores de escápula. No caso de lombalgia após ressecção radical de ovário, deve-se trabalhar a propriocepção e o fortalecimento de assoalho pélvico, bem como o alongamento dos membros inferiores e dos paravertebrais e o fortalecimento do core lombar e dos membros inferiores.

No caso de dores por espasticidade, técnicas de alongamento e ocasionalmente facilitação proprioceptiva podem ser indicadas.

## Técnicas de dessensibilização

Conjunto de técnicas no qual diferentes texturas e temperaturas são aplicadas na pele com o objetivo de reduzir hiperpatia, alodinia e dor global nos casos de neuropatia. Devem ser realizadas sempre que possível em casos de dores neuropáticas.

## Estratégias comportamentais e integrativas

Técnicas cognitivo-comportamentais, assim como *mindfulness*, podem ser úteis no manejo das dores. Práticas integrativas e complementares como ioga, tai chi e meditação guiada podem ser benéficas aos pacientes e são associadas a redução da dor total, do nível de estresse e a melhora das estratégias de enfrentamento da dor.

## Órteses

Podem ser usadas para diversos componentes de dor com vários fins. Bandagens compressivas podem ser úteis para dores por linfedema, e órteses de baixa compressão podem ser úteis para reduzir alodinia em membros com dor neuropática. Órteses suropodálicas e antebraquiopalmares rígidas podem auxiliar na redução de dor por espasticidade. Pacientes com dor musculoesquelética por causa ortopédica podem se beneficiar de órtese para estabilização e compressão articular.

## Acupuntura

Pode ser um adjuvante no tratamento de dores musculoesqueléticas. Há alguma evidência da eficácia da acupuntura no manejo da artralgia secundária a inibidores da aromatase (câncer de mama) e da polineuropatia secundária a quimioterapia.

## Tratamento medicamentoso

O tratamento medicamentoso inicial pode ser guiado pela Escada Analgésica da Organização Mundial da Saúde (OMS) atualizada. Deve-se iniciar pelo degrau correspondente à dor do paciente, progredindo para o degrau seguinte caso haja persistência da dor. Ao escolher as medicações analgésicas, é importante garantir analgesia contínua, levando em conta a presença de dores incidentais (*breakthrough*). Deve-se prescrever uma posologia sensata, que seja factível para o paciente, frequentemente associando medicações de alívio imediato para os escapes de dor ou para antecipar atividades sabidamente dolorosas (p. ex., banho, troca de curativos). É importante também considerar o efeito adverso das medicações e as interações medicamentosas.

O tratamento da dor com apenas uma medicação é geralmente insuficiente em pacientes oncológicos. Deve-se integrar medicações de classes diferentes para atingir a analgesia adequada. Como há variabilidade na resposta às medicações analgésicas, geralmente são necessárias algumas combinações de medicações até se atingir um controle adequado da dor.

Recomendações gerais para escolha medicamentosa podem ser encontradas na Tabela 2 e são baseadas em diretrizes, revisões e na experiência do autor. Dentre as classes de medicação adjuvantes no tratamento de dor, as mais utilizadas são os antidepressivos tricíclicos (p. ex., amitriptilina, nortriptilina), os gabapentinoides (gabapentina e pregabalina) e os inibidores seletivos da recaptura de noradrenalina e serotonina (p. ex., duloxetina e venlafaxina).

TABELA 2 Linhas gerais para analgesia em pacientes oncológicos

| | 1ª linha | 2ª linha | Casos especiais |
|---|---|---|---|
| Dor nociceptiva | Analgésicos + opioides + adjuvantes. Bisfosfonatos para dor óssea oncológica. Corticosteroides para dor secundária a edema ou compressão tumoral. | Combinar diferentes adjuvantes. | Hipertonia muscular pode responder a relaxantes musculares. Anti-inflamatórios não esteroides (AINE) para dores inflamatórias |
| Dor neuropática | Analgésicos não opioides + opioides (considerar metadona) + adjuvantes. Corticosteroides em caso de dor secundária a edema ou compressão nervosa. | Combinar diferentes adjuvantes. Adesivo de lidocaína 5%, adesivo de capsaicina 8%. | Procedimentos invasivos para dor moderada a intensa. |
| Dor visceral | Analgésicos não opioides + opioides + adjuvantes. | Combinar diferentes adjuvantes. Octreotida para dor em cólica. Antiespasmódicos. | Procedimentos invasivos para dor moderada a intensa. |

## Tratamento invasivo

Procedimentos invasivos devem ser considerados já no início do tratamento de dores moderadas a graves, especialmente em casos de dores com grande componente neuropático ou visceral. Esses procedimentos têm o potencial de reduzir a dor, reduzir o uso de opioides e aumentar a funcionalidade dos pacientes.

Há uma grande variedade de procedimentos disponíveis, e eles podem ser guiados por radiografia, ultrassom ou tomografia. Entre os procedimentos mais comuns, há infiltrações intra-articulares, bloqueios de nervos periféricos e neurólises de plexos. A aplicação de toxina botulínica pode auxiliar o manejo da dor por hipertonia muscular e por neuropatias periféricas.

## BIBLIOGRAFIA RECOMENDADA


1. Bao T, Seidman AD, Piulson L, Vertosick E, Chen X, Vickers AJ, et al. A phase IIA trial of acupuncture to reduce chemotherapy-induced peripheral neuropathy severity during neoadjuvant or adjuvant weekly paclitaxel chemotherapy in breast cancer patients. Eur J Cancer. 2018;101:12-9.
2. Bouhassira D, Luporsi E, Krakowski I. Prevalence and incidence of chronic pain with or without neuropathic characteristics in patients with cancer. Pain. 2017;158(6):1118-25.
3. Chen L, Lin CC, Huang TW, Kuan YC, Huang YH, Chen HC, et al. Effect of acupuncture on aromatase inhibitor-induced arthralgia in patients with breast cancer: a meta-analysis of randomized controlled trials. Breast. 2017;33:132-8.
4. D'Alessandro EG, Nebuloni Nagy DR, de Brito CMM, Almeida EPM, Battistella LR, Cecatto RB. Acupuncture for chemotherapy-induced peripheral neuropathy: a randomised controlled pilot study. BMJ Support Palliat Care. 2019.
5. Harsh V, Viswanathan A. Surgical/radiological interventions for cancer pain. Curr Pain Headache Rep. 2013;17(5):331.
6. IASP (International Associationg for the Study of Pain) – Epidemiology of Cancer Pain 2009. Disponível em: https://www.iasp-pain.org/Advocacy/Content.aspx?ItemNumber=1106.
7. Jiang C, Wang H, Wang Q, Luo Y, Sidlow R, Han X. Prevalence of chronic pain and high-impact chronic pain in cancer survivors in the United States. JAMA Oncol. 2019.
8. Johannsen M, O'Connor M, O'Toole MS, Jensen AB, Zachariae R. Mindfulness-based cognitive therapy and persistent pain in women treated for primary breast cancer: exploring possible statistical mediators: results from a randomized controlled trial. Clin J Pain. 2018;34(1):59-67.
9. Lara-Solares A, Ahumada Olea M, Basantes Pinos ALA, Bistre Cohen S, Bonilla Sierra P, Duarte Juarez ER, et al. Latin-American guidelines for cancer pain management. Pain Manag. 2017;7(4):287-98.

10. Maindet C, Burnod A, Minello C, George B, Allano G, Lemaire A. Strategies of complementary and integrative therapies in cancer-related pain-attaining exhaustive cancer pain management. Support Care Cancer. 2019;27(8):3119-32.
11. Perez C, Sanchez-Martinez N, Ballesteros A, Blanco T, Collazo A, Gonzalez F, et al. Prevalence of pain and relative diagnostic performance of screening tools for neuropathic pain in cancer patients: a cross-sectional study. Eur J Pain. 2015;19(6):752-61.
12. Piano V, Verhagen S, Schalkwijk A, Hekster Y, Kress H, Lanteri-Minet M, et al. Treatment for neuropathic pain in patients with cancer: comparative analysis of recommendations in national clinical practice Guidelines from European countries. Pain Practice. 2014;14(1):1-7.
13. Sindt JE, Brogan SE. Interventional treatments of cancer pain. Anesthesiol Clin. 2016;34(2):317-39.
14. Sorensen ST, Kirkegaard AO, Carreon L, Rousing R, Andersen MO. Vertebroplasty or kyphoplasty as palliative treatment for cancer-related vertebral compression fractures: a systematic review. Spine J. 2019.
15. WHO Guidelines Approved by the Guidelines Review Committee. WHO Guidelines for the Pharmacological and Radiotherapeutic Management of Cancer Pain in Adults and Adolescents. Geneva: World Health Organization; 2018.
16. Wordliczek J, Kotlinska-Lemieszek A, Leppert W, Woron J, Dobrogowski J, Krajnik M, et al. Pharmacotherapy of pain in cancer patients: recommendations of the Polish Association for the Study of Pain, Polish Society of Palliative Medicine, Polish Society of Oncology, Polish Society of Family Medicine, Polish Society of Anaesthesiology and Intensive Therapy and Association of Polish Surgeons. Pol Przegl Chir. 2018;90(4):55-84.
17. Zhang Q, Zhao H, Zheng Y. Effectiveness of mindfulness-based stress reduction (MBSR) on symptom variables and health-related quality of life in breast cancer patients-a systematic review and meta-analysis. Support Care Cancer. 2019;27(3):771-81.

# 13 Eletrotermofototerapia no paciente oncológico

Laura Rezende
Juliana Lenzi

## INTRODUÇÃO

Novos paradigmas no tratamento do câncer proporcionaram aumento na sobrevida dos pacientes. Contudo, os efeitos adversos ainda são fatores complicadores, podendo alterar o curso do tratamento da doença. Embora a eletroterapia isolada raramente se apresente como a intervenção mais apropriada, mas como na maioria das vezes, complemento de um programa de reabilitação, é um recurso valioso que precisa ser mais bem difundido e esclarecido.

A fisioterapia dispõe de diversas técnicas para tratamento e controle dessas comorbidades, sendo fundamental a compreensão dos princípios básicos da eletrotermofototerapia a fim de que o fisioterapeuta possa planejar adequadamente o tratamento para o paciente oncológico.

## PRINCÍPIOS DA ELETROTERAPIA

- Íons: matéria → átomos → partículas +/– (fluxo)
- Energia elétrica → partículas carregadas → movimento
- Elétrons
- Potenciais elétricos → força elétrica → partículas de níveis de energia mais altos para mais baixos → fluxo de elétrons
- Corrente elétrica → movimento da rede de elétrons

Pulso – forma da onda individual/em bloco
Fases – acima ou abaixo da linha de base
Intervalo pulsos – repouso/interrupção
Amplitude – intensidade da corrente = velocidade de deslocamento do elétron
Largura de pulso/tempo de duração do pulso – tempo em que a corrente flui
Período do pulso – duração + intervalo para começar o outro pulso
Frequência – número de pulsos por segundo
Carga de pulso – quantidade de eletricidade por pulso

Conforme o objetivo terapêutico, os parâmetros da corrente elétrica serão diferentes. Esta pode ter ação analgésica, anti-inflamatória, cicatrizante, excitomotora, ionizante e vasodilatadora.

## PRINCÍPIOS DA FOTOBIOMODULAÇÃO

A fotobiomodulação pode ser oferecida aos tecidos biológicos na forma de *laser* (*light amplification by stimulated emission of radiation*) ou na forma de LED (*light emitting diode*).

O *laser* e o LED são um tipo de radiação eletromagnética não ionizante e monocromática, mas se diferenciam pela maneira como formam a luz. O diodo *laser* está contido dentro de uma cavidade óptica e proporciona feixes de luz coerentes e colimados (pontuais, precisos). Já no LED não existe essa cavidade óptica, sendo a luz mais dispersa, apesar de produzir uma banda de espectro eletromagnético próxima à do *laser* (Tabela 1).

TABELA 1 Os princípios básicos da fotobiomodulação

| Parâmetros | Unidade de mensuração | Descrição |
|---|---|---|
| Energia | Joules (J) | A dose de energia deve ser assim calculada: Energia (J) = Potência (W) × Tempo (s) |
| Densidade de energia ou fluência | $J/cm^2$ | Energia total transmitida por um feixe de *laser* por unidade de área Densidade de energia ($J/cm^2$) = potência (W) × tempo (s)/área transversa do feixe ($cm^2$) |
| Tempo de irradiação | S | Densidade de energia ($J/cm^2$) × área ($cm^2$)/ potência (W) |
| Intervalo de tratamento | Horas, dias ou semanas | Diferentes intervalos de tempo podem resultar em diferentes resultados terapêuticos |
| Comprimento de onda | Nm (nanômetro) | Forma eletromagnética da energia com comportamento de onda |
| Potência | $W/cm^2$ | Também denominada irradiação, intensidade ou quantidade de energia, corresponde à potência (em W) dividida pela área ($cm^2$) |

É fundamental o conhecimento de que cada comprimento de onda tem alcance e efeito terapêutico diferentes sobre o tecido biológico, podendo a luz ser visível ou invisível ao olho humano, como pode ser observado na Figura 1. A terapia por luz refere-se ao uso da luz na região vermelha ou invisível do espectro, com comprimentos de onda geralmente utilizados entre 600 e 700 nm (nanômetros) e entre 780 e 1.100 nm (nanômetros), respectivamente.

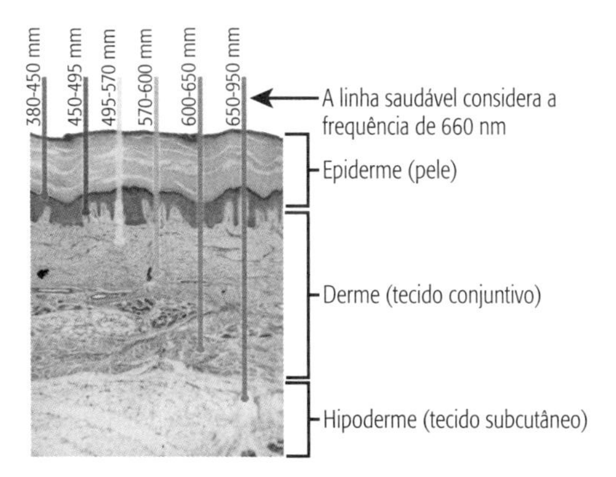


FIGURA 1 Diversos comprimentos de ondas e seu alcance no tecido biológico.

A ação da fotobiomodulação com *laser* de baixa potência depende do comprimento de onda de luz utilizado. Tem ação de regeneração/reparo tecidual, ação anti-inflamatória e analgésica, promoção da linfangiogênese e da estimulação da motilidade linfática, sem alteração significativa da arquitetura tecidual, sendo, portanto, um recurso seguro para o uso em pacientes oncológicos.

## QUANDO UTILIZAR A ELETROTERMOFOTOTERAPIA NO PACIENTE ONCOLÓGICO?

Com o avanço da pesquisa, o uso da eletrotermofototerapia vem crescendo substancialmente e se apresentando como técnica efetiva e segura no paciente oncológico. No entanto, alguns mecanismos ainda são desconhecidos. O conhecimento da ação e do efeito biológico são essenciais, assim como a alteração dos parâmetros, como das frequências, da localização dos eletrodos, entre outros. Uma forma de determinar o uso dessa técnica é conhecer efeitos físicos, fisiológicos e terapêuticos da corrente, assim como as técnicas de aplicação e as características da célula tumoral.

A seguir, estão destacadas as principais complicações oncológicas de interesse do fisioterapeuta e o uso da eletrotermofototerapia.

## Linfedema

A terapia padrão para tratamento de linfedema é a terapia complexa descongestiva, composta por orientação ao paciente, hidratação da pele, drenagem linfática manual, enfaixamento compressivo e cinesioterapia. A fotobiomodulação vem sendo estudada como complemento dessa técnica. O uso do comprimento de onda infravermelho parece ser o mais estudado e devido aos resultados mais efetivos. A aplicação da luz *laser* deve ocorrer na região de linfonodos regionais (cubitais e axilares remanescentes, no caso de linfedema de membro superior secundário a cirurgia oncológica; e na região de linfonodos inguinais e poplíteos remanescentes em caso de pacientes com linfedema de membro inferior; na região de linfonodos cervicais remanescentes em caso de linfedema de cabeça e pescoço).

A terapia por ondas de choque é uma técnica promissora no tratamento complementar do linfedema, também pelo seu mecanismo de linfangiogênese; no entanto, ensaios clínicos ainda são necessários para avaliar segurança e efetividade no paciente com linfedema.

## Sarcopenia/complicações musculares nos pacientes oncológicos

Alguns pacientes são impossibilitados de realizar exercícios, por contraindicações, por complicações ou por alguma morbidade decorrente da doença ou do tratamento. Dessa forma, alternativas são necessárias na tentativa de evitar novas complicações, como as pulmonares e as vasculares. O uso da estimulação elétrica neuromuscular (EENM) é uma opção viável em pacientes com sarcopenia e/ou em pacientes oncológicos com complicações musculares para alcançar bons resultados com o objetivo de maximizar a reabilitação e fazer o paciente retornar ao exercício voluntariamente.

## Dor

A dor na oncologia é uma das queixas mais frequentes dos pacientes com câncer avançado e uma variável singular que requer tratamento adequado. Dentre as diversas técnicas da fisioterapia, o uso da estimulação elétrica nervosa transcutânea (TENS) é uma opção na busca da analgesia, mas apenas em alguns pacientes. A dor associada ao câncer é multifatorial, fato que pode interferir na efetividade da corrente elétrica e suas comprovações.

A dor neuropática é frequentemente um efeito adverso do tratamento oncológico. A neuropatia periférica induzida pela quimioterapia é uma queixa frequente, que limita as atividades de vida diária, podendo interferir no curso do tratamento. O uso da fotobiomodulação com *laser* de baixa potência parece ser um recurso promissor para esses pacientes. Ensaios clínicos usando comprimento de onda infravermelho e vermelho têm demonstrado boa efetividade no controle dessa comorbidade.

A terapia Scrambler é um recurso novo para eletroanalgesia aprovado pelo Food and Drug Administration (FDA) para uso em pacientes com dor neuropática. A terapia Scrambler tem como objetivo bloquear o sinal da dor da área dolorosa e convertê-la em informação não dolorosa. A aplicação deve ser diária, por 10 dias consecutivos, por 15 minutos.

## Mucosite

O uso da fotobiomodulação com *laser* de baixa potência traz bons resultados na prevenção e tratamento da mucosite de cavidade oral, regiões faríngeas e laríngeas, além do trato gastrointestinal e regiões genitais, onde há menor ocorrência e menor gravidade de mucosite.

Deve-se ter especial cuidado com a presença de microrganismos na cavidade. Nesse caso, deve-se utilizar a terapia fotodinâmica (PDT) para evitar a proliferação de tais microrganismos. O uso do comprimento de onda vermelho é mais efetivo. A aplicação da luz *laser* deve ser pontual sobre as lesões.

## Radiodermite

A radiodermite é uma reação cutânea à radiação, presente em cerca de 90% dos pacientes tratados com radioterapia.

A fotobiomodulação com *laser* de baixa potência, nos comprimentos de onda vermelho e infravermelho, tem sido utilizada na tentativa de prevenir e tratar a reação cutânea provocada pela radiação. Embora a evidência científica ainda seja pequena, há evidência clínica de melhora da cicatrização e da hidratação tecidual.

## Cabeça e pescoço

O uso da eletrotermofototerapia em pacientes oncológicos pode beneficiar o paciente em várias complicações pós-operatórias. Pacientes submetidos a cirurgia por câncer de cabeça e pescoço, por exemplo, podem ser beneficiados com o uso desses recursos para a recuperação do trismo, xerostomia e hipossalivação, paralisia facial, síndrome do ombro caído e disfagia.

## Pós-operatório no câncer ginecológico

Pacientes submetidos a cirurgia por câncer na região pélvica, como cânceres ginecológicos e de próstata, podem ter complicações como mucosite vaginal, incontinência urinária e fecal minimizadas ou recuperadas pelo adequado uso de recursos eletrotermofototerápicos, como a eletroestimulação intracavitária.

A eletroestimulação do nervo tibial posterior é amplamente utilizada na prática clínica da fisioterapia uroginecológica, assim como para a abordagem do paciente com urgência fecal. Seus parâmetros para neuromodulacão com frequência entre 10 e 20 Hz parecem ser os mais efetivos.

## CONSIDERAÇÕES FINAIS

- A eletrotermofototerapia é um recurso promissor na reabilitação de pacientes oncológicos, trazendo benefícios para indivíduos com linfedema, sarcopenia, mucosite, radiodermite, dor, entre outras complicações do pós-operatório e do tratamento complementar.
- A eletrotermofototerapia deve ser a escolha de tratamento do fisioterapeuta quando a aplicação for evidenciada com segurança científica.
- Vários mecanismos para prevenção e tratamento estão em desenvolvimento, uma vez que os mecanismos eletrotermofototerápicos ainda não estão completamente elucidados.

## BIBLIOGRAFIA RECOMENDADA

1. APTA – American Physical Therapy Association. Guide to physical therapist practice. 2.ed. Physical Therapy. 2001;81:9-746.
2. Baldwin ERL, Baldwin TD, Lancaster JS, McNeely ML, Collins DF. Neuromuscular electrical stimulation and exercise for reducing trapezius muscle dysfunction in survivors of head and neck cancer: a case-series report. Physiotherapy Canada. 2012;64(3);317-24.
3. Baxter GD, Liu L, Petrich S, Gisselman AS, Chapple C, Anders JJ, et al. Low level laser therapy (photobiomodulation therapy) for breast cancer-related lymphedema: a systematic review. BMC Cancer. 2017;17:833.
4. Bensadoun R-J. Photobiomodulation or low-level laser therapy in the management of cancer therapy-induced mucositis, dermatites and lymphedema. Current Opinion in Oncology. 2018;30(4):226-32.
5. Bergmann A, Mattos IE, Koifman RJ. Fatores de risco para linfedema após câncer de mama: uma revisão da literatura. Fisioter e Pesqui [Internet]. 2008;15(2):207-13. Disponível em: http://www.scielo.br/scielo.php?script=sci_arttext&pid=S1809-29502008000200016&lng=pt&tlng=pt.

6. Bo K, Frawley HC, Haylen BT, Abramov Y, Almeida FG, Berghmans B, et al. An International Urogynecological Association (IUGA)/International Continence Society (ICS) joint report on the terminology for the conservative and nonpharmacological management of female pelvic floor dysfunction. Int Urogynecol J. 2017;28(2):191-213.
7. Brown KR, Rzucidlo E. Acute and chronic radiation injury. J Vasc Surg [Internet]. 2011;53(1 Suppl.):15S-21S. Disponível em: http://dx.doi.org/10.1016/j.jvs.2010.06.175.
8. Brzak BL, Cigić L, Baričević M, Sabol I, Mravak-Stipetić M, Risović D. Different protocols of photobiomodulation therapy of hyposalivation. Photomedicine and Laser Surgery. 2018;36(2):78-82.
9. Caulfield B, Prendergast A, Rainsford G, Minogue C. Self-directed home based electrical muscle stimulation training improves exercise tolerance and strength in healthy elderly. 2013 35th Annual International Conference of the IEEE Engineering in Medicine and Biology Society (EMBC). 2013;2013:7036-9.
10. Cebicci MA, Sutbeyaz ST, Goksu SS, Hocaoglu S, Oguz A, Atilabey A. Extracorporeal shock wave therapy for breast cancer-related lymphedema: a pilot study. Arch Phys Med Rehabil [Internet]. 2016;97(9):1520-5. Disponível em: http://dx.doi.org/10.1016/j.apmr.2016.02.019.
11. Costa MM, Silva SB, Quinto ALP, Pasquinelli PFS, de Queiroz dos Santos V, de Cássia Santos G, et al. Phototherapy 660 nm for the prevention of radiodermatitis in breast cancer patients receiving radiation therapy: study protocol for a randomized controlled trial. Trials. 2014;15(1):1-6.
12. Cruz-Jentoft AJ, Baeyens PJ, Bauer MJ, Boirie Y, Cederholm T, et al. Sarcopenia: European consensus on definition and diagnosis. Report of the European Working Group on Sarcopenia in Older People. Age and Ageing. 2010;39(4):412-23.
13. Gonnelli FAS, Palma LF, Giordani AJ, Deboni ALS, Dias RS, Segreto RA, et al. Low-level laser for mitigation of low salivary flow rate in head and neck cancer patients undergoing radiochemotherapy: a prospective longitudinal study. Photomed Laser Surg. 2016;34(8):326-30.
14. Hamblin MR, Nelson ST, Strahan JR. Photobiomodulation and cancer: what is the truth? Photomedicine and laser surgery. 2018;XX(N. XX):1-5. DOI: 10.1089/pho.2017.4401.
15. Hamblin MR. Invited review: mechanisms and mitochondrial redox signaling in photobiomodulation. Photochemistry and Photobiology. 2018;94: 199-212.
16. He M, Zhang B, Shen N, Wu N, Sun J. A systematic review and meta-analysis of the effect of low-level laser therapy (LLLT) on chemotherapy-induced oral

mucositis in pediatric and young patients. European Journal of Pediatrics. 2017;177(1):7-17.

17. Hultman E, Sjöholm H, Jäderholm EKI, Krynicki J. Evaluation of methods for electrical stimulation of human skeletal muscle in situ. Pflugers Arch. 1983;398:139-141. Apud Gobbo M, Maffiuletti NA, Orizio C, Minetto MA. Muscle motor point identification is essential for optimizing neuromuscular electrical stimulation use. J Neuroeng Rehabil. 2014;11:17.
18. International Society of Lymphology. Consensus Document of International Society of Lymphology: the diagnosis and treatment of peripheral lymphedema. Lymphology. 2016;49(4):170-84.
19. Kelner N, Castro J. Laserterapia no tratamento da mucosite. Rev Bras Cancerol. 2006;53(1):29-32.
20. Kim IG, Lee JY, Lee DS, Kwon JY, Hwang JH. Extracorporeal shock wave therapy combined with vascular endothelial growth factor-C hydrogel for lymphangiogenesis. J Vasc Res. 2013;50(2):124-33.
21. Lopes CO, Mas JRI, Zângaro RA. Prevenção da xerostomia e da mucosite oral induzidas por radioterapia com uso do laser de baixa potência. Radiol Bras. 2006;39(2):131-6.
22. Manik M, Yosi A, Tanjung C. Radiodermatitis incidents in cancer patients receiving radiotherapy at Haji Adam Malik Central. 2018;7(2):447-51.
23. NCCN (National Comprehensive Cancer Network). NCCN Framework for Resource Stratification of NCCN Guidelines (NCCN Framework™): Adult Cancer Pain. Disponível em: https://www.nccn.org/framework/. Acesso em: 30 jan. 201.
24. Paim ÉD, Macagnan FE, Martins VB, Zanella VG, Guimarães B, Berbert MCB, et al. Efeito agudo da transcutaneous electric nerve stimulation (TENS) sobre a hipossalivação induzida pela radioterapia na região de cabeça e pescoço: um estudo preliminar. CoDAS. 2018;30(3):1-7.
25. Palma LF, Gonnelli FAS, Marcucci M, Dias RS, Giordani AJ, Segreto RA, et al. Impact of low-level laser therapy on hyposalivation, salivary pH, and quality of life in head and neck cancer patients post-radiotherapy. Lasers Med Sci. 2017;32(4):827-32.
26. Piso DU, Eckardt A, Liebermann A, Gutenbrunner C, Schäfer P, Gehrke A. Early rehabilitation of head-neck edema after curative surgery for orofacial tumors. Am J Phys Med Rehabil. 2001;80:261-9.
27. Rezende LF, Rocha AR, Silvestre GC. Avaliação dos fatores de risco no linfedema pós-tratamento de câncer de mama. Jornal Vascular Brasileiro. 2010;9(4):233-8.

28. Ribeiro da Silva VC, da Motta Silveira FM., Barbosa Monteiro MG, da Cruz M, Caldas Júnior AF, Pina Godoy G. Photodynamic therapy for treatment of oral mucositis: pilot study with pediatric patients undergoing chemotherapy. Photodiagnosis and Photodynamic Therapy. 2018;21:115-20.
29. Robijns J, Censabella S, Bulens P, Maes A, Mebis J. The use of low-level therapy in supportive care for patients with breast cancer: review of the literature. Lasers Med Sci. 2016; doi: 10.1007/s10103-016-2056-y.
30. Robijns J, Censabella S, Claes S, Pannekoeke L, Bussé L, Colson D, et al. Prevention of acute radiodermatitis by photobiomodulation: a randomized, placebo-controlled trial in breast cancer patients (TRANSDERMIS trial). Lasers Surg Med. 2018;50(7):763-71.
31. Ruwaidah AM, David FL, Jenkins, Awadhesh N Jha. Assessing the impact of low level laser therapy (LLLT) on biological systems: a review. International Journal of Radiation Biology. 2019. doi: 10.1080/09553002.2019.1524944.
32. Sonis ST, et al. Could the biological robustness of low level laser therapy (photobiomodulation) impact its use in the management of mucositis in head and neck cancer patients? Oral Oncol. 2016;54:7-14.
33. Sønksen J, Ohl DA, Bonde B, Laessøe L, McGuire EJ. Transcutaneous mechanical nerve stimulation using perineal vibration: a novel method for the treatment of female stress urinary incontinence. J Urol. 2007;178(5):2025-8.
34. Tomasello C, Pinto RM, Mennini C, Conicella E, Stoppa F, Raucci U. Scrambler therapy efficacy and safety for neuropathic pain correlated with chemotherapy-induced peripheral neuropathy in adolescents: a preliminary study. Pediatr Blood Cancer. 2018;e27064.
35. Vahdat AJ, Ocean Linda T. Chemotherapy-induced peripheral neuropathy: pathogenesis and emerging therapies. Support Care Cancer. jul. 2004;12: 619-25.
36. Watson T. Current concepts in electrotherapy Current concepts in electrotherapy. 2016; 413-8.
37. Zecha JA, Raber-Durlacher JE, Nair RG, et al. Low-level laser therapy/photobiomodulation in the management of side effects of chemoradiation therapy in head and neck cancer: part 2: proposed applications and treatment protocols. Support Care Cancer. 2016;24(6):2793-805.

# Fisioterapia respiratória em oncologia



Brenda Aparecida da Silva Ferreira
Rodrigo Daminello Raimundo

## INTRODUÇÃO

A fisioterapia respiratória faz parte do atendimento interdisciplinar oferecido aos pacientes oncológicos. São objetivos da fisioterapia respiratória:

- suporte ventilatório invasivo ou não invasivo;
- evitar complicações respiratórias;
- amenizar a insuficiência respiratória;
- melhorar a qualidade de vida; e
- evitar os efeitos deletérios da inatividade.

Os pacientes oncológicos apresentam particularidades em relação à fisioterapia respiratória, como supressão da produção de células sanguíneas medulares e alterações motoras, predispondo-se a infecções respiratórias e a sangramentos, enfraquecimento e dor.

O conhecimento da etiologia e progressão da doença oncológica considerando tipo da neoplasia, características dos tumores, estadiamento oncológico e eleição de tratamento (cirúrgico, quimioterápico ou radioterápico) auxilia o profissional fisioterapeuta na escolha das condutas de atendimento.

## AVALIAÇÃO FÍSICA

### Inspeção

- A inspeção permite observar possíveis alterações que podem apresentadas pela caixa torácica, tais como formato e discrepâncias dos diâmetros anterior e posterior, sendo essas observações denominadas inspeção estática.
- A inspeção dinâmica avalia o padrão respiratório, a frequência das incursões respiratórias por minuto e o ritmo respiratório, a eficácia da expansibilidade pulmonar e a presença de sinais de esforço muscular compensatório (tiragens respiratórias).

## MANOBRAS DESOBSTRUTIVAS

A eliminação de secreções broncopulmonares apresenta dependência em relação ao funcionamento adequado do transporte mucociliar e, por consequência, uma tosse eficaz. A deficiência de um ou ambos os processos resulta no acúmulo de secreções, que levará a piora da relação ventilação/perfusão, aumento do trabalho respiratório e aumento das incidências de infecções pulmonares.

Exercícios e equipamentos respiratórios são prontamente utilizados para auxiliar no carreamento de muco e na melhora de padrões respiratórios, desempenhando papel importante na reabilitação pulmonar quando se identificam processos de cunho agudo ou crônico.

### Drenagem postural

Consiste em uma técnica de higiene brônquica em que se recebe assistência gravitacional para realização da drenagem de um segmento delimitado.

TABELA 1 Inspeção dinâmica

| | |
|---|---|
| Padrão respiratório | ▪ Padrão respiratório costal ou apical<br>▪ Padrão respiratório abdominal ou respiração diafragmática<br>▪ Padrão respiratório misto |
| Frequência respiratória (FR) | ▪ Eupneia (fisiológico): FR de 12-20 irpm<br>▪ Taquipneia: aumento da FR associado a redução do VC acima de 20 irpm<br>▪ Hiperpneia: aumento da ventilação alveolar associada ao aumento da FR e do VC<br>▪ Bradipneia: redução da FR abaixo de 10 irpm<br>▪ Apneia: interrupção dos ciclos respiratórios |
| Ritmo respiratório | ▪ Fisiológico: relação i:e em 1:2<br>▪ Ritmo de Cantani: aumento da amplitude dos movimentos respiratórios<br>▪ Ritmo de Biot: ciclo respiratório intercalado por períodos de apneia e ventilação<br>▪ Ritmo de Cheynes-Stockes: incursões respiratórias crescentes e decrescentes seguidas por apneia<br>▪ Respiração de Kussmaul: respiração com alternância da apneia nas fases inspiratória e expiratória |
| Expansibilidade pulmonar de ápices e bases | ▪ Redução da expansibilidade unilateral: pneumotórax; derrame pleural unilateral; atelectasia e traumatismo torácico<br>▪ Redução da expansibilidade bilateral: ascite; derrame pleural bilateral e enfisema pulmonar<br>▪ Simetria ou assimetria<br>▪ Amplitude: superficial, profunda ou normal |
| Presença de musculatura respiratória acessória | ▪ Tiragens<br>– supraclavicular<br>– infraclavicular<br>– intercostal |

FR: frequência respiratória; VC: volume corrente.

Diferentes posições, em diferentes angulações, são solicitadas para favorecer a remoção das secreções em sítios lobulares específicos, considerando a posição de maior ação gravitacional e o tempo de obstrução da via por muco.

## Manipulações por meio de vibrações

Percussão manual, mecânica ou vibração são utilizadas para transmitir até os brônquios forças oscilatórias que auxiliarão no transporte mucociliar, favorecendo a remoção das secreções.

TABELA 2 Manobras desobstrutivas por meio de vibrações

| | |
|---|---|
| Vibração | ▪ Objetivo: mobilizar secreções livres na árvore brônquica em direção aos brônquios de maior calibre.<br>▪ A vibração é aplicada posicionando uma ou ambas as mãos sobre o tórax do paciente na região de maior acúmulo de secreções e realizando compressões suaves associadas a vibração rápida durante a fase exalatória.<br>▪ Após aplicação da manobra e repetidos ciclos, o paciente pode ser motivado a uma tosse profunda. |
| *Shaking* | ▪ Objetivo: deslocar as secreções das vias aéreas de pequeno calibre para as de grande calibre.<br>▪ A energia mecânica é transmitida pelo posicionamento das mãos na porção anterior do tórax (de maior acúmulo de secreção ou diminuição da ventilação), ou uma mão na porção anterior e outra na posterior. Após o início da expiração, o terapeuta gera movimentos na caixa torácica em direção ao brônquio principal. |

## Manobras desobstrutivas ativas

A remoção de secreções por meio de manobras ativas tem por intuito aumentar o transporte de muco mediante manobras forçadas realizadas por meio de transferência de energia com oscilações de alta velocidade do fluxo de ar, que favorecerá o desalojamento do muco presente na parede, levando a sua remoção.

- Tosse: é solicitada ao paciente uma respiração profunda (máxima capacidade pulmonar) com auxílio dos músculos abdominais, e posteriormente solicitada uma expiração forçada e que seja suficiente para realizar a eliminação das secreções. A tosse pode ser dividida em: espontânea, assistida ou ativo-assistida, fragmentada ou estimulada (estímulo da fúrcula).
- Huffing: o paciente deverá ser orientado a realizar uma inspiração de médio volume pulmonar envolvendo os músculos abdominais, e posteriormente deverá realizar uma expiração forçada com a glote aberta, ou seja, a boca deve estar ligeiramente aberta.
- Aceleração do fluxo expiratório ou pressão expiratória (AFE): a técnica consiste em deprimir de forma passiva o gradil costal do paciente, e podendo ser realizada em posição supina ou em decúbito lateral. O terapeuta deverá posicionar suas mãos sobre as regiões paraesternais e acompanhar o movimento expiratório do paciente. Ao chegar à expiração profunda, deverá exercer uma pressão sobre o tórax, acentuando essa extensão.
- Técnica de expiração forçada (TEF): consiste na realização de um ou dois esforços expiratórios de baixo e médio volume, seguidos de uma expiração forçada com a glote aberta.

## Manobra desobstrutiva invasiva

- Aspiração traqueobrônquica: trata-se de um procedimento invasivo com o intuito de remover secreções de vias aéreas inferiores, superiores e cavidade oral.

A remoção de secreções nas vias aéreas inferiores ocorre em pacientes em ventilação mecânica invasiva com uso de cânula orotraqueal ou cânula de traqueostomia. Esta última pode ser realizada em pacientes traqueostomizados de longa permanência e em nebulização de ar comprimido ou gás oxigênio.

A técnica é realizada pela desconexão do circuito ventilatório do paciente e introdução de uma sonda estéril com válvula de sucção no lúmen da cânula (sistema aberto).

O sistema de aspiração fechado ocorre pela conexão de um sistema acoplado entre o ventilador e o paciente, de forma que a sonda estéril é envelopada, permitindo a aspiração quando necessário, sem desconexão com o sistema ventilatório.

### Observações

A trombocitopenia e a possibilidade de metástases ósseas devem ser rigorosamente avaliadas antes de realizar manobras torácicas e a técnica de aspiração. Em casos de plaquetas de contagem muito baixas, deve-se avaliar o risco-benefício junto da equipe médica.

## MANOBRAS DE REEXPANSÃO PULMONAR

As manobras reexpansivas podem ser aplicadas de forma mecânica ou por meio da realização de exercícios ativos.

Fatores como processos cirúrgicos, disfunções neuromusculares, processos infecciosos e álgicos podem causar diminuição de volumes e capacidades pulmonares.

### Manobras ativas de reexpansão pulmonar

- Inspiração fracionada ou em tempos: consiste na realização de inspirações nasais curtas consecutivas, intervaladas por períodos de pausas (apneias), até atingir a capacidade pulmonar total com posterior expiração bucal.
- Inspiração máxima sustentada: é solicitada ao paciente inspiração profunda até atingir a capacidade inspiratória máxima, seguida de pausa inspiratória com posterior expiração bucal.

## Incentivadores respiratórios

São aparelhos portáteis de uso individual que têm por intuito demonstrar visualmente ou por representação sonora que determinado volume ou fluxo desejado foi alcançado.

Os exercitadores respiratórios têm por objetivo fortalecer os músculos respiratórios, aumentar a permeabilidade das vias aéreas, além de promover a reexpansão pulmonar.

- O incentivador respiratório a fluxo é composto por uma ou mais câmaras plásticas que comportam esferas com graduações de pesos capazes de se elevarem através de fluxo de ar gerado pelo paciente. Por exemplo, Respiron®.
- O incentivador respiratório a volume é caracterizado como um sistema de pistão composto por um êmbolo móvel capaz de atingir níveis representativos da capacidade inspiratória máxima do paciente. Por exemplo, Voldyne®.

## Técnicas com pressão positiva

- Respiração por pressão positiva intermitente (RPPI): por meio de uma máscara facial ou bucal, é aplicada uma pressão positiva na fase inspiratória, seguida de uma pressão expiratória que retorna a níveis atmosféricos. A fase expiratória pode ser prolongada ou retardada, a depender do quadro respiratório do paciente.

**Contraindicações:** hemoptise ativa, fístula transesofágica e cirurgia esofágica recente.

Ventilação mecânica não invasiva com um ou dois níveis pressóricos também pode ser utilizada.

# OXIGENOTERAPIA

A oxigenoterapia consiste na administração de oxigênio adicional, gerando uma fração inspirada de oxigênio ($FiO_2$) maior que a concentração presente na atmosfera.

A American Association Respiratory Care (AACR) indica a oxigenoterapia diante das seguintes ocorrências:

TABELA 3 Fatores indicativos para realização de oxigenoterapia

| | |
|---|---|
| ▪ $PaO_2$ | < 60 mmHg |
| ▪ $SatO_2$ (em ar ambiente) | < 90% |
| ▪ $SatO_2$ | < 88% durante deambulação, exercício ou sono em portadores de doenças cardiorrespiratórias |
| ▪ IAM | |
| ▪ Intoxicação por gases | Monóxido de carbono |
| ▪ Envenenamento por cianeto | |

**Sistemas de baixo fluxo:** não garantem todo o fluxo inspiratório do paciente, apresentando $FiO_2$ variável de acordo com o equipamento de escolha e com o fluxo inspiratório do paciente em associação.

TABELA 4 Adequações de dispositivos para oferta de oxigênio

| Dispositivos | Oferta de oxigênio |
|---|---|
| Cânula nasal | Até 5 L/min |
| Cateter transtraqueal | Até 5 L/min |
| Tenda e capacete de oxigênio | 7-15 L/min |
| Máscara tipo tenda | De 6-15 L/min |
| Máscara facial simples | De 6-15 L/min |
| Máscara de traqueostomia | De 6-15 L/min |
| Máscara com reservatório (com e sem reinalação) | De 6-15 L/min |

**Sistemas de alto fluxo:** têm por intuito fornecer fluxo adicional de oxigênio com oferta superior a 60 L/min, garantindo fluxo igual ou maior que o pico do paciente.

TABELA 5 Adequações de dispositivos para oferta de oxigênio

| Dispositivos | Concentração de oxigênio | Fluxo de oxigênio sugerido |
|---|---|---|
| Máscara de Venturi | 24% | 4 L/min |
| | 28% | 6 L/min |
| | 31% | 8 L/min |
| | 35% | 12 L/min |
| | 40% | 15 L/min |
| | 50% | 15 L/min |
| Gerador de fluxo* | 30-100% | 100 L/min |

* O gerador de fluxo é utilizado para realizar ventilação não invasiva e com uso de máscara facial de silicone acoplada a uma fonte de 50 psig, na qual fornece concentrações de $O_2$ que variam de 30-100%.

## Cânula nasal de alto fluxo

É uma modalidade de suporte respiratório com maiores taxas de fluxo de gases, podendo alcançar 60 L/min, que ofertará uma fração desejada desse gás inspiratório e a eliminação do dióxido de carbono desde o espaço morto anatômico.

O alto fluxo de gás será entregue ao paciente de forma aquecida e umidificada, sendo a temperatura mantida por um circuito envelopado com resistores, capazes de manter a temperatura do ar desde a saída da base aquecida, passando pelo circuito, até a chegada dele ao paciente por meio da interface nasal com oclusão da via de 50%.

O gás aquecido e umidificado aumenta o conforto do paciente na aceitação dessa modalidade de alto fluxo e facilita a depuração de secreções. Além disso, apresenta uma interface nasal, promovendo conforto ao paciente.

A indicação de uso a pacientes oncológicos foi recentemente realizada; no entanto, recomenda-se que o terapeuta permaneça próximo ao paciente durante o uso, atentando a sinais de possíveis sangramentos, uma vez que consideramos esse paciente imunocomprometido hematologicamente.

## SUPORTE VENTILATÓRIO NÃO INVASIVO

A ventilação não invasiva (VNI) provê assistência ventilatória sem necessidade de introdução de via artificial. É realizada com o uso de interfaces externas (máscaras) que conectam o paciente ao ventilador mecânico, e normalmente é indicada nos casos de insuficiência respiratória aguda ou crônica agudizada.

A VNI tem por objetivos reduzir o trabalho e a frequência respiratória, aumentar o volume corrente, melhorar a troca gasosa e promover o repouso da musculatura respiratória.

TABELA 6 Recomendações para eleição do modo ventilatório não invasivo

| Critérios | Conduta |
|---|---|
| ▪ Volume minuto > 4<br>▪ $PaCO_2 < 50$ mmHg<br>▪ pH > 7,25 | Iniciar VNI com dois níveis pressóricos |

TABELA 7 Contraindicações da ventilação mecânica não invasiva

| Contraindicações absolutas |
|---|
| Parada cardíaca ou respiratória |
| Necessidade de intubação de emergência |
| **Contraindicações relativas** |
| Rebaixamento de nível de consciência |
| Hemorragias digestivas graves com instabilidade hemodinâmica |

*(continua)*

TABELA 7 Contraindicações da ventilação mecânica não invasiva *(continuação)*

| Contraindicações relativas |
|---|
| Cirurgia facial ou neurológica |
| Trauma ou deformidade facial |
| Alto risco de aspiração/broncoaspiração |
| Obstrução de vias aéreas superiores |
| Anastomose de esôfago recente (evitar pressurização > 20 $cmH_2O$) |
| Pacientes oncológicos com presença de hemoptise e/ou epistaxe |

## MODOS VENTILATÓRIOS DA VNI

- Pressão contínua nas vias aéreas (*Continue Positive Airway Pressure*) – CPAP: este modo permite a administração somente de uma pressão expiratória final contínua nas vias aéreas, de forma que o paciente realiza o ciclo ventilatório espontaneamente. É recomendada no edema agudo de pulmão cardiogênico e no pós-operatório de cirurgia abdominal.
- A pressão positiva nas vias aéreas com dois níveis pressóricos – BILEVEL permite administrar dois níveis de pressão nas vias aéreas, sendo eles: pressão inspiratória (IPAP) e pressão expiratória final (EPAP). É recomendada nos casos de hipercapnias agudas com o intuito de promover o descanso da musculatura respiratória, evitando a fadiga muscular; usada também no edema agudo de pulmão de origem cardiogênica e nas infecções imunossuprimidas.

Ensaios controlados randomizados evidenciaram que o uso da VNI em pacientes com malignidade hematológica, quando comparado ao uso da ventilação mecânica invasiva, reduziu a taxa de mortalidade de 100% para 53-61%.

## SUPORTE VENTILATÓRIO INVASIVO

A ventilação mecânica invasiva substitui a ventilação espontânea de forma parcial ou total quando ocorre uma deficiência de execução desta em decorrência da insuficiência respiratória aguda (IRpA) ou crônica agudizada (ver Capítulo 16).

A ventilação mecânica tem por objetivo melhorar as trocas gasosas e diminuir o trabalho respiratório. A conexão do paciente com o ventilador mecânico é realizada por meio do uso de interfaces invasivas, podendo ser tubo endotraqueal ou cânula de traqueostomia.

Recomenda-se observar possíveis dificuldades de acoplamento ao ventilador mecânico, como assincronias entre paciente e ventilador (duplo disparo, disparo ineficaz, autodisparo), bem como assincronias de ciclagem.

Não se deve postergar a realização da intubação orotraqueal, principalmente de pacientes imunocomprometidos hematologicamente.

## RECONDICIONAMENTO AERÓBIO

Pacientes com câncer experimentam um declínio intensificado na qualidade de vida desde o momento do diagnóstico ao período de tratamento. A intensificação de sintomas como náusea, dor, fadiga e intolerância ao exercício é induzida pelo tratamento curativo e torna-se rotineira na vida desse paciente, sendo a fadiga um fator incapacitante para a realização de exercícios físicos em 70% dos casos.

A realização de um programa de exercícios físicos pode melhorar sinais e sintomas provenientes da alta toxicidade do tratamento curativo e melhorar a qualidade de vida dos pacientes oncológicos.

Recomenda-se a realização de exercícios aeróbios 3-5 vezes por semana e resistidos 2-3 vezes por semana, sendo estes de intensidade moderada (60-70% FC máxima ou 40-60% do $VO_2$ máximo ou

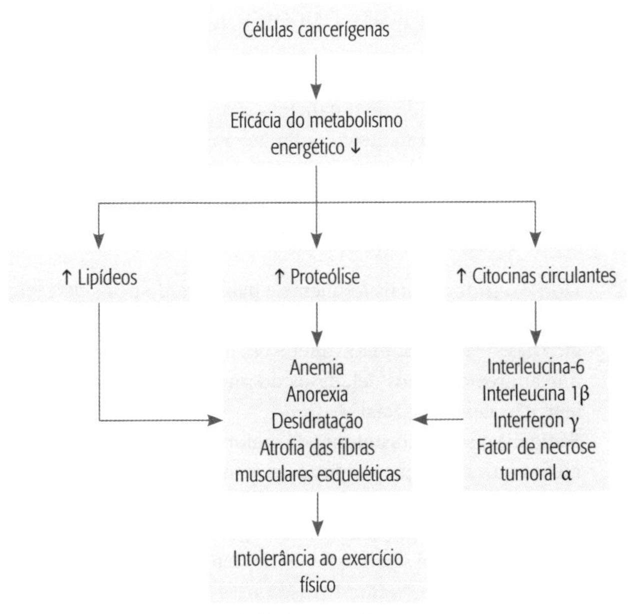


FIGURA 1 Fator consequência de doença maligna.

entre 6 e 7 pela escala de Borg modificada) e com monitorização da frequência cardíaca e percepção de esforço.

Recomenda-se como tempo eficaz para o exercício aeróbio: 150 minutos por semana de intensidade moderada ou 75 minutos por semana de intensidade variável, de moderada a vigorosa.

O exercício resistido deverá incluir uma ou mais associações de exercícios que variam de 8-12 repetições para cada atividade.

Sugere-se a avaliação prévia dos pacientes antes do protocolo de recondicionamento aeróbio.

## SINTOMAS DO PACIENTE ONCOLÓGICO

Os sintomas mais comuns apresentados pelos pacientes oncológicos durante o período de tratamento são a dor e a fadiga, principalmente durante o tratamento quimioterápico.

A alta toxicidade do tratamento oncológico favorece o desencadeamento de sintomas multidimensionais que afetam a qualidade de vida dos pacientes.

- Dor: é o sintoma mais frequente e mais temido pelos pacientes que recebem o diagnóstico de neoplasia maligna. O sintoma álgico desencadeia inúmeras alterações no indivíduo, como: insônia, anorexia, efeitos deletérios do imobilismo prolongado no leito e isolamento social.
- Fadiga: é o segundo sintoma de maior incidência após o tratamento quimioterápico, e pode permanecer durante os estágios avançados da doença. O sintoma não é aliviado por períodos de repouso ou sono, podendo persistir por meses a anos.
- Náuseas e vômito: são frequentes durante a quimioterapia, devido a alterações gastrointestinais. A necessidade de uma alimentação adequada durante esse período torna-se inevitável para amenizar a intensidade dos sintomas.
- Caquexia: os pacientes oncológicos apresentam desnutrição do tipo calórico-proteico, normalmente decorrente da relação inversa entre a ingesta e a necessidade de aporte nutricional.

## BIBLIOGRAFIA RECOMENDADA

1. Barbas CV, et al. Recomendações brasileiras de ventilação mecânica 2013. Parte 2. Revista Brasileira de Terapia Intensiva. 2014.
2. Brateibach V, et al. Sintomas de pacientes em tratamento oncológico. Revista Ciência & Saúde. 2013;6(2):102-9.

3. De Vita LTS, Rosenberg AS. Cancer: principles & practice of oncology. 2008;2(8):8.
4. Durey A, et al. Application of high-flow nasal cannula in the ED for patients with solid malignancy. The American Journal of Emergency Medicine. 2016;34(11):2222-3.
5. Duval PA, VargasBL, Fripp JC, Arrieira ICO, Lazzeri B, Destri K, et al. Domiciliaria Interdisciplinaria. Caquexia em pacientes oncológicos internados em um programa de internação domiciliar interdisciplinar. Revista Brasileira de Cancerologia. 2010;56(2):207-212.
6. Gosselink R, et al. Physiotherapy for adult patients with critical illness: recommendations of the European Respiratory Society and European Society of Intensive Care Medicine Task Force on physiotherapy for critically ill patients. Intensive Care Medicine. 2008;34(7):1188-199.
7. Grotberg JB. Respiratory fluid mechanics and transport processes. Annual Review of Biomedical Engineering. 2001;3(1):421-57.
8. Gupta L, Gupta H. Physiotherapy for respiratory conditions. Adv Nursing Patient Care Int J. 2018;1(1):180003.
9. Ike D, et al. Drenagem postural: prática e evidência. Fisioterapia em Movimento. 201;22(1).
10. Liebano RE, et al. Principais manobras cinesioterapêuticas manuais utilizadas na fisioterapia respiratória: descrição das técnicas. Revista de Ciências Médicas. 2012;18(1).
11. Park SY, et al. Outcome and predictors of mortality in patients requiring invasive mechanical ventilation due to acute respiratory failure while undergoing ambulatory chemotherapy for solid cancers. Supportive Care in Cancer. 2013;21(6):1647-53.
12. Sklar MC, et al. The impact of high-flow nasal oxygen in the immunocompromised critically ill: a systematic review and meta-analysis. Respiratory Care. 2018;63(12):1555-66.
13. Squadrone V, Ferreyra G, Ranieri VM. Non-invasive ventilation in patients with hematologic malignancy: a new prospective. Minerva Anestesiologica. 2015;81(10):1118-26.
14. Squires RW, Shultz AM, Herrmann J. Exercise training and cardiovascular health in cancer patients. Current Oncology Reports. 2018;20(3):27.

# 15 UTI oncológica

Alinne Martins dos Santos Carvalho
Anuana Lohn Lavrini
Thalissa Maniaes

## INTRODUÇÃO

Considera-se o câncer hoje a segunda causa de morte no mundo, perdendo apenas para as doenças cardiovasculares. O câncer refere-se a um conjunto de várias doenças que apresenta um crescimento desordenado de células. Quando o crescimento é rápido e invade outras partes do corpo, chamamos de neoplasia maligna.

Os avanços no diagnóstico e tratamento têm contribuído para o aumento da sobrevida em um número cada vez maior de pessoas com doenças oncológicas. O câncer disseminado provoca efeitos que se manifestam como uma série de distúrbios metabólicos, como deficiência de equilíbrio nutricional e funcionamento inadequado do sistema imunológico, deixando o paciente fraco e suscetível a infecções. Muitos desses pacientes podem apresentar vários tipos de deficiências e incapacidades permanentes ou temporárias, podendo ser decorrentes da própria evolução da doença ou das consequências originadas antes, durante ou após o tratamento. Os doentes oncológicos podem apresentar sintomas como dor, sintomas gastrointestinais (p. ex., náusea e diarreia), caquexia, fadiga, alterações cognitivas (como perda de memória e alterações da personalidade) e psiquiátricas (ansiedade e depressão). A cirurgia, a quimioterapia e a radioterapia podem interferir diretamente na qualidade de vida devido à diminuição da massa muscular, ocasionando distúrbios motores. A radioterapia causa uma importante diminuição da vascularização tecidual local, e as lesões sofridas no tecido normal podem ser substituídas por tecido fibroso, acarretando má nutrição, perda da elasticidade e da contratilidade tecidual, o que leva ao encurtamento da musculatura. Já a quimioterapia é um tratamento que utiliza medicamentos para destruir as células doentes que formam um tumor. Esses medicamentos se misturam com o sangue, sendo levados a toda parte do corpo, destruindo as células doentes e resultando em efeitos colaterais e/ou tóxicos.

A dor está presente no quadro clínico desses pacientes, podendo chegar a pontos extremos de incapacitação funcional, nos quais a imobilidade está associada a perda de massa muscular, contraturas, encurtamentos, compressões nervosas e trombose.

A fadiga é o sintoma que mais prevalece nos pacientes oncológicos, causando impacto na diminuição das atividades diárias e na limitação da capacidade funcional. Quando relacionada ao câncer, a fadiga é influenciada por diversos fatores, que podem variar em intensidade e duração. Mas também pode vir acompanhada por outros sintomas, como dor, ansiedade e, dependendo do caso, alterações no nível cognitivo.

O paciente, por sua complexidade, necessita de assistência especializada e multidisciplinar, composta por médicos, enfermeiros, nutricionistas, fonoaudiólogos, fisioterapeutas, psicólogos, farmacêuticos e assistentes sociais.

Para que o tratamento seja eficiente, muitos detalhes devem ser observados, seja no âmbito cirúrgico, radioterápico, quimioterápico ou em qualquer outro, pois sua eficácia irá depender das condições do paciente e do tumor.

O paciente oncológico diferencia-se em vários aspectos se comparado a outros grupos de pacientes internados na UTI. Apresentam mielossupressão (anemia, plaquetopenia e leucopenia), predisposição a infecções das vias respiratórias, caquexia, alterações cinético-funcionais provenientes da intervenção cirúrgica, distúrbio de coagulação e dor como no processo terapêutico adjuvante, seja ele curativo ou paliativo, no combate à progressão tumoral.

Além das complicações comuns, como insuficiência respiratória, cardíaca, renal e a síndrome da angústia respiratória aguda (SARA), algumas são típicas do paciente oncológico e caracterizam emergências oncológicas, como: derrame pericárdico, síndrome da veia cava superior (SVCS), síndrome da lise tumoral, neutropenia febril, hiponatremia, hipoglicemia, hipercalcemia, leucostase, hemorragia provocada pelo tumor (ruptura ou compressão), síndrome de compressão medular (SCM), infecções, síndrome da secreção inadequada do hormônio antidiurético (SAIHD), insuficiência adrenal, trombose, trombocitopenia e granulocitopenia (ver Capítulo 6).

Pacientes com diagnóstico de câncer que desenvolvem SARA têm risco significativamente maior de mortalidade quando comparados a pacientes sem câncer, talvez por causa de complicações como neutropenia, sepse grave, pneumonia ou pneumonite induzida por medicamento ou radiação.

O tempo prolongado de internação em uma UTI também pode causar *delirium*, que é caracterizado por desatenção e comprometimento cognitivo, aumentando a morbidade, a mortalidade e os custos nos cuidados com o paciente oncológico. Muitos medicamentos, como os benzodiazepínicos, opioides e corticoesteroides, podem induzir ou exacerbar de forma independente o *delirium*, representando um fator de risco modificável. A avaliação de rotina para *delirium*, agitação e sedação é recomendada por várias diretrizes, além de medidas preventivas em grupos de alto risco, resultando em protocolos rigorosos dentro das UTI.

A função da UTI é dar suporte terapêutico ao paciente. Esse perfil de paciente muitas vezes precisa de suporte intensivo devido à gravidade das disfunções orgânicas, ao comprometimento da capacidade funcional, ao estadiamento do câncer e ao prognóstico, considerados na discussão para os critérios de admissão. A complicação clínica mais comum do paciente oncológico é a sepse; sua incidência é quatro vezes maior do que em outros tipos de pacientes. A incidência de complicações decorrentes dos efeitos deletérios da imobilidade na UTI contribui para o declínio funcional, aumento dos custos assistenciais, redução da qualidade de vida e sobrevida pós-alta. O suporte de terapia intensiva é fundamental, mesmo quando o prognóstico não está definido, pois as terapêuticas podem ser direcionadas ao alívio do sofrimento e à melhora da qualidade de vida.

## FISIOTERAPIA NA UTI ONCOLÓGICA

O fisioterapeuta utiliza técnicas e recursos, como ventilação mecânica invasiva (VMI), ventilação não invasiva (VNI), cateter nasal de alto fluxo (CNAF) e exercícios terapêuticos, em diferentes fases do tratamento a depender das condições clínicas do paciente, tendo como objetivo preservar, manter, desenvolver e restaurar a integridade cinético-funcional de órgãos e sistemas, assim como prevenir os distúrbios causados pelo tratamento oncológico (ver Capítulo 16).

Monitorar e avaliar as alterações na função física durante a admissão na UTI pode melhorar o raciocínio clínico e apoiar a tomada de decisão no tratamento individualizado para cada paciente. Ferramentas de medição válidas e confiáveis são uma parte importante da prática clínica e da pesquisa para avaliar a função física e o efeito do tratamento. Atualmente, existem várias ferramentas de medição que podem ser usadas na avaliação da função física em pacientes em UTI, mas não há consenso sobre um padrão ouro (ver Capítulo 9).

A mobilização precoce na UTI envolve o início das atividades de fisioterapia em pacientes sob ventilação mecânica durante os primeiros 2-5 dias da admissão nesse ambiente. Alguns protocolos determinam o início da mobilização precoce dentro de 72 horas do início da ventilação mecânica (VM), após rigorosa avaliação da equipe multidisciplinar. Nos hospitais oncológicos norte-americanos é comum a integração dos profissionais fisioterapeutas e terapeutas ocupacionais na mobilização precoce do paciente sob VM.

Sabe-se que a mobilização precoce atenua a fraqueza adquirida na UTI, que está presente em aproximadamente 50% das internações em ambiente de terapia intensiva, sendo o maior fator de risco para seu desenvolvimento a sepse/falência de múltiplos órgãos e estando associada à VM prolongada. Além disso, a mobilização precoce melhora a recuperação funcional, reduz a incidência e a duração do *delirium*, os dias sob ventilação, o tempo de internação na UTI e os custos hospitalares. No entanto, apesar dos benefícios já estabelecidos da mobilização precoce, ainda existem barreiras em vários níveis, como o treinamento da equipe de saúde envolvida sobre o conhecimento dos riscos e benefícios da mobilização precoce, a ansiedade e o medo dos pacientes. Pacientes gravemente enfermos com câncer enfrentam desafios adicionais, resultantes de sintomas da doença e efeitos colaterais relacionados ao tratamento, o que afeta negativamente sua qualidade de vida. Embora a natureza geral da doença crítica seja certamente devastadora, a maioria dos pacientes expressa satisfação com as sessões de mobilização precoce.

Uma comunicação clara, o envolvimento do paciente, a preparação ideal, a equipe adequada, períodos de descanso intermitentes e atenção ao processo de mobilização precoce geram confiança no paciente. Estudos sobre mobilização precoce em pacientes críticos, principalmente da perspectiva de profissionais da área de saúde, concentraram-se principalmente em segurança, viabilidade, barreiras e benefícios percebidos.

Alguns cuidados devem ser adotados antes do início da mobilização precoce, sendo contraindicada a mobilização quando:

- pressão arterial média (PAM) < 66 ou > 100 mmHg;
- pressão arterial sistólica > 200 mmHg;
- frequência cardíaca < 40 ou > 130 batimentos por minuto (bpm);
- saturação por oximetria de pulso < 88%;
- hemorragia gastrointestinal ativa;
- intubação endotraqueal difícil devido a restrições das vias aéreas;
- hipertensão intracraniana;
- isquemia miocárdica ativa e ferida abdominal cirúrgica aberta.

A avaliação da força, equilíbrio e coordenação do paciente também é importante para a progressão segura da mobilização.

A mobilização pode se iniciar com atividade ao nível da cama com participação ativa do paciente (como rolar, exercícios de membros superiores e inferiores, exercícios respiratórios ou atividades de autocuidado como vestir-se, por exemplo), seguida por atividade sentado na borda da cama, transferência da cama para cadeira e deambulação. A intensidade é baseada na tolerância do paciente, e no monitoramento contínuo dos sinais vitais (saturação de oxigênio, frequência cardíaca [FC], frequência respiratória [FR] e pressão arterial [PA]). A avaliação deve ser contínua a cada sessão, para observar o nível de progressão e participação funcional do paciente.

No Brasil, infelizmente, não é costume a presença de terapeutas ocupacionais na UTI, porém esses profissionais contribuem com as atividades cognitivas dos pacientes, avaliando a comunicação e a capacidade de seguir instruções, por exemplo, sendo de extrema importância no manejo do *delirium* e no desempenho desses pacientes nas atividades instrumentais de vida diária.

Sendo assim, o desenvolvimento de um programa de mobilização precoce deve considerar a adaptação das sessões pelos fisioterapeutas com base no *status* físico e cognitivo dos pacientes, e aumentar de acordo com cada caso o número de sessões e as atividades de reabilitação intensa, principalmente para pacientes delirantes.

Atualmente, um número crescente de pacientes com câncer sobrevive a doenças críticas e recebe alta hospitalar. Portanto, conhecendo esse contexto do paciente oncológico fica mais fácil identificar o momento e as intervenções que a fisioterapia pode realizar, não se esquecendo que a dor, os distúrbios de coagulação, a desnutrição, a caquexia, a fraqueza e a fadiga são problemas de alta prevalência em pacientes com câncer, devendo ser precocemente prevenidas ou tratadas para viabilizar uma alta hospitalar com capacidade funcional para realizar as atividades de vida diária mais próxima possível do momento da internação.

## SUPORTE À FAMÍLIA DO PACIENTE ONCOLÓGICO EM UTI

Atualmente as diretrizes centralizadas em família no ambiente de UTI recomendam que os serviços ofereçam apoio espiritual às famílias de pacientes graves. A equipe multiprofissional é responsável por identificar os membros da família, que podem se beneficiar de um apoio espiritual especializado.

O suporte espiritual envolve atividades específicas da religião, como oração, conversas focalizadas em significado e propósito, intervenções de aconselhamento para facilitar a reflexão, esperança e reconciliação, apoio emocional por meio da empatia e do conforto, características essas que são imprescindíveis aos profissionais de saúde que atuam dentro de um ambiente crítico. Capacitar toda a equipe de saúde da UTI é de extrema importância para identificar e iniciar conversas importantes entre equipe e familiares de maneira sensível e compassiva.

## BIBLIOGRAFIA RECOMENDADA

1. Azoulay E, Lemiale V, Mokart D, et al. Acute respiratory distress syndrome in patients with malignancies. Intensive Care Med. 2014;40(8):1106-14. [PubMed: 24898895] 8.
2. Campos MPO, Hassan BJ, Riechelmann R, Del Giglio A. Fadiga relacionada ao câncer: uma revisão. Rev Assoc Med Bras [online]. 2011;57(2):211-9.
3. Castro E, Turcinovic M, Platz J, Law I. Early mobilization: changing the mind-set. Crit Care Nurse. 2015;35(4):e1-5; quiz e6. doi: https:// doi.org/10.4037/ccn2015512 10.
4. Chy A, Riella CL, Camilotti BM, Israel VL. PEP: critérios de avaliação fisioterapêutica em UTI. Acesso em: abr./maio 2013.
5. Connolly B. Describing and measuring recovery and rehabilitation after critical illness. Curr Opin Crit Care. 2015;21:445-52.
6. Corner EJ, Hichens LV, Attrill KM, Vizcaychipi MP, Brett SJ, Handy JM. The responsiveness of the Chelsea critical care physical assessment tool in measuring functional recovery in the burns critical care population: an observational study. Burns. 2015;41:241-7.
7. Dubb R, Nydah lP, Hermes C, Schwabbauer N, Toonstra A, Parker AM, et al. Barriers and strategies for early mobilization of patients in intensive care units. Ann Am Thorac Soc. 2016;13(5):724-30. doi: https://doi.org/10.1513/AnnalsATS. 201509-586CME 9.
8. Guimarães P, Tallo S, Lopes D, Orlando M. Guia de bolso de UTI. Atheneu; 2009.
9. Hodgson CL, Berney S, Harrold M, Saxena M, Bellomo R. Clinical review: early patient mobilization in the ICU. Crit Care. 2013;17(1):207. doi: https://doi.org/10.1186/cc11820. 2.
10. Holdsworth C, Haines KJ, Francis JJ, Marshall A, O'Connor D, Skinner EH. Mobilization of ventilated patients in the intensive care unit: an elicitation study using the theory of planned behavior. J Crit Care. 2015;30(6):1243-50. doi: https://doi.org/10.1016/j.jcrc. 2015.08.010.
11. Hsu SH, Campbell C, Weeks AK, Herklotz M, Kostelecky N, Pastores SM, et al. A pilot survey of ventilated cancer patients' perspectives and recollections of early mobility in the intensive care unit; 2019.
12. Instituto Nacional do Câncer – Inca. Disponível em: http://www.inca.gov.br.
13. Lopes CPVC. Fadiga no doente oncológico. Tese [Mestrado Integrado em Medicina]. Porto, Universidade do Porto 2015/2016.

14. Mota DDCF, Pimenta CAM. Fadiga em pacientes com câncer avançado: conceito, avaliação e intervenção. São Paulo; 2002.
15. Muñoz MA, Jeon N, Staley B, Henriksen C, Xu D, Weberpals J, et al. Predicting medication-associated altered mental status in hospitalized patients: development and validation of a risk model. 2019;76(13):953-63.
16. Parry SM, Huang M, Needham DM. Evaluating physical functioning in critical care: considerations for clinical practice and research. Crit Care. 2017;21:249.
17. Parry SM, Knight LD, Connolly B, Baldwin C, Puthucheary Z, Morris P, et al. Factors influencing physical activity and rehabilitation in survivors of critical illness: a systematic review of quantitative and qualitative studies. Intensive Care Med. 2017;43(4):531-42. doi: https://doi.org/10. 1007/s00134-017-4685-4 11.
18. Reid JC, Kho ME, Stratford PW. Outcome measures in clinical practice: five questions to consider when assessing patient outcome. Curr Phys Med Rehabil Rep. 2015;3:248-54.
19. Roze AL, Sinclair S, Des R. Development of a clinical guide for identifying spiritual distress in family members of patients in the intensive care unit. Journal of Palliative Medicine. 2019.
20. Schweickert WD, Pohlman MC, Pohlman AS, Nigos C, Pawlik AJ, Esbrook CL, et al. Early physical and occupational therapy in mechanically ventilated, critically ill patients: a randomised controlled trial. Lancet. 2009;373(9678):1874-1882. doi: https://doi.org/10.1016/S0140-6736(09) 60658-9.
21. Silva LB. Condições de vida e adoecimento por câncer. Juiz de Fora; 2010.
22. Soubani A, Shehada E, Chen W, Smith D. The outcome of cancer patients with acute respiratory distress syndrome. J Crit Care. 2014;29(1):183 e187-183 e112. 7.
23. Suporte de terapia intensiva no paciente oncológico. Jornal de Pediatria. 2003;79(2).
24. Taccone FS, Artigas AA, Sprung CL, Moreno R, Sakr Y, Vincent JL. Characteristics and outcomes of cancer patients in European ICUs. Crit Care. 2009;13(1):R15. [PubMed: 19200368].
25. Valle TD, Garcia PV. Critérios de admissão do paciente em unidades de terapia intensiva de hospitais gerais. Rev Ciênc Med. 2018;27(2):73-84.
26. Videira RVS, Friedrich CF, Denari SC. Reabilitação: fisioterapia. In: Kowalski LP, Guimarães GC, Salvajoli JV, Feher O, Antoneli CBG. Manual de condutas diagnósticas e terapêuticas em oncologia. São Paulo: Âmbito Editoras; 2006. p.96-100.

27. Weeks A, Campbell C, Rajendram P, Shi W, Voigt L. A Descriptive Report of early mobilization for critically ill ventilated patients with cancer. Rehabil Oncol. 2018;35(3):144-50. #doi:https://doi.org/ 10.1097/01.REO.0000000000000070.
28. Wieske L, Dettling-Ihnenfeldt DS, Verhamme C, Nollet F, van Schaik IN, Schultz MJ, et al. Impact of ICU-acquired weakness on post-ICU physical functioning: a follow-up study. Crit Care. 2015;19:196.

# 16 Ventilação mecânica em oncologia

Ivan Peres Costa

## PARTICULARIDADES E VENTILAÇÃO MECÂNICA NO PACIENTE ONCOLÓGICO

Pacientes com câncer, quando submetidos a ventilação mecânica invasiva (VMI), podem cursar com um prognóstico notoriamente reservado. A insuficiência respiratória aguda (IRpA) pode ocorrer em 5% dos pacientes portadores de tumores sólidos, 20% em pacientes portadores de doenças hematológicas e cerca de 40-50% em indivíduos pós-transplante de medula óssea.

Estimativas apontam que cerca de 60-100% sejam os índices de mortalidade nessa população, que podem variar de acordo com o diagnóstico de base e fatores como idade, *status* funcional, doenças associadas (cardiovasculares e pulmonares), presença ou ausência de falência de múltiplos órgãos e neutropenia. O óbito como desfecho frequentemente é causado pela doença de base (em progressão) ou por alguma complicação gerada a partir da instituição do suporte ventilatório (p. ex., infecção respiratória).

A necessidade da VMI é considerada um dos maiores preditores de mortalidade ao paciente oncológico e está associada a diversos fatores prognósticos. Em um estudo recente conduzido em pacientes com câncer hematológico com insuficiência respiratória aguda, foram encontrados índices de até 84% (n = 166) de necessidade de VMI.

Uma das complicações mais frequentes é a pneumonia associada a ventilação mecânica (PAV). Tal complicação, uma vez instalada, torna ímprobo ao organismo imunocomprometido o combate dessa infecção, que gradativamente se dissemina, tornando-se mais grave. Medidas como elevação da cabeceira do paciente a 30°, lavagem das mãos, retirada precoce do suporte ventilatório invasivo e fisioterapia respiratória auxiliam na prevenção da PAV e são essenciais para esse grupo de pacientes.

Outra situação frequentemente encontrada no paciente oncológico é o risco de sangramento proveniente de traumas ocorridos durante a introdução da cânula orotraqueal (COT) no processo de intubação orotraqueal. Tal paciente pode apresentar lesões na região orofaríngea (mucosite), que, associada à plaquetopenia e a distúrbios de coagulação, favorece as hemorragias de difícil controle e traumas durante o procedimento.

O fisioterapeuta participa ativamente do processo de intubação orotraqueal (IOT), mantendo as vias aéreas pérvias; e é responsável pela ventilação do paciente antes, durante e após o procedimento. Verificação de posição da COT pela ausculta pulmonar e raio X, insuflação do *cuff* e análise da gasometria arterial após a instituição da VM são essenciais para manter a estabilidade do paciente pós-IOT e também para que devidos ajustes futuros sejam feitos.

No paciente oncológico, não há um consenso estabelecido quanto às indicações do uso de VMI. Sendo assim, na prática clínica, é comum a utilização das indicações das Diretrizes Brasileiras de Ventilação Mecânica. Quando há contraindicação para a instituição de ventilação mecânica não invasiva (VNI), consideram-se imediatamente a intubação orotraqueal (IOT) e a ventilação invasiva.

Não existem diferenças significativas quanto ao modo como o paciente oncológico será ventilado. Deve-se optar pela escolha do modo ventilatório de maior familiaridade e habilidade do profissional, sendo indicados e respeitados os ajustes ventilatórios apresentados na Tabela 1.

TABELA 1 Recomendações quanto à regulação inicial do ventilador mecânico

| |
|---|
| ▪ Pode ser utilizado o modo assistocontrolado, sendo ciclado a volume (VCV) ou a tempo e limitado a pressão (PCV), sendo o paciente reavaliado nas primeiras horas de acordo com a evolução do quadro clínico. |
| ▪ Volume corrente (VC): 6 mL/kg/peso predito inicialmente de acordo com o gênero e a estatura (reavaliar de acordo com a evolução do paciente). |
| ▪ Fração inspirada de oxigênio ($FiO_2$): o necessário para manter a saturação arterial de oxigênio entre 93 e 97%. |
| ▪ Frequência respiratória (f): regular a frequência respiratória inicial controlada entre 12 e 16 rpm, com fluxo inspiratório ou tempo inspiratório visando a manter uma relação I:E em 1:2 a 1:3. Em casos em que houver doenças obstrutivas, pode-se iniciar com frequências mais baixas (< 12 rpm), e em doenças restritivas frequências mais elevadas (> 20 rpm). Reavalia-se assim que disponível o resultado da primeira gasometria. |
| ▪ Usar PEEP de 3-5 $cmH_2O$ inicialmente (exceto em situações de SARA, em que valor de PEEP deve ser ajustado de acordo a necessidade do paciente). |
| ▪ Definir o tipo de disparo utilizado, podendo ser tempo (modo controlado pelo ventilador), pressão e fluxo (controlado pelo paciente). A sensibilidade deve ser ajustada para o valor mais sensível, evitando o autodisparo caso haja fluidos no circuito ou movimentação dele. |
| ▪ Em pacientes portadores de secreção espessa, pode-se utilizar dispositivos de umidificação e aquecimento ativo, se disponível, com o intuito de evitar oclusão do tubo orotraqueal. |
| ▪ Deve-se regular os alarmes de acordo com as necessidades de cada paciente (de maneira individualizada), regulando o *backup* de apneia e parâmetros específicos para apneia, se disponível no aparelho. |

Adaptada das Diretrizes Brasileiras de Ventilação Mecânica.
Homens: 50 + 0,91 × (altura em cm – 152,4); Mulheres: 45,5 + 0,91 × (altura em cm – 152,4); PEEP: *Positive End Expiratory Pressure*; rpm: respirações por minuto; SARA: síndrome da angústia respiratória aguda.

Pode-se utilizar modos assistocontrolados a volume (VCV) ou a pressão (PCV), sempre de acordo com a avaliação clínica no momento da instituição da VMI e com a necessidade de cada paciente. Modos como ventilação por pressão suporte (PSV) são considerados preferencialmente utilizados durante uma ventilação espontânea ou assistida, como em pacientes com baixos níveis de sedativos ou durante o processo de desmame ventilatório. A instituição da PSV deve ser o mais precoce possível, de acordo com o quadro clínico do paciente.

É encorajado evitar o uso de modos como SIMV (*Synchronized Intermitent Mandatory Ventilation*), pois se mostrou associado ao aumento de tempo de retirada da VMI.

Após 30 minutos da instituição do suporte ventilatório invasivo é recomendada a coleta da gasometria arterial para avaliação das trocas gasosas. Caso seja necessário, o fisioterapeuta deverá realizar os ajustes dos parâmetros ventilatórios.

A identificação da presença e do tipo de assincronia paciente-ventilador (APV) é de extrema importância durante o processo de avaliação e para a condução da ventilação mecânica no paciente crítico oncológico. Define-se APV como a incoordenação entre os esforços e as necessidades ventilatórias de cada paciente ao que lhe é ofertado pelo ventilador e apresenta taxas de incidência variando de 10-80%. Dessa forma, sua presença deve ser corrigida após sua detecção por meio dos ajustes dos parâmetros da ventilação mecânica a fim de evitar prolongamento do tempo de ventilação mecânica e de internação na UTI, dentro outros prejuízos.

Na maioria dos pacientes submetidos aos cuidados do ambiente da terapia intensiva faz-se necessária a passagem de um cateter central (geralmente realizado por um profissional médico apto e experiente) para uso de agentes vasoativos/sedativos, e possíveis repercussões hemodinâmicas podem surgir após a introdução da ventilação mecânica. Sendo assim, avaliação de volemia, ocorrência de autoPEEP e até mesmo pneumotórax (espontâneo ou decorrente da passagem do cateter central) tornam-se imprescindíveis.

A sedação utilizada no momento pós-IOT tem por objetivo manter o conforto do paciente e também manter o nível de trabalho muscular mais apropriado. Em casos de demanda de fluxo inspiratório elevado, são utilizados opioides para diminuição do "*drive*" ventilatório e adequação do conforto, sendo ideal manter 24-48 horas de repouso muscular (em casos de fadiga muscular respiratória e de instabilidade hemodinâmica).

Em casos em que o repouso muscular não se faz necessário e/ou a causa de base que desencadeou a necessidade do suporte ventilatório foi resolvida, é indicado iniciar o mais rápido possível um modo assistido de ventilação, com adequado ajuste da sensibilidade do ventilador, com o objetivo principal de evitar fraqueza/disfunções da musculatura respiratória (diafragmática), que geralmente ocorre após 18 horas de ventilação controlada.

## VENTILAÇÃO NÃO INVASIVA (VNI)

Inúmeros são os benefícios conhecidos pela utilização da ventilação não invasiva (VNI), e os efeitos positivos dessa modalidade ventilatória não só beneficiam o paciente com doenças cardiorrespiratórias crônicas como também demonstram desfechos satisfatórios na população oncológica.

Em uma revisão sistemática, Wang et al. (2016) encontraram baixos índices de mortalidade hospitalar em pacientes com tumores hematológicos pós-transplante de medula óssea e tumores sólidos que faziam uso de VNI quando comparados a pacientes submetidos a VMI (respectivamente, n = 517 *vs.* 1.299; n = 697 *vs.* 1.451), reforçando os achados de que a VNI apresenta outra grande vantagem, como um número menor de complicações como PAV, pneumotórax, hipotensão e distensão gástrica, além de menores índices de mortalidade associada ao seu uso.

De acordo com a literatura relacionada à utilização da VNI em pacientes com câncer, observa-se menor incidência de complicações e também uma importante diminuição da necessidade de intubação orotraqueal, e consequentemente a diminuição da mortalidade.

Um paciente em VNI requer um contínuo acompanhamento do fisioterapeuta, pois a escolha da interface (máscaras acopladas ao rosto), melhor adaptação dela, observação de escape aéreo, fixação e adequação dos parâmetros ventilatórios, bem como seu desmame, de acordo com o padrão respiratório e a clínica apresentada pelo paciente, são funções de responsabilidade do fisioterapeuta. A escolha da melhor interface varia de acordo com a clínica, a adaptabilidade e tolerância do paciente. As interfaces existentes são máscaras nasais, oronasais, faciais totais, prongas nasais e a peça bucal.

A VNI pode ser utilizada como recurso terapêutico para pacientes que por algum motivo diagnosticado estejam impossibilitados de serem mobilizados do leito (metástases ósseas, ausência de colaboração ou cognição para realização de exercícios ativos) com o objetivo de mobilizar secreções e realizar reexpansão pulmonar. Não são conhecidos até então estudos que apontem a contraindicação da utilização da VNI para pacientes que apresentem trombocitopenia. Após a avaliação do paciente, se este não apresentar hemorragias de vias aéreas superiores e instabilidade hemodinâmica, seu uso deve ser encorajado.

Segundo as Diretrizes de Ventilação Mecânica, não havendo contraindicações (Tabela 2), o paciente em situação clínica de incapacidade de manter a ventilação espontânea deve iniciar o uso da ventilação com dois níveis pressóricos (torna-se mais confortável ao paciente), com pressão inspiratória suficiente para manter a ventilação adequada (volume minuto > 4 ipm) e impedir a progressão da fadiga da musculatura e falência respiratória. A modalidade ventilatória de escolha

TABELA 2 Contraindicações para o uso da ventilação não invasiva (VNI)

| |
|---|
| Contraindicação absoluta (sempre evitar)<br>▪ necessidade de intubação de emergência e<br>▪ parada cardíaca ou respiratória.<br>Contraindicação relativa (analisar custo *vs.* benefício)<br>▪ rebaixamento do nível de consciência (com eminência de intubação orotraqueal), exceto hipercapnia em DPOC; |
| ▪ falência orgânicas (encefalopatias, arritmias e hemorragias graves); |
| ▪ traumas, deformidades ou cirurgias faciais; |
| ▪ obstrução de vias aéreas superiores (corpos estranhos ou tumorações); |
| ▪ anastomoses esofagogástricas recentes (evitar níveis pressóricos > 20 $cmH_2O$) e |
| ▪ incapacidade de cooperar e proteção de via aérea. |

Adaptado das Diretrizes Brasileiras de Ventilação Mecânica, 2013.
$cmH_2O$: centímetros de água; DPOC: doença pulmonar obstrutiva crônica.

varia de acordo com a clínica do paciente e a disponibilidade dos aparelhos (Tabela 3).

Os pacientes podem se beneficiar também com a utilização da VNI após a extubação orotraqueal, de uso imediato, por profilaxia evitando o retorno à VMI. São pacientes que apresentem hipercapnia, insuficiência cardíaca congestiva, tosse pouco eficaz ou com se-

TABELA 3 Modalidades ventilatórias na ventilação não invasiva

| |
|---|
| ▪ Bilevel: modalidade que oferece uma ventilação com dois níveis pressóricos, sendo um de suporte inspiratório (IPAP) e outro uma pressão ao final da expiração (EPAP), tornando-se a modalidade de maior tolerância pelos pacientes em desconforto respiratório. |
| ▪ CPAP: modalidade que gera um único nível pressórico durante todo o ciclo respiratório, sem distinção durante a inspiração e a expiração. |

BIPAP: *Bilevel Positive Airway Pressure*; EPAP: *Expiratory Positive Airway Pressure*; IPAP: *Inspiratory Positive Airway Pressure*.

creção retida nas vias aéreas, idade superior a 65 anos, aumento da gravidade avaliada pelo APACHE > 12 no dia da extubação, tempo de ventilação mecânica > 72 horas, pacientes obesos e portadores de doenças neuromusculares.

Em pacientes que realizaram procedimentos cirúrgicos recentes (cirurgias esofágicas, torácicas, abdominais, cardíacas e bariátricas) é recomendado o uso da VNI para evitar a insuficiência respiratória aguda (IRpA), mantendo-se pressões inspiratórias e expiratórias mais baixas (IPAP < 15; EPAP < 8).

Os pacientes que se deterioram ou não melhoram após a instalação da VNI devem ser imediatamente intubados devido ao risco de perda de proteção da via aérea superior e parada respiratória. Não é encorajado o uso da VNI com intenção curativa nesses casos.

A dispneia é um sintoma frequente e angustiante em pacientes com câncer. Sua intensidade aumenta diante da terminalidade relacionada à doença e está associada à fadiga, ansiedade, diminuição da funcionalidade, redução da qualidade de vida e aumento da mortalidade. A utilização de opioides é eficaz para aliviar esse sintoma, porém acarreta efeitos indesejáveis, tais como a sedação excessiva.

Nesse contexto, uma recente diretriz sobre VNI na insuficiência respiratória aguda da European Respiratory Society (ERS)/American Thoracic Society (ATS) recomenda a utilização da VNI em pacientes dispneicos com câncer sob cuidados paliativos, desde que seja observada uma redução do desconforto respiratório, boa adaptação com a interface da VNI e não haja prolongamento indevido da vida.

A eficácia da VNI para a redução da dispneia em pacientes com câncer avançado foi evidenciada em dois ensaios clínicos randomizados. No estudo de Hu et al. (2013) foi observada uma redução significativa da dispneia tanto com a utilização da VNI quanto com a aplicação do cateter nasal de alto fluxo (CNAF). No entanto, um estudo multicêntrico desenvolvido por Nava et al. (2013) mostrou que a VNI foi mais eficaz em comparação com o oxigênio na redução da dispneia e na diminuição das doses de morfina em pacientes com tumores sólidos em estágio final. Vale ressaltar que a redução da dispneia foi pronunciada após a primeira hora de tratamento, especialmente no subgrupo de pacientes com hipercapnia. Em geral, a VNI apresentou taxa similar de aceitação pelos pacientes em comparação com a oxigenoterapia. Os eventos adversos que levaram à descontinuação da VNI foram principalmente relacionados à intolerância à máscara e à ansiedade.

## BIBLIOGRAFIA RECOMENDADA

1. Azoulay E, Alberti C, Bornstain C, Leleu G, Moreau D, Recher C, et al. Improved survival in cancer patients requiring mechanical ventilatory support: impact of noninvasive mechanical ventilatory support. Crit Care Med. 2001;29(3):519-25.
2. Barbas CSV, Ísola AM, Farias AMdC, Cavalcanti AB, Gama AMC, Duarte ACM, et al. Recomendações brasileiras de ventilação mecânica 2013. Parte I. Revista Brasileira de Terapia Intensiva. 2014;26:89-121.
3. Chaoui D, Legrand O, Roche N, Cornet M, Lefebvre A, Peffault de Latour R, et al. Incidence and prognostic value of respiratory events in acute leukemia. Leukemia. 2004;18(4):670-5.
4. Chiumello D, Chevallard G, Gregoretti C. Non-invasive ventilation in postoperative patients: a systematic review. Intensive Care Med. 2011;37(6):918-29.
5. David-João PG, Guedes MH, Réa-Neto A, de Oliveira Chaiben VB, Baena CP. Noninvasive ventilation in acute hypoxemic respiratory failure: a systematic review and meta-analysis. Response to letter. J Crit Care. 2019;50:310.
6. Depuydt PO, Benoit DD, Vandewoude KH, Decruyenaere JM, Colardyn FA. Outcome in noninvasively and invasively ventilated hematologic patients with acute respiratory failure. Chest. 2004;126(4):1299-306.
7. Epstein SK. How often does patient-ventilator asynchrony occur and what are the consequences? Respir Care. 2011;56(1):25-38.
8. Esen F, Denkel T, Telci L, Kesecioglu J, Tütüncü AS, Akpir K, et al. Comparison of pressure support ventilation (PSV) and intermittent mandatory ventilation (IMV) during weaning in patients with acute respiratory failure. Adv Exp Med Biol. 1992;317:371-6.

9. Ewig S, Glasmacher A, Ulrich B, Wilhelm K, Schäfer H, Nachtsheim KH. Pulmonary infiltrates in neutropenic patients with acute leukemia during chemotherapy: outcome and prognostic factors. Chest. 1998;114(2):444-51.
10. Hess DR. Noninvasive ventilation for acute respiratory failure. Respir Care. 2013;58(6):950-72.
11. Huerta S, DeShields S, Shpiner R, Li Z, Liu C, Sawicki M, et al. Safety and efficacy of postoperative continuous positive airway pressure to prevent pulmonary complications after Roux-en-Y gastric bypass. J Gastrointest Surg. 2002;6(3):354-8.
12. Hui D, Morgado M, Chisholm G,et al. High-flow oxygen and bilevel positive airway pressure for persistentdyspnea in patients with advanced cancer: a phase II randomized trial. J Pain Symptom Manage. 2013;46(4):463-73.
13. Meduri GU. Noninvasive positive-pressure ventilation in patients with acute respiratory failure. Clin Chest Med. 1996;17(3):513-53.
14. Meert AP, Close L, Hardy M, Berghmans T, Markiewicz E, Sculier JP. Noninvasive ventilation: application to the cancer patient admitted in the intensive care unit. Support Care Cancer. 2003;11(1):56-9.
15. Nava S, Cuomo AM. Acute respiratory failure in the cancer patient: the role of non-invasive mechanical ventilation. Crit Rev Oncol Hematol. 2004;51(2):91-103.
16. Nava S, Ferrer M, Esquinas A, et al. Palliative use of non-invasive ventilation in end-of-life patients with solidtumours: a randomised feasibility trial. Lancet Oncol. 2013;14:219-27.
17. Nava S, Gregoretti C, Fanfulla F, Squadrone E, Grassi M, Carlucci A, et al. Noninvasive ventilation to prevent respiratory failure after extubation in high-risk patients. Crit Care Med. 2005;33(11):2465-70.
18. Rochwerg B, Brochard L, Elliott MW, Hess D, Hill NS, Nava S, et al. Suhail Raoof Official ERS/ATS clinical practice guidelines: noninvasive ventilation for acute respiratory failure. European Respiratory Journal. 2017;50(2):1602426.
19. Squadrone V, Coha M, Cerutti E, Schellino MM, Biolino P, Occella P, et al. Continuous positive airway pressure for treatment of postoperative hypoxemia: a randomized controlled trial. JAMA. 2005;293(5):589-95.
20. Squadrone V, Ferreyra G, Ranieri VM. Non-invasive ventilation in patients with hematologic malignancy: a new prospective. Minerva Anestesiol. 2015;81(10):1118-26.
21. Wang T, Zhang L, Luo K, He J, Ma Y, Li Z, et al. Noninvasive versus invasive mechanical ventilation for immunocompromised patients with acute respiratory failure: a systematic review and meta-analysis. BMC Pulm Med. 2016;16(1):129.

# 17 Fisioterapia oncológica sistêmica

Flávia Maria Ribeiro Vital

O câncer em evolução, assim como seu tratamento, que muitas vezes precisa ser agressivo na tentativa de controlar a doença, pode reduzir a capacidade funcional e consequentemente a qualidade de vida de muitos pacientes (Figura 1). O Consenso de Cardio-oncologia da Sociedade Brasileira de Cardiologia reafirma essas associações com base em diversas evidências.

O sedentarismo, a hipomobilidade, o repouso e a restrição ao leito são condições que expressam a redução progressiva da mobilidade, o que tende a hipoativar o sistema cardiovascular, uma vez que o sistema musculoesquelético é um dos maiores consumidores de oxigênio para execução das suas funções basais. Dessa forma, menos oxigênio e nutrientes serão distribuídos, também, para outras células do organismo, as quais, se estiverem no limiar de sua função, podem manifestar sinais e sintomas. Isso caracterizaria a síndrome do imobilismo (SI) e poderia levar esse organismo a uma redução da sua mobilidade. A SI foi esquematizada na Figura 2 e definida por Flávia Vital como: "Conjunto de sinais e sintomas relacionados à mobilidade, manifestos pelas disfunções orgânicas geradas devido à redução de nutrientes e oxigênio, carreáveis pelo sistema cardiovascular, cujo potencial funcional tem influência direta do nível de atividade física".

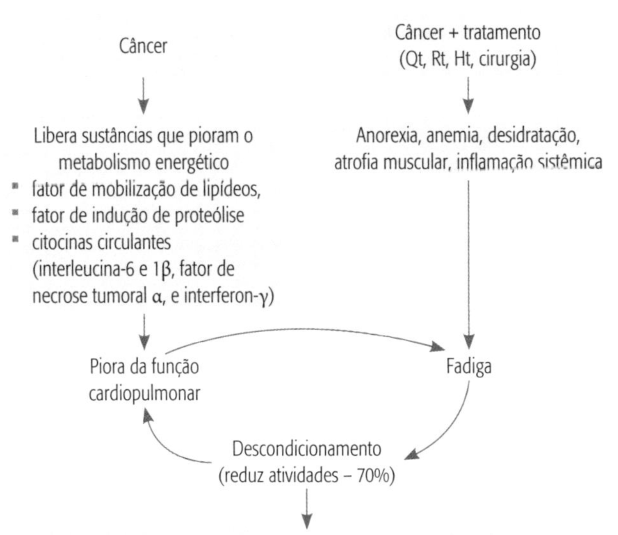


FIGURA 1 Relação do câncer e seu tratamento com a capacidade funcional, a qualidade de vida e outros desfechos.

Pacientes com câncer tendem a manifestar a SI paralelamente a vários outros sintomas provocados pela evolução da doença e/ou seu tratamento e que reduzem a capacidade funcional, sendo a fadiga um dos mais prevalentes (70-100% em alguma fase da doença/tratamento e em 20-40% dos pacientes após finalizar o tratamento curativo), embora ela seja sub-relatada pelo paciente, e ainda subdiagnosticada e subtratada pela equipe de saúde.

A reação inflamatória provocada pelo tumor ou seu tratamento tem sido considerada o mecanismo-chave para a fadiga oncológica.

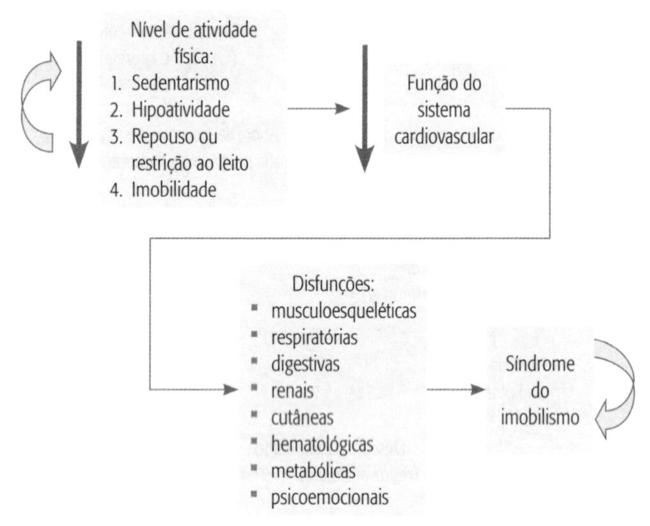


FIGURA 2 Relação do nível de atividade física e SI.
Adaptada de Vital, 2017.

Ela é definida pela National Comprehensive Cancer Network (NCCN) como uma "sensação subjetiva, persistente e penosa de cansaço ou exaustão física, emocional e/ou cognitiva relacionada ao câncer ou seu tratamento que é desproporcional à atividade recente e interfere na funcionalidade habitual". Pode levar à descontinuação do tratamento e a manifestações físicas (fraqueza), mentais (redução da concentração ou atenção) e emocionais (redução da motivação ou interesse em engajar-se em atividades usuais, labilidade emocional) e tende a coexistir com depressão, ansiedade, distúrbios do sono e dor. Os fatores de risco, assim como os sinais e sintomas de fadiga oncológica, podem ser identificados na Tabela 1.

TABELA 1 Fatores de risco, sinais e sintomas de fadiga

| Fatores de risco | Sinais de fadiga | Sintomas de fadiga |
|---|---|---|
| Inatividade ou descondicionamento físico | Redução da capacidade de produzir força/fraqueza | Fraqueza |
| Comorbidades | Redução da resistência para se exercitar | Labilidade emocional |
| Medicamentos | Redução da velocidade de contração muscular | Redução da concentração, motivação ou interesse para engajar-se em AVDs |
| *Status* nutricional | Aumenta a sensação de esforço ou superpercepção de força | |
| Distúrbios de humor | | |
| Não ser casado | | |
| Sintomas físicos, psicológicos, comportamentais e biológicos relacionados | | |
| O tipo e a intensidade da dose do tratamento oncológico parecem não ter relação com a fadiga oncológica | | |

Diferentes ferramentas podem ser utilizadas para avaliar a qualidade ou intensidade da fadiga e seu impacto na capacidade funcional, como a escala de Piper e o pictograma de fadiga. Até mesmo uma escala visual numérica pode ser útil.

Considerando a alta prevalência da fadiga, a possível ruptura do ciclo da Figura 1 e ainda como uma das formas mais efetivas de se tratar a fadiga em pacientes em tratamento e após o tratamento de câncer, em especial quando comparado ao tratamento farmacológico, a prescrição de exercícios deve ser proposta o quanto antes, já com intenção preventiva logo após o diagnóstico.

Estimular a mobilidade e a atividade física (AF) em pacientes com câncer deve ser parte dos planos de cuidados oncológicos nas diversas fases do acompanhamento do tratamento. Ela acelera a recuperação após cirurgias de grande porte por reduzir as complicações e o tempo de internação, assim como reduz efeitos adversos da quimioterapia, da hormonioterapia e também da radioterapia.

A AF pode ser definida como qualquer movimento que utilize o sistema musculoesquelético que requeira um gasto energético maior que o do repouso. Pode ser classificada por intensidade em leve, moderada ou vigorosa. A combinação de frequência, intensidade e duração de diferentes tipos de atividades físicas irá determinar o volume total de AF (Figura 3). Uma hora de AF leve necessita do mesmo

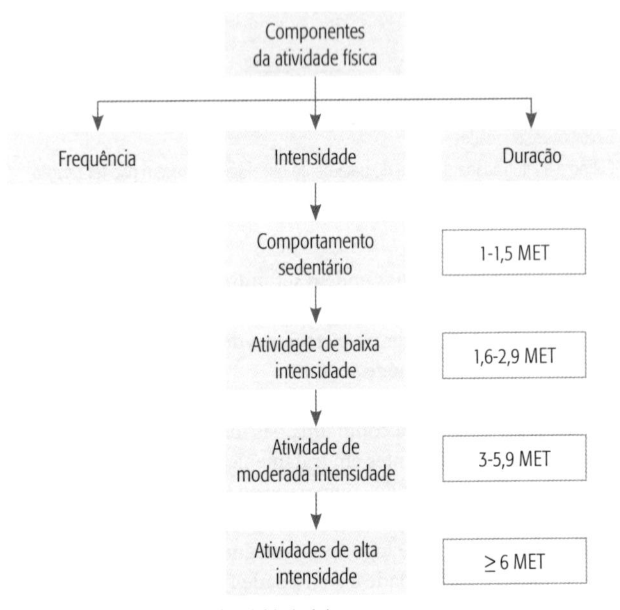


FIGURA 3 Componentes da atividade física.

gasto energético de 30 minutos de atividade moderada e 20 minutos de AF vigorosa. A Tabela 2 exemplifica a intensidade e o gasto energético por hora e por classe de atividade.

TABELA 2 Intensidade e gasto energético por hora e por classe de atividade

| Intensidade leve | Intensidade moderada | Intensidade vigorosa |
|---|---|---|
| < 3 MET | 3-6 MET | > 6 MET |
| < 3,5 kcal/min | 3,5-7 kcal/min | > 7 kcal/min |
| 50-63% $FC_{\text{máx}}$ | 64-76% $FC_{\text{máx}}$ | 77-93% $FC_{\text{máx}}$ |
| BORG = 10-11 | BORG = 12-13 | BORG = 14-16 |
| Caminhada casual e lenta | Caminhada de 6 km/h | Corrida ≥ 7 km/h |
| Alongamento | Aeróbico de baixo impacto | *Step*/aeróbico de alto impacto, *jumping*, *spinning* |
| Bicicleta < 8 km/h | Bicicleta 8-14 km/h | Bicicleta > 16 km/h |
| Treino com carga leve | Treino com carga pesada, musculação (4,5 MET) | Circuito com carga |
| Dança lenta, tênis de mesa, pescaria | Natação recreacional, vôlei, mergulho | Basquete, futebol, natação competitiva, jiu-jítsu (9 MET), nado sincronizado |
| Trabalho doméstico ou que requer longo período sentado | Faxina pesada (esfregar), ocupação que requer permanecer longo tempo em pé ou andando | Cortar grama sem equipamento motorizado, ocupação que requer carregar peso |

A AF tem efeito favorável em alterações hormonais/metabólicas, que são fatores oncogênicos como níveis de corticosteroides, níveis de insulina, síndrome metabólica, parâmetros inflamatórios e ainda efeitos benéficos sob o sistema imune e de reparo do DNA que podem estar relacionados aos mecanismos de prevenção do câncer, maior sobrevida e menor recidiva da doença em sobreviventes de câncer que aderem à prática regular de AF.

A AF supervisionada durante o tratamento oncológico melhora a qualidade de vida e a tolerância ao tratamento oncológico. Quando adequadamente orientada, aumenta significativamente a adesão ao exercício quando comparado a apenas orientar a prática ou ausência de orientação. Após finalizado o tratamento primário do câncer com proposta de cura, a AF tem demonstrado aumentar a sobrevida e reduzir a recidiva da doença em sobreviventes de câncer de mama, colorretal e ovário.

A capacidade máxima de um indivíduo para executar trabalho aeróbico é definida pelo consumo máximo de oxigênio ($VO_2$máx), que é produto do débito cardíaco e diferença arteriovenosa do oxigênio durante o esforço máximo. Respostas integradas dos sistemas respiratório, cardiovascular e muscular em exercícios que envolvam grandes grupos musculares aumentam até um limite que define o $VO_2$máx ou a condição aeróbica máxima do indivíduo. Vários fatores interferem na determinação do $VO_2$máx, como faixa etária, gênero, genética, etnia, composição corporal, nível de atividade usual e tipo de exercício.

O $VO_2$máx é determinado pela habilidade do coração de ejetar o sangue a cada ciclo cardíaco, pela frequência cardíaca (FC) durante o exercício, pela microcirculação e pela capacidade metabólica da mitocôndria muscular de produzir energia aerobiamente. É também influenciado por fatores genéticos, nível de atividade física, idade, sexo e doenças agudas e crônicas. Níveis mais altos de exercício antes e na época do diagnóstico de câncer de mama foram associados à diminuição do risco de eventos cardiovasculares e mortes nos anos após o tratamento de câncer de mama, em especial quando é maior o gasto energético.

Um condicionamento cardiorrespiratório (CCR) menor que 5 MET se relaciona a um maior risco de morte, enquanto gastos maiores que 8-10 MET estão relacionados a maior sobrevida. Pequeno aumento no condicionamento (1-2 MET) reduz de 10-30% a frequência de eventos cardiovasculares. Atividades de resistência têm o potencial de aumentar o CCR cerca de 1 MET após semanas ou meses. O aumento do CCR responde melhor ao aumento da intensidade que ao aumento da duração ou frequência da sessão.

Melhorar o condicionamento antes de intervenções cirúrgicas melhora o risco cirúrgico, a mortalidade e a função pós-operatória em diversas populações de pacientes com câncer. Diversos estudos vêm investigando o efeito da atividade física em pacientes com câncer, analisando diferentes contextos relacionados à doença (local do tumor), ao tipo de tratamento oncológico recebido (cirurgia, quimioterapia, radioterapia, mix de tratamentos, cuidados paliativos), ao momento da doença (prevenção primária, prévia ao recebimento do tratamento oncológico, durante o tratamento, após finalizado o tratamento com perspectiva de cura) ou ao tipo/dose de exercício (aeróbico ou treino de força/baixa, moderada ou alta intensidade). Os resultados desses estudos demonstram melhorias em desfechos funcionais, em domínios físicos, psíquicos e sociais que impactam a qualidade de vida e inclusive a sobrevida e a recidiva em relação ao câncer.

Vários fatores podem indicar a prescrição de atividades para pacientes com câncer. Todavia, a prescrição deve ser individualizada considerando a fase da doença e seu tratamento, a localização do tumor, a presença de comorbidades limitantes (p. ex., doenças cardiopulmonares, neurológicas, ortopédicas, reumatológicas) ou mesmo contraindicações, além do condicionamento muscular e cardiovascular prévio e atual, fatores de risco para eventos cardiovasculares (idade, tabagismo, hipertensão, diabetes, hipercolesterolemia, obesidade/sobrepeso, doença renal crônica), a presença de dor, para então definir o tipo e intensidade do exercício a ser proposto (Tabela 3).

TABELA 3 Indicações, contraindicações e restrições para prescrição de exercícios em pacientes com câncer

| Indicações | Contraindicações | Restrições |
|---|---|---|
| Pacientes em pré ou pós-operatório de cirurgia oncológica em sistema digestório, pulmão ou ortopédica | Cardiopatia grave | Desidratação<br>Comorbidades<br>Baixo condicionamento<br>Risco aumentado de eventos cardiovasculares |
| Pacientes em tratamento oncológico ativo, ou seja, da primeira até uma semana após a radioterapia ou até 3 semanas após a quimioterapia | Alteração importante de parâmetros no teste de caminhada de 6 minutos ou ergométrico | Fadiga/fraqueza muscular extrema |
| Pacientes com sinais e sintomas, como fadiga, dispneia crônica, sarcopenia, fraqueza, descondicionamento cardiopulmonar | Metástase óssea com moderado ou alto risco de fratura | Surgimento de dor óssea |
| Pacientes com redução da capacidade funcional para AVD | Plaquetopenia $< 10.000$ mm$^3$ | Plaquetas entre 10.000 e 50.000 mm$^3$* |
| Sobreviventes do câncer após tratamento com proposta de cura | Hemoglobina $< 7$ g/dL | Hemoglobina entre 8 e 12 g/dL* |
| Prevenção de perda funcional em pacientes em cuidados paliativos | Febre $> 40$°C | Contagem de neutrófilos $< 0{,}5 \times 10^9$/L ou febre $> 38$°C |
| | Dor $> 3$ na EVA de 0-10 | Caquexia (perda de peso $> 35\%$), dispneia/náusea graves |

* Restrição relativa: levar em consideração todas as circunstâncias clínicas individuais dos pacientes.

Com base nas características individuais, no momento da doença/tratamento, nos riscos e benefícios da atividade física, na diversidade de opções de AF e dos fatores motivacionais dos pacientes, deve-se identificar a AF mais adequada e realizar seu planejamento considerando os princípios da sobrecarga, da especificidade, da progressão, da adaptação e da individualidade para que se possa obter o maior benefício possível com a prescrição. Garantir a segurança da prescrição é fundamental, em especial em pacientes com maior risco de eventos adversos com a AF. Esse grupo deve ser supervisionado e receber treinamento para identificação precoce de sinais de alerta como: novas arritmias, nova dor torácica, palidez, sudorese, cianose, tontura, desmaio, náuseas, claudicação em membros inferiores, mal-estar, lesões ou dor musculoesquelética. Além do monitoramento da FC, pressão arterial (PA), frequência respiratória (FR), saturação de oxigênio ($SaO_2$), escala de BORG ou BORG modificada.

Na Tabela 4 é apresentado um modelo básico de protocolo de Fisioterapia Oncológica Sistêmica (FOS), que é a prescrição de exercícios nas situações indicadas na Tabela 3. Estudos recentes indicam que exercícios intervalados de alta intensidade poderiam trazer benefícios adicionais. Todavia, para que um paciente receba esse tipo de prescrição com segurança é necessário o condicionamento prévio do sistema cardiovascular conforme a tolerância de cada momento. O período de AF supervisionada dura 3-4 meses para um prognóstico de melhora dos sintomas e condicionamento físico inicial. É o momento de educar o paciente para conhecer seus limites de segurança em relação à intensidade do exercício e sensibilizá-lo sobre o potencial efeito curativo dessa intervenção, que deverá durar por toda a vida, sendo assim parte de sua rotina. Na Figura 4 apresentamos um resumo dos resultados apontados na literatura com AF em relação ao câncer e seu tratamento.

TABELA 4 Modelo de protocolo de prescrição de exercícios para pacientes com câncer

| Tipo de exercício | Meio | Frequência | Intensidade inicial | Duração | Progressão |
|---|---|---|---|---|---|
| Aeróbico | Esteira, bicicleta, caminhada. | 3-5x/sem | 50% pela fórmula de Karvonen ou 60% da FCmáx<br>Aquecimento:<br>▪ 4 pela escala de BORG modificada<br>▪ 11-14 pela escala de BORG<br>Pico:<br>▪ 0,4-6 pela BORG modificada<br>Sem ultrapassar o limite de segurança de 85% da FCmáx. | Iniciar com 10 minutos e progredir 5 minutos por semana até conseguir 30 minutos. Se muito descondicionado ou com evento adverso, intervalar períodos com descanso. | Progredir a intensidade conforme tolerância até 75% pela fórmula de Karvonen ou 80% FCmáx. Aumentando a velocidade ou inclinação na esteira ou a velocidade e/ou a carga na bicicleta. |
| Resistência | Equipamentos com anilhas, halteres, caneleiras, Pilates, faixas elásticas. | 1-3x/sem | 50% de uma resistência máxima (RM) | 1-4 séries de 6-10 exercícios | Mensalmente até 80% de 1 RM |
| Aquecimento, desaquecimento ou alongamento | Realizar exercícios calistênicos e/ou alongar os mesmos grupos musculares trabalhados para fortalecimento antes e/ou após os exercícios aeróbicos e de resistência: quadríceps femoral, músculos do jarrete, tríceps sural, bíceps e tríceps braquial, trapézio e paravertebrais, peitorais, abdominais e glúteos. | | | | |

A atividade física (AF) preventiva está relacionada ao menor risco de adquirir vários tipos de câncer e de morrer da doença, em especial por câncer de cólon, mama e endométrio.

O volume de AF semanal tem relação com a incidência e a sobrevida geral.

A AF realizada logo após o diagnóstico de câncer ou durante o tratamento pode afetar positivamente o processo de tratamento e a QV, pois melhora a fadiga, a funcionalidade para AVD e tolerância e realização do tratamento cirúrgico e adjuvante.

AF após finalizado o TO aumenta a sobrevida e reduz a recidiva no câncer de mama.

Orientar e supervisionar os exercícios melhora a adesão a longo prazo.

FIGURA 4 Conclusões baseadas na literatura.

## BIBLIOGRAFIA RECOMENDADA

1. Ahn KY, Hur H, Kim DH. The effects of inpatient exercise therapy on the length of hospital stay in stages I colon cancer patients: randomized controlled trial. Int J Colorectal Dis. 2013 May;28(5):643-51.
2. Braam KI, van der Torre P, Takken T, et al. Physical exercise training interventions for children and young adults during and after treatment for childhood cancer. Cochrane Database of Systematic Reviews. 2016, issue 3.
3. Brown JC, Damjanov N, Courneya KS, et al. A randomized dose-response trial of aerobic exercise and health-related quality of life in colon cancer survivors. Psycho-oncology. 2018;27(4):1221-8.

4. Cavalheri V, Tahirah F, Nonoyama M, et al. Exercise training undertaken by people within 12 months of lung resection for non-small cell lung cancer. Cochrane Database of Systematic Reviews. 2013;7.
5. Cavalheri V, Granger C. Preoperative exercise training for patients with non--small cell lung cancer. Cochrane Database of Systematic Reviews. 2017;6.
6. Chen X, Wang Q, Zhang, et al. Physical activity and risk of breast cancer: a meta-analysis of 38 cohort studies in 45 study reports.Value Health. 2019 Jan;22(1):104-28.
7. Cheville AL, Kollasch J, Vandenberg J, et al. A home-based exercise program to improve function, fatigue, and sleep quality in patients with Stage IV lung and colorectal cancer: a randomized controlled trial. J Pain Symptom Manage. 2013;45:811-21.
8. Cormie P, Galvão DA, Spry N, et al. Can supervised exercise prevent treatment toxicity in patients with prostate cancer initiating androgen-deprivation therapy: a randomised controlled trial. BJU International. 2015;115(2):256-66.
9. Cramp F, Byron-Daniel J. Exercise for the management of cancer-related fatigue in adults. Cochrane Database of Systematic Reviews. 2012;11.
10. de Boer AGEM, Taskila TK, Tamminga SJ, Feuerstein M, Frings-Dresen MHW, Verbeek JH. Interventions to enhance return-to-work for cancer patients. Cochrane Database of Systematic Reviews. 2015;9.
11. Enrico M. Effect of exercise and nutrition prehabilitation on functional capacity in esophagogastric cancer surgery: a randomized clinical trial.
12. Ljungqvist O, Scott M, Fearon KC. Enhanced recovery after surgery: a review. JAMA Surg. 2017;152(3):292-8.
13. Berger AM, Mooney K, Alvarez-Perez A, et al. Cancer-related fatigue, version 2.2015. J Natl Compr Canc Netw. 2015 Aug;13(8):1012-39.
14. Furmaniak AC, Menig M, Markes MH. Exercise for women receiving adjuvant therapy for breast cancer. Cochrane Database of Systematic Reviews. 2016;9.
15. Gillis C, Li C, Lee L, et al. Prehabilitation versus rehabilitation: a randomized control trial in patients undergoing colorectal resection for cancer. Anesthesiology. 2014;121:937-47.
16. Hayes SC, Steele ML, Spence RR, et al. Exercise following breast cancer: exploratory survival analyses of two randomised, controlled trials. Breast Cancer Res Treat. 2018 Jan;167(2):505-14.
17. Hojan K, Kwiatkowska-Borowczyk E, Leporowska E, et al. Physical exercise for functional capacity, blood immune function, fatigue, and quality of life in high-risk prostate cancer patients during radiotherapy: a prospective, randomized clinical study. Eur J Phys Rehabil Med. 2016;52:489-501.

18. Jee Y, Kim Y, Jee SH, et al. Exercise and cancer mortality in Korean men and women: a prospective cohort study. BMC Public Health. 2018;18:761.
19. Kalil Filho R, Hajjar LA, Bacal F, et al. I Diretriz Brasileira de Cardio-Oncologia da Sociedade Brasileira de Cardiologia. Arq Bras Cardiol. 2011;96(2 supl.1):1-52.
20. Knips L, et al. Aerobic physical exercise for adult patients with haematological malignancies. Cochrane Database of Systematic Reviews. 2019;1.
21. Lahart IM, Metsios GS, Nevill AM, et al. Physical activity for women with breast cancer after adjuvant therapy. Cochrane Database of Systematic Reviews. 2018;1
22. Mellar PD, Walsh D. Mechanisms of fatigue. J Support Oncol. 2010;8:164-74.
23. Mendoza TR, et al. The rapid assessment of fatigue severity in cancer patients: use of the brief fatigue inventory. Cancer. 1999;85:1186-96.
24. Minnella EM, Awasthi R, Loiselle S, et al. Effect of exercise and nutrition prehabilitation on functional capacity in esophagogastric cancer surgery: a randomized clinical trial. JAMA Surg. 2018;153(12):1081-9.
25. Mishra SI, Scherer RW, Snyder C, et al. Exercise interventions on health-related quality of life for people with cancer during active treatment. Cochrane Database of Systematic Reviews. 2012;8.
26. Mota DDCF. Fadiga no doente com câncer colorretal: fatores de risco e preditivos [Tese]. São Paulo, Escola de Enfermagem, Universidade de São Paulo; 2008 – Tese de validação da escala de Piper.
27. Mustian KM, et al. Comparison of pharmaceutical, psychological, and exercise treatments for cancer-related fatigue: a meta-analysis. JAMA Oncol. 2017;3(7):961-8.
28. Palomo A, Ray RR, Johnson L, et al. Associations between exercise prior to and around the time of cancer diagnosis and subsequent cardiovascular events in women with breast cancer: a Women's Health Initiative (WHI) analysis J Am Coll Cardiol. 2017;69(suppl):1774.
29. Rezende LFM, Lee DH, Louzada MLDC, et al. Proportion of cancer cases and deaths attributable to lifestyle risk factors in Brazil. Cancer Epidemiol. 2019 Feb 14;59:148-57.
30. Ross R, Blair SN, Arena R, et al. Importance of assessing cardiorespiratory fitness in clinical practice: a case for fitness as a clinical vital sign: a scientific statement from the American Heart Association. Circulation. 2016;134(24):e653-99.
31. Saint-Maurice PF, Coughlan D, Kelly SP, et al. Association of leisure-time physical activity across the adult life course with all-cause and cause-specific mortality. JAMA Netw Open. 2019 Mar 1;2(3):e190355.

32. Senn-Malashonak A, Arndt S, K Siegler, et al. Interim analysis of the randomized prospective exercise therapy study in the pediatric stem cell transplantation (BISON). Bone Marrow Transplantation. 2014;49:S369.
33. Scott JM, Nilsen TS, Gupta D, et al. Exercise therapy and cardiovascular toxicity in cancer. Circulation. 2018;137:1176-91.
34. Squires RW. Exercise training and cardiovascular health in cancer patients. Curr Oncol Rep. 2018;20:7.
35. Teleni L, Chan R, Chan A, et al. Exercise improves quality of life in androgen deprivation therapy treated prostate cancer: systematic review of randomised controlled trials. Endocrine-Related Cancer. 2016;23:101-12.
36. Thomas RJ, Kenfield SA, Jimenez A. Exercise-induced biochemical changes and their potential influence on cancer: a scientific review Br J Sports Med. 2017;51:640-4.
37. Van Weert E, May AM, Korstjens et al. Cancer-related fatigue and rehabilitation: a randomized controlled multicenter trial comparing physical training combined with cognitive-behavioral therapy with physical training only and with no intervention. Phys Ther. 2010.
38. Vital FMR. Fisioterapia em oncologia: protocolos assistenciais. Atheneu; 2017.

# Oncologia pediátrica 18

Giovanna Domingues Nunes

## CÂNCER INFANTIL

Segundo estimativas do Instituto Nacional de Câncer (INCA), para cada ano do biênio 2018-2019 ocorrerão 420 mil casos novos de câncer, sendo 12.500 casos novos em crianças e adolescentes até 19 anos. Os tumores infantojuvenis observados no Registro de Câncer de Base Populacional ocupam uma média de 3% de todos os tumores, e as regiões Sudeste e Nordeste apresentarão os maiores números de casos novos.

Entre os tipos de câncer pediátrico, a leucemia é o mais comum, de 25-35%. Nos países em desenvolvimento, os linfomas (14%) ocupam a segunda posição, e na terceira posição estão os tumores de sistema nervoso central (13%). No Brasil, os óbitos em crianças e adolescentes por câncer correspondem à segunda causa de morte. Essa é a doença que mais mata nessa faixa etária.

Nos últimos 30 anos, a sobrevida de crianças com câncer obteve uma melhora significativa, e atualmente sua taxa de cura está em torno de 80% dos casos. O cuidado especializado em centros de referência de tratamento, agregando equipes treinadas para o tratamento do câncer infantil, colaborou para a melhoria dos resultados da sobrevida.

Atualmente o diagnóstico precoce é considerado uma das principais medidas de prevenção que influenciam no prognóstico, permite um tratamento menos agressivo, maiores taxas de cura, menores sequelas e reduz a mortalidade pela doença.

Diferentemente do câncer em adultos, os fatores extrínsecos relacionados a estilo de vida não influenciam no risco de a criança gerar o câncer. Na Tabela 1 é possível observar algumas características que diferenciam o câncer pediátrico do adulto.

TABELA 1 Características do câncer infantil e no adulto

| Câncer infantil | Câncer no adulto |
|---|---|
| Origem embrionária | Origem epitelial |
| Mutações espontâneas | Mutações induzidas |
| Latência curta | Latência longa |
| Disseminados | Localizados |

Os tumores pediátricos podem ser divididos em dois grupos:

- Tumores hematológicos: leucemias e linfomas.
- Tumores sólidos: tumores do sistema nervoso central, abdominais, ósseos e de partes moles.

## Leucemia

É a principal neoplasia que acomete crianças e adolescentes. Tem origem na medula óssea, onde são produzidas as células sanguíneas, sendo caracterizada como aguda quando o crescimento é rápido ou crônica quando o crescimento é lento.

A leucemia linfoide aguda é o principal tipo, com 75% dos casos.

Os sintomas mais comuns são palidez, fadiga, febre, dor óssea e articular e hematomas.

## Linfomas

Têm origem no sistema linfático e representam o segundo câncer que mais acomete crianças e adolescentes. O linfoma de Hodgkin é mais comum em crianças maiores e adolescentes, e o linfoma não Hodgkin em crianças menores. Os sintomas mais comuns são: aumento dos linfonodos, sudorese noturna, febre e perda de peso sem causa aparente.

## Tumores do sistema nervoso central

Os tumores do sistema nervoso central correspondem a 20% de todas as neoplasias na infância. A localização mais comum é a fossa posterior na primeira década da infância.

Os tipos de tumores mais frequentes são os astrocitomas, ependimomas, meduloblastomas e craniofaringiomas.

Os principais sintomas são dores de cabeça persistentes, vômito, visão alterada e distúrbios de comportamento, como irritabilidade ou perda de etapas de desenvolvimento.

## Tumores abdominais

- Principais tumores abdominais: tumor de Wilms, hepatoblastoma, tumores de células germinativas e neuroblastoma.
- A maioria desses tumores é assintomática e o pico de idade é entre 1 e 5 anos.

## Tumores oculares

O retinoblastoma é o tumor maligno mais comum em crianças, com origem nas células embrionárias da retina, podendo afetar um ou ambos os olhos. Ocorre geralmente em crianças abaixo de 5 anos de idade, e a principal manifestação é a leucocoria ou reflexo brilhante (reflexo de olho de gato).

### Tumores ósseos

Os tumores ósseos acometem mais os adolescentes, apresentando um pico de incidência na segunda década da vida.

- Os principais tipos são osteossarcoma e sarcoma de Ewing.

O tumor de Ewing acomete com mais frequência o esqueleto axial, enquanto o osteossarcoma acomete preferencialmente o joelho (porção distal do joelho e proximal da tíbia) e o úmero proximal.

Os principais sintomas são dor óssea local, associada a aumento das partes moles regional.

### Tumores de partes moles

O rabdomiossarcoma é o tumor de partes moles mais frequente em crianças. Possui pico de incidência aos 5 anos de idade e tem origem nas células mesenquimais primitivas.

## TRATAMENTO

De acordo com a American Cancer Society, o tratamento do câncer infantil é baseado principalmente no tipo e estadiamento do tumor. Os principais tipos de tratamento usados são cirurgia, radioterapia e quimioterapia. Alguns tipos de câncer infantil podem ser tratados com alta dose de quimioterapia seguida do transplante de células-tronco hematopoiéticas.

A maioria das crianças e adolescentes responde de forma positiva ao uso de quimioterapia, uma vez que a tendência do câncer infantil é o crescimento e a multiplicação rápida. Essa população possui melhor capacidade de recuperação em altas doses de quimioterapia quando comparada aos adultos; contudo, com a utilização de tratamentos mais agressivos para maior chance de cura, aumentam na mesma escala os efeitos colaterais agudos ou tardios.

Ao contrário da quimioterapia, a radiação pode causar graves efeitos tardios, principalmente em crianças menores; por essa razão, o uso da radioterapia é mais limitado. A Tabela 2 apresenta os principais efeitos colaterais do tratamento oncológico na população pediátrica.

TABELA 2 Principais efeitos colaterais agudos e tardios no tratamento oncológico pediátrico

| Efeitos colaterais agudos | Efeitos colaterais tardios |
| --- | --- |
| Náuseas e vômito | Déficit de memória e aprendizagem |
| Anemia/neutropenia/trombocitopenia | Déficits auditivos e oculares |
| Febre | Déficits cardíacos e respiratórios |
| Mucosite oral | Déficit reprodutivo |
| Alopecia | Segunda neoplasia |

A neuropatia periférica é uma toxicidade comum em crianças e é diretamente ligada ao tipo de quimioterapia, dose e exposição. Os principais sintomas são fraqueza muscular, perda sensorial como parestesia, dor ou sensação de queimação, e os agentes quimioterápicos mais frequentes associados à neuropatia são vincristina, cisplatina e talidomida. O impacto pode ser imediato ou tardio, e em danos graves os efeitos podem ser parcialmente reversíveis ou irreversíveis.

É de alta relevância que o fisioterapeuta tenha conhecimento dos principais tipos de câncer infantil, sinais e sintomas, tratamentos e complicações, para que uma avaliação criteriosa seja desempenhada para o estabelecimento de um plano terapêutico específico para o paciente e suas particularidades.

## AVALIAÇÃO FISIOTERAPÊUTICA

O fisioterapeuta deve identificar possíveis alterações funcionais e relacionar o histórico oncológico do paciente. Informações médicas relevantes, como diagnóstico oncológico, estadiamento da doença, presença de metástase e planejamento terapêutico oncológico, devem estar presentes na avaliação.

O questionamento do perfil social e familiar considera o envolvimento do cuidador ao longo do processo de reabilitação, assim como a motivação do paciente, incluindo retorno à escola ou atividade física.

TABELA 3 Proposta de avaliação fisioterapêutica em oncologia pediátrica

| Avaliação | Métodos |
|---|---|
| Sensibilidade | Comparar, em relação aos hemicorpos, sensibilidade superficial (tátil, dolorosa e térmica) e profunda. |
| Coordenação | Manobras de índex-índex, índex-nariz e calcanhar-joelho. |
| Equilíbrio | Escalas validadas como escala de equilíbrio de Berg e *Timed Up and Go*. |
| Grau de força muscular | Escalas validadas como a *Medical Research Council Scale* em crianças maiores.<br>Observação de transferências posturais em crianças menores. |
| Trofismo muscular | Classificar em normotrófico, hipotrófico ou hipertrófico, de acordo com inspeção e palpação. |
| Tônus muscular | Escalas validadas como escala de Ashworth modificada. |
| Desenvolvimento motor | Escalas validadas como *Peabody Developmental Motor Scales* ou Denver II para crianças menores.<br>Avaliar de acordo com o desempenho do paciente nas transferências posturais para crianças maiores. |
| Marcha | Avaliar pela inspeção e classificar de acordo com as fases da marcha. Necessidade de meios auxiliares e órteses. |

*(continua)*

TABELA 3 Proposta de avaliação fisioterapêutica em oncologia pediátrica (*continuação*)

| Avaliação | Métodos |
|---|---|
| Edema | Avaliar a circunferência do membro, por meio da perimetria e volumetria. |
| Pele e cicatrização | Avaliar e correlacionar a terapêutica, como radioterapia e cirurgia. |
| Sinais vitais/padrão respiratório | Avaliar de acordo com a idade do paciente, história oncológica e clínica. |
| Dispneia | Escalas validadas, como a escala de Borg modificada em crianças maiores.<br>Avaliação de percepção de esforço de acordo com sinais de desconforto respiratório em crianças menores. |
| Capacidade física | Escalas validadas, como teste de caminhada de 6 minutos ou teste de sentar-levantar. |

É importante ressaltar que diversos aspectos da avaliação poderão ser aprofundados, relacionando a terapêutica e seus efeitos agudos ou tardios, para o estabelecimento de um plano terapêutico individualizado completo com metas em curto, médio e longo prazo.

## ATUAÇÃO FISIOTERAPÊUTICA HOSPITALAR

A atuação da fisioterapia preventiva e restaurativa em pacientes oncológicos pediátricos internados é fundamental diante das diversas complicações que podem ocorrer ao longo do tratamento oncológico ou até mesmo no momento do diagnóstico de câncer.

Dentro do ambiente hospitalar, podemos nos deparar com perfis de pacientes clínicos, cirúrgicos e paliativos. De modo geral, o efeito colateral mais encontrado em pacientes oncológicos em decorrência do tratamento quimioterápico e radioterápico é a mielodepressão, podendo causar anemia, neutropenia e trombocitopenia.

A APTA (Academy of Acute Care Physical Therapy) promoveu um *guideline* atualizado em 2013 relacionando níveis de contagem sanguínea e exercícios fisioterapêuticos seguros. Contudo, a população oncológica pediátrica é exposta a tratamentos longos que promovem a queda da contagem sanguínea de forma crônica. Dessa forma, estudos recentes demonstram que seguir o *guideline* na maioria das vezes limitaria a fisioterapia a prescrever exercícios leves ou suspenderia a terapia.

Atualmente os estudos já demonstram a segurança da fisioterapia mesmo em baixos níveis de contagem sanguínea e propõem a incorporação do uso de sintomas e percepção do paciente como um guia para decisão clínica diante da prescrição de exercícios, em vez de seguir níveis específicos de contagem sanguínea.

O suporte da fisioterapia hospitalar não deve apenas estar voltado para o acometimento respiratório, uma vez que a criança, mesmo no processo de adoecimento, está em processo de desenvolvimento motor e aquisição de habilidades motoras; portanto, a promoção da mobilização precoce e a estimulação das etapas motoras devem ser preconizadas durante a internação.

Sabe-se que de fato as complicações respiratórias no longo período de internação são as mais prevalentes em decorrência de longas internações:

- Complicações infecciosas são a principal causa de mortalidade na criança imunocomprometida, como as pneumonias.
- Edema agudo pulmonar (EAP) devido a sobrecarga de líquidos e comprometimento cardíaco causado pela cardiotoxicidade.
- Atelectasias, prevalentes em pacientes acamados, podendo estar relacionadas com a redução do desempenho em exercícios físicos.
- Derrame pleural neoplásico, frequente na população oncológica, principalmente em linfomas.

Diante das complicações respiratórias, a fisioterapia pode auxiliar na recuperação, empregando suas técnicas atuais e convencionais. Na Tabela 4 constam algumas técnicas fisioterapêuticas na população pediátrica, de acordo com a literatura.

TABELA 4 Técnicas de fisioterapia respiratória baseadas na literatura

| | |
|---|---|
| Vibração | Quando utilizada em conjunto com outras técnicas, apresenta melhora significativa em desfechos de crianças com pneumonia. |
| Percussão/tapotagem | Pouca evidência por causa da baixa capacidade da mão humana de gerar a frequência necessária em Hz. |
| Drenagem postural | Associada a outras técnicas, tem o efeito de drenar secreções para as vias aéreas proximais, facilitando assim sua remoção. |
| Expiração lenta e prolongada (ELPr) | Os efeitos da ELPr são mais evidentes na literatura. Essa técnica promove aumento do VC e a redução da frequência respiratória (FR) em crianças com histórico de sibilância. |

A insuficiência respiratória aguda é um dos principais quadros clínicos hospitalares em que a fisioterapia respiratória tem atuação fundamental. Na Figura 1, podem ser observados três desfechos terapêuticos da criança oncológica com insuficiência respiratória aguda.

## ATUAÇÃO FISIOTERAPÊUTICA AMBULATORIAL

A atuação fisioterapêutica ambulatorial em pacientes com câncer é extremamente ampla. Os desafios da atuação são diretamente ligados a diferentes tipos e localizações tumorais, tratamentos oncológicos individualizados e à ampla faixa etária dos pacientes.

Os primeiros anos de vida de uma criança com diagnóstico de câncer delimitam uma fase crítica do desenvolvimento motor e estão em maior risco de atrasos no desenvolvimento. Estudos recentes

FIGURA 1 Recursos fisioterapêuticos para insuficiência respiratória em crianças com câncer.

demonstram que o rastreamento de crianças menores de 3 anos com diagnóstico de câncer e o encaminhamento para fisioterapia com foco em desenvolvimento precoce são extremamente benéficos.

A intervenção precoce pode prevenir ou diminuir os atrasos no desenvolvimento, que podem resultar de muitos fatores, como o próprio diagnóstico, hospitalizações prolongadas, esteroides, quimioterapia e/ou radioterapia, além de promover o alcance dos marcos motores grosseiros.

Além do atraso no desenvolvimento motor, muitas outras disfunções podem ocorrer tanto pelo tratamento oncológico (quimioterapia, radioterapia, cirurgia ou transplante de células tronco hematopoiéticas) como pelo próprio diagnóstico e localização tumoral. Na Tabela 5, observam-se as principais disfunções na população oncológica pediátrica e as condutas fisioterapêuticas propostas.

TABELA 5 Principais disfunções em crianças com câncer e propostas de condutas fisioterapêuticas

| | | |
|---|---|---|
| Disfunções neurológicas | Paresias/plegias<br>Parestesias<br>Movimentação involuntária<br>Déficit de equilíbrio | Modulação tônica<br>Fortalecimento muscular<br>Atividades funcionais<br>Treino de marcha/equilíbrio/propriocepção<br>Orientação de órteses |
| Disfunções cardiorrespiratórias | Fadiga/dispneia<br>Cardiomiopatia<br>Fibrose pulmonar | Exercícios aeróbicos<br>Treino muscular inspiratório e expiratório<br>VNI associado a exercícios aeróbicos |
| Disfunções musculoesqueléticas | Déficit de FM<br>ADM reduzida<br>Amputações<br>Dismetria<br>Escolioses | Exercícios resistidos<br>Alongamentos<br>Treino de marcha<br>Exercícios posturais<br>Orientação de órteses e próteses |

FM: força muscular; ADM: amplitude de movimento; VNI: ventilação não invasiva.

A Tabela 6 mostra os diferentes recursos fisioterapêuticos ambulatoriais atualizados na literatura.

TABELA 6 Recursos ambulatoriais fisioterapêuticos atualizados na literatura

| | |
|---|---|
| Cinesioterapia | ▪ Benefício encontrado na literatura com programa individualizado com exercícios de moderada intensidade, incluindo treinamento aeróbico, de força, funcionais e de flexibilidade.<br>▪ Estudos recentes encorajam treinamento muscular inspiratório individualizado com *threshold*.<br>▪ Combinação de exercícios supervisionados e domiciliares. |
| Eletrotermofototerapia | ▪ Poucos estudos com a utilização de TENS e FES em oncologia pediátrica.<br>▪ Alguns estudos demonstram ineficácia do TENS em neuropatia periférica. |
| Bandagem elástica | ▪ Poucos estudos com a utilização de bandagem elástica na população oncológica pediátrica.<br>▪ Estudos descrevem aplicação da bandagem em paralisia facial, posicionamento postural, função de membros superiores e dor em ombro hemiplégico. |

Os programas de intervenção fisioterapêutica devem ser iniciados precocemente, evitando ou minimizando sequelas tardias, e devem abranger um plano que pode vir a ser executado em domicílio por pais e pacientes treinados.

- O objetivo fisioterapêutico durante o tratamento oncológico é manter a funcionalidade, limitar os efeitos colaterais relacionados ao tratamento e evitar o descondicionamento cardíaco.
- O objetivo fisioterapêutico após o tratamento é estabelecer um programa de exercícios para restaurar a capacidade funcional e promover o retorno do paciente a suas atividades.

## ATUAÇÃO FISIOTERAPÊUTICA NOS CUIDADOS PALIATIVOS

O objetivo da fisioterapia nos cuidados paliativos e na terminalidade é promover o conforto e a máxima independência desses pacientes, minimizando o sofrimento e buscando otimizar o tempo do paciente com seus familiares.

Algumas das possíveis condutas fisioterapêuticas nos cuidados paliativos da criança com câncer estão descritas na Tabela 7.

TABELA 7 Possíveis condutas fisioterapêuticas nos cuidados paliativos em pediatria

| | |
|---|---|
| Dor | Eletroterapia/terapia manual, termoterapia |
| Síndrome do desuso/fadiga | Alongamentos/cinesioterapia<br>Atividades funcionais |
| Disfunções pulmonares<br>Hipersecretividade/dispneia | Posicionamento/estimulação de tosse/manobras de higiene brônquica/aspiração |

Por fim, o recurso lúdico, como gameterapia ou uso de livros e jogos, em todas as fases do tratamento oncológico, auxilia na aderência terapêutica, promove melhora da qualidade de vida e incentiva a participação da criança em todas as atividades, criando vínculo terapeuta-paciente e tornando o momento da fisioterapia prazeroso e especial.

## BIBLIOGRAFIA RECOMENDADA

1. Corr AM, Thomas KM. Screening for early childhood intervention in oncology. Rehabilitation Oncology. April 2019;37(2):83-5.
2. Gilchrist L, Tanner LR. Safety of symptom-based modification of physical therapy interventions in pediatric oncology patients with and without low blood counts. Rehabilitation Oncology. January 2017;35(1):3-8.

3. Instituto Nacional de Câncer (Brasil). Diagnóstico precoce do câncer na criança e no adolescente/Instituto Nacional de Câncer, Instituto Ronald McDonald. 2.ed. rev. ampl. Rio de Janeiro: Inca; 2011.
4. Murnane A, et al. Exploring the Effect of exercise physiology intervention among adolescent and young adults diagnosed with cancer. Rehabilitation Oncology: April 2019;37(2):55-63.
5. Odone Filho V, et al. Pediatria Instituto da Criança do Hospital das Clínicas; 22. Doenças neoplásicas da criança e do adolescente. Barueri: Manole; 2012.
6. Paiao RCN, Dias LIN. A atuação da fisioterapia nos cuidados paliativos da criança com câncer. Ensaios e Ciência: Ciências Biológicas, Agrárias e da Saúde. 2012;16(4):153-69.
7. Pancera CF, et al. Non-invasive ventilation in immunocompromised pediatric patients: eight years of experience in a pediatric oncology intensive care unit. J Pediatr Hematol Oncol. 2008 Jul;30(7):533-8.

# Atuação da fisioterapia na oncologia pediátrica nos Estados Unidos



Rachel Jarrouge

A reabilitação pós-câncer tem sido definida de várias maneiras ao longo dos anos. Sua importância recebe um reconhecimento cada vez maior em todo o mundo. A reabilitação pós-câncer é comumente descrita como o processo no qual os sobreviventes do câncer recebem intervenções de saúde que promovem níveis máximos de função com dependência mínima dentro das limitações da doença e tratamentos, independentemente da expectativa de vida.

Para pacientes pediátricos com câncer, espera-se que tanto a doença quanto os tratamentos produzam sintomas, resultando em comprometimentos a curto e a longo prazo. De acordo com o *Journal of Multidisciplinary Healthcare*, os desfechos ideais na oncologia pediátrica não são decorrentes apenas dos avanços terapêuticos, mas refletem também a influência das diretrizes políticas publicadas que melhoraram esses desfechos. A American Academy of Pediatrics desempenha um papel importante no avanço da abordagem multidisciplinar a crianças e adolescentes com câncer nos centros de oncologia pediátrica dos Estados Unidos. Além disso, a American Physical Therapy Association (APTA) dedicou um capítulo específico à Academy of Pediatric Physical Therapy (APPT) com a missão de "promover a fisioterapia pediátrica por meio da excelência na defesa, na educação e nas pesquisas com a visão de otimizar o movimento para uma participação significativa ao longo da vida de todas as crianças". Além disso, identificou-se a missão da Academy of Oncologic Physical Therapy de "promover a prática da fisioterapia a pessoas afetadas pelo câncer e por doenças crônicas, maximizando o movimento e o bem-estar ao longo de toda a vida". O capítulo inclui um Grupo de Interesse Especial (SIG) para a Oncologia Pediátrica.

O *Guide to Physical Therapist Practice* da APTA é uma das principais ferramentas de referência durante o desenvolvimento profissional do fisioterapeuta nos Estados Unidos. Promove a colaboração e o reconhecimento nacionais a seus membros a fim de avançar no campo da fisioterapia com a prática baseada em evidências e os padrões de atendimento mais atualizados. Fornece ainda acesso à prática dos mais relevantes códigos de ética, regras, procedimentos e regulamentos para a conduta profissional, além de recursos para a educação continuada. A World Health Assembly (WHO) aprovou o uso do modelo de Classificação Internacional de Funcionalidade, Incapacidade e Saúde (CIF) como uma estrutura para descrever e organizar informações sobre a função e a incapacidade. O modelo da CIF e seus componentes (Figura 1) são atualmente adaptados pela World Confederation of Physical Therapy (WCPT). De acordo com a WCPT, a CIF é complementar à Classificação Estatística Internacional de Doenças e Problemas Relacionados com a Saúde (CID), que "ajuda a classificar as condições de saúde e fornece códigos para doenças, distúrbios, lesões ou outros problemas de saúde". Portanto,

| **Condições de saúde (transtorno ou doença)** | | | | |
|---|---|---|---|---|
| Estruturas e funções corporais | Participação | Fatores pessoais | Fatores ambientais | Atividades |

FIGURA 1 Componentes e interações do modelo da CIF.

o uso associado do modelo da CIF e da versão mais recente do CID na avaliação inicial do paciente fornece uma imagem melhor do indivíduo como um todo, suas necessidades de saúde e terapêuticas.

A avaliação fisioterapêutica é um processo dinâmico baseado no exame, na observação, na análise e na organização dos dados ou informações coletadas. Esse processo, utilizando os componentes do modelo da CIF (Figura 1), possibilita ao fisioterapeuta identificar e priorizar as limitações funcionais, tomar decisões clínicas e determinar o diagnóstico, o prognóstico, a complexidade e, por fim, o plano de cuidados do paciente.

A avaliação oncológica pediátrica inclui todos os componentes de uma avaliação fisioterapêutica convencional; no entanto, a avaliação das funções, bem como as intervenções, variam amplamente de acordo com o tempo de vida da criança, do jovem e do adulto jovem. O nível prévio de desenvolvimento e o prognóstico clínico oncológico também afetam as metas individuais do paciente e seu(s) cuidador(es).

Existem vários elementos-chave a serem considerados nas melhores práticas ao administrar a fisioterapia ao paciente oncológico. Esses elementos incluem os seguintes, mas não estão limitados a eles:

- Compreender e conhecer as necessidades específicas do paciente em relação à doença, farmacologia e nível de complexidade da doença.
- Reconhecer a importância de não apenas identificar os comprometimentos e limitações funcionais atuais do paciente, mas também avaliar as possíveis necessidades de sobrevivência do paciente de acordo com o impacto do câncer e de seus tratamentos oncológicos[3].
- Compreender e identificar as necessidades específicas do(s) cuidador(es) e familiares, o que é especialmente importante na oncologia pediátrica, pois os pacientes são criticamente dependentes do(s) cuidador(es) ao longo de seu desenvolvimento típico e atípico.

- Reconhecer que cada paciente pode estar em um paradigma diferente (Figura 2) dentro do mesmo episódio de cuidado e entre as áreas da saúde.

| Paradigmas da reabilitação pós-câncer | | | | |
|---|---|---|---|---|
| Preventivo | Restaurador | Suporte | Paliativo | Sobrevivência |

FIGURA 2 Os cinco paradigmas da reabilitação pós-câncer.

Dietz (1981) identificou originalmente quatro paradigmas na reabilitação pós-câncer. Um quinto paradigma foi adicionado posteriormente:

1. **Paradigma preventivo:** reduzir o impacto dos comprometimentos esperados e ajudar a aprender a lidar com quaisquer comprometimentos para:
   - melhorar a saúde geral e a função antes e durante os tratamentos;
   - fornecer orientações pré-operatórias e pré-reabilitação;
   - preparar o paciente para tolerar procedimentos e tratamentos;
   - preparar o paciente para combater possíveis efeitos colaterais agudos e/ou tardios das intervenções.
2. **Paradigma restaurador:** retornar o paciente ao nível de função pré-doença sem comprometimentos, maximizando os benefícios terapêuticos e mantendo os ganhos funcionais.
3. **Paradigma de suporte:** usado em caso de doença persistente e na necessidade continuada de tratamento. O objetivo é limitar a perda funcional e fornecer suporte. Isso poderia ser conseguido ao:
   - treinar para se adaptar aos comprometimentos existentes;
   - minimizar possíveis alterações debilitantes e outros riscos à segurança;

- prestar intensamente orientações ao(s) cuidador(es);
- fornecer equipamentos médicos duráveis (EMD) com frequência;
- envolver outros profissionais da saúde, como assistentes sociais, gestores de caso, nutricionistas, profissionais da medicina integrativa, etc.

4. **Paradigma paliativo:** em caso de maior perda da função e progressão da doença, o objetivo é colocar em prática medidas que eliminem ou reduzam complicações e, mais importante, tratar os sintomas, fornecendo:
   - melhor conforto na presença de redução na qualidade de vida do paciente e dos familiares;
   - equilíbrio entre a função e o conforto, definindo o que é realmente mais importante para o paciente, seus familiares e seu(s) cuidador(es);
   - reintegração de recursos de suporte para todas as partes envolvidas.
5. **Paradigma da sobrevivência:** o termo "sobrevivente" é usado para descrever qualquer pessoa que tenha sido diagnosticada com câncer, do momento do diagnóstico até o equilíbrio da sua vida. Existem pelo menos três fases distintas associadas com a sobrevivência ao câncer: 1) período de tempo desde o diagnóstico até o final do tratamento inicial; 2) transição do tratamento à sobrevivência prolongada; e 3) sobrevivência a longo prazo. Essa população poderia se beneficiar de:
   - Orientações e ferramentas para reconhecer sinais e aumentar o nível de conscientização para a prevenção contínua dos efeitos colaterais de tratamentos atuais ou pregressos.
   - Orientações em relação a mudanças ou modificações no estilo de vida para que eles possam atenuar comprometimentos adicionais.

- Reconhecimento de possíveis necessidades de apoio em áreas como: o bem-estar/nutrição, a saúde comportamental, emocional e mental, a manutenção ou aprimoramento das atividades escolares, a carreira profissional, a sexualidade, a fertilidade e a imagem corporal.

O paciente pediátrico normalmente é abordado pela primeira vez com base na sua faixa etária e no desenvolvimento e função típica esperada e/ou preditiva. Em alguns casos, os pacientes podem apresentar um desenvolvimento atípico como uma condição preexistente ao câncer ou como um diagnóstico concorrente. Um exemplo comum é o diagnóstico de síndrome de Down e o de leucemia. Na avaliação dessa população, é essencial usar medidas de desfecho para identificar o nível de atraso no desenvolvimento associado aos efeitos colaterais do diagnóstico e do tratamento do câncer, principalmente em crianças menores de 5 anos. Outras ferramentas padronizadas de avaliação estão disponíveis para diferentes faixas etárias, desde o nascimento até os 21 anos e além. A maior parte das ferramentas de referência normativa é adaptada dos países do hemisfério ocidental. A Tabela 1 fornece uma amostra organizada pelos domínios do modelo da CIF.

A administração de medidas de desfecho apropriadas que melhor identificam os níveis de comprometimento e incapacidade do paciente pediátrico destaca as limitações nas atividades e as restrições à participação em seu ambiente. No entanto, é uma prática boa e essencial complementar o exame fisioterapêutico com testes objetivos mais especializados e qualificados. Esses testes incluem os testes de força muscular, integridade articular e amplitude de movimento, além da avaliação da função tegumentar, sensorial e proprioceptiva em razão da alta prevalência de alterações neuropáticas e contraturas articulares causadas pela quimioterapia e por outros tratamentos oncológicos que contribuem para prolongar a

TABELA 1 Amostra de ferramentas de avaliação pediátrica categorizadas pelo modelo da CIF

| Modelo da CIF | | Ferramentas de avaliação pediátrica |
|---|---|---|
| Estrutura/função corporal | Antropometria | ▪ Composição corporal (IMC)<br>▪ Altura/peso<br>▪ Comprimento das pernas<br>▪ Rastreamento/observação postural |
| | Cardiopulmonar | ▪ Pressão arterial, frequência cardíaca, saturação de oxigênio, frequência respiratória, cor da pele |
| | Coordenação | ▪ *Clinical Observation of Motor and Postural Skills* (COMPS)<br>▪ *Gross Motor Performance Measure* (GMPM) |
| | Resistência | ▪ Teste de caminhada de 6 minutos<br>▪ Teste de caminhada de 30 segundos<br>▪ *Early Activity Scale for Endurance* (EASE) |
| | ADM | ▪ Teste de Ely<br>▪ Teste de comprimento dos músculos posteriores de coxa<br>▪ Teste de Ober modificado<br>▪ Teste de extensão de quadril em decúbito ventral<br>▪ Teste de elevação da perna reta |
| | Postura/equilíbrio | ▪ *Pediatric Balance Scale* (PBS)<br>▪ *Pediatric Clinical Test of Sensory Interaction for Balance* (PCTSIB)<br>▪ Teste de alcance funcional pediátrico<br>▪ Teste cronometrado de subir e descer escadas |
| | Dor | ▪ Escala de faces de dor<br>▪ Escala numérica<br>▪ Escala visual analógica |

*(continua)*

TABELA 1 Amostra de ferramentas de avaliação pediátrica categorizadas pelo modelo da CIF *(continuação)*

| Modelo da CIF | | Ferramentas de avaliação pediátrica |
|---|---|---|
| | Espasticidade/ tônus/força muscular | ▪ Escala de Ashworth modificada (MAS)<br>▪ Teste manual de força muscular<br>▪ Mensuração por dinamômetro |
| | Reflexos | ▪ Reflexos tendinosos profundos (RTP)<br>▪ *Movement Assessment of Infants* (MAI) |
| Atividade | Marcha/ deambulação | ▪ *Dynamic Gait Index*<br>▪ Avaliação da mobilidade funcional<br>▪ Escala observacional da marcha (OGS)<br>▪ Teste cronometrado de subir e descer escadas<br>▪ *Timed Up and Go Test* (TUG)<br>▪ Teste de caminhada de 30 segundos<br>▪ Teste de caminhada de 10 metros |
| | Motricidade grossa | ▪ *Alberta Infant Motor Scales* (AIMS)<br>▪ *Bruininks-Oseretsky Test of Motor Proficiency* (BOTP-2)<br>▪ *Gross Motor Function Measure* (GMFM)<br>▪ *High Level Mobility Assessment Tool* (HIMAT)<br>▪ *Peabody Developmental Motor Scales Second Edition* (PDMS-2)<br>▪ *Hawaii Early Learning Profile* (HELP-Strands) |
| | Motricidade fina | ▪ *Bruininks-Oseretsky Test of Motor Proficiency* (BOTP-2)<br>▪ *Nine-Hole Peg Test*<br>▪ *Peabody Developmental Motor Scales Second Edition* (PDMS-2)<br>▪ *Hawaii Early Learning Profile* (HELP-Strands) |

*(continua)*

TABELA 1 Amostra de ferramentas de avaliação pediátrica categorizadas pelo modelo da CIF *(continuação)*

| Modelo da CIF | | Ferramentas de avaliação pediátrica |
|---|---|---|
| | Ferramentas | ▪ *Ages & Stages Questionnaires* (ASQ-3)<br>▪ *Bayley Infant Neurodevelopmental Screener* (BINS)<br>▪ *Carolina Curriculum for Infants and Toddlers with Special Needs, Third Edition*<br>▪ *Carolina Curriculum for Preschoolers with Special Needs*<br>▪ *FirstSTEP: Screening Test for Evaluating Preschoolers*<br>▪ *Motor Skills Acquisition in the First Year and Checklist* |
| Participação | Multivariáveis | ▪ *Child Health Index of Life with Disabilities*<br>▪ *Kidscreen*<br>▪ *Pediatric Quality of Life Inventory* (PEDS QL)<br>▪ *Quality of Well Being Scale* (QWB)<br>▪ *School Function Assessment* (SFA)<br>▪ *Children's Assessment of Participation and Enjoyment* (CAPE)<br>▪ *Participation and Environment Measure Children and Youth* (PEM-CY)<br>▪ *Assessment of Life Habits* (LIFE-H) |
| Fatores pessoais | Multivariáveis | ▪ *Child Occupational Self-Assessment*<br>▪ *Early Coping Inventory*<br>▪ *Devereux Early Childhood Assessment* (DECA) |

imobilidade. Em pacientes com menos de 3 anos de idade, bebês e todas as crianças com problemas cognitivos e comportamentais incapazes de seguir instruções, prefere-se a observação de habilidades funcionais ao teste manual de habilidades, especialmente ao avaliar a força muscular. Isso requer experiência clínica e habilidades de análise de movimento que se desenvolvem com a prática, além do conhecimento do padrão de movimento e de desenvolvimento típico *versus* atípico na população pediátrica.

Em certos casos pediátricos, o fisioterapeuta avaliador pode reconhecer, depois de analisar a história do paciente, a revisão dos sistemas e os testes e medidas, a necessidade de realizar encaminhamentos adicionais à terapia ocupacional e à fonoaudiologia para reabilitação em instituições como hospitais, escolas ou serviços ambulatoriais. Ser capaz de usar uma abordagem colaborativa em equipe e a comunicação entre as áreas da saúde maximizarão a integração das metas individualizadas e a implementação do plano de cuidados.

O processo de desenvolver planos de alta e recomendações para encaminhamentos adicionais, dispositivos de assistência e adaptações a órteses ou próteses começa na avaliação. O consentimento do(s) tutor(es) para o plano de cuidados é obrigatório; portanto, o fisioterapeuta deve compartilhar com o paciente e seus familiares informações em relação ao diagnóstico, instruções de segurança e a iniciação de um programa de manejo de autocuidados domiciliares, bem como um prognóstico preditivo, para que eles possam tomar decisões informadas.

Os protocolos de reabilitação para a oncologia pediátrica nos Estados Unidos geralmente seguem o *Guide to Physical Therapist Practice* da APTA, levando em consideração os padrões de cuidado de cada hospital, instituição, consultório particular e escola de acordo com sua experiência, nível de especialidade, protocolos cirúrgicos e prática baseada em evidências.

## BIBLIOGRAFIA RECOMENDADA

1. About APPT – Academy of Pediatric Physical Therapy, APTA. (n.d.). Disponível em: https://pediatricapta.org/about-pediatric-physical-therapy/academy-pediatric-physical-therapy.cfm.

2. Academy of Pediatric Physical Therapy Fact Sheets and Resources (n.d.). Disponível em: https://pediatricapta.org/includes/fact-sheets/pdfs/11%20StrengthTraining%20in%20Ped%20PT.pdf?v=1.1.
3. Bly L, Bly L. Components of typical and atypical motor development. Laguna Beach, CA: Neuro-Developmental Treatment Association; 2011.
4. Cantrell MA, Ruble K. Multidisciplinary care in pediatric oncology. Journal of Multidisciplinary Healthcare. 2011;4:171-81. doi:10.2147/JMDH.S7108.
5. Dietz J. Rehabilitation oncology, New York: Wiley; 1981.
6. Griffiths A, Toovey R, Morgan PE, Spittle AJ. Psychometric properties of gross motor assessment tools for children: a systematic review. 2018, October 27. Retrieved from https://www.ncbi.nlm.nih.gov/pmc/articles/PMC6224743/table/T1/?report=objectonlyademy of.
7. Guide to Physical Therapist Practice. (n.d.). Disponível em: http://guidetoptpractice.apta.org/.
8. Hartman A, Bos CV, Stijnen T, Pieters R. Decrease in peripheral muscle strength and ankle dorsiflexion as long-term side effects of treatment for childhood cancer. Pediatric Blood & Cancer. 2008;50(4):833-7. doi:10.1002/pbc.21325.
9. Mullan F. Seasons of survival: reflections of a physician with cancer. N Engl J Med.1985;313:270-3.
10. Oncology PT Special Interest Groups. (n.d.). Disponível em: https://oncologypt.org/sigs/.
11. The ICF: an overview – wcpt.org. (n.d.). Disponível em: https://www.wcpt.org/sites/wcpt.org/files/files/GH-ICF_overview_FINAL_for_WHO.pdf.
12. Watson PG. The optimal functioning plan. Cancer Nursing. 1992;15(4):254-63. doi:10.1097/00002820-199208000-00002.
13. Who is the Academy of Oncologic Physical Therapy? (n.d.). Disponível em: https://oncologypt.org/about-us.

# 20 Fisioterapia nos cuidados paliativos

Débora Driemeyer Wilbert
Raynara Rozo do Amaral

## CONCEITO DE CUIDADOS PALIATIVOS

A Organização Mundial da Saúde (OMS) definiu pela primeira vez o termo "cuidados paliativos" (CP) em 1990, descrevendo-o como cuidados totais e ativos dirigidos a pacientes fora de possibilidade de cura. A discussão gerada por essa primeira definição questionava o fator subjetivo da compreensão do momento da falência do tratamento. Em 2002, a OMS atualizou o conceito que é mantido até os dias atuais, definindo cuidados paliativos como uma abordagem promovida por uma equipe multidisciplinar e que tem como objetivo melhorar a qualidade de vida dos pacientes e seus familiares diante de uma doença grave e que ameace a vida, por meio da identificação precoce, prevenção e alívio do sofrimento, avaliação e tratamento impecável da dor e demais sintomas físicos, psíquicos, espirituais e sociais.

A ideia de terminalidade é substituída pela percepção de doença que ameaça a vida, sugerindo a importância de um cuidado desde o diagnóstico até a evolução do quadro. A concepção do cuidado paliativo traz a possibilidade de um tratamento modificador da doença, que afasta o prognóstico de "não ter mais nada a fazer" e passa a incluir a espiritualidade entre as dimensões do ser humano, agregando a família como ser biológico, portanto assistida também após a morte do paciente, no período de luto. Dessa forma, os cuidados paliativos requerem a participação de uma equipe multiprofissional, trabalhando em prol de um indivíduo e de sua família, na busca da excelência no controle de todos os sintomas e prevenção do sofrimento, substituindo o foco da atenção na doença a ser curada/controlada e direcionado para o doente, entendido como um ser biográfico, ativo, com direito a informação e a autonomia plena para as decisões a respeito de seu tratamento.

## BREVE HISTÓRIA DOS CUIDADOS PALIATIVOS

"Paliativo" vem do latim *palium*, manto usado por cavaleiros antigamente para se proteger do mau tempo e das tempestades e também utilizado pelos papas sob os ombros, o que remete à ideia de proteção.

No século V, o cuidado paliativo era confundido com o termo "*hospice*" – abrigo, hospedaria ou asilo destinado a cuidar de peregrinos e viajantes. Já no século XVII foram criadas diversas instituições de caridade na Europa, que recebiam doentes, órfãos e pobres; posteriormente, no século XIX, essas instituições passaram a caracterizar-se como hospitais. O mais recente termo, *hospice*, foi introduzido pela inglesa humanista Dame Cicely Saunders (1918-2005), médica, enfermeira e assistente social. A visão de Cicely sob uma nova forma de cuidar veio por meio de um paciente oncológico em cuidados paliativos, David Tasma, que Cicely visitou até seus últimos momentos de vida; em 1967 ela fundou o St. Christopher's Hospice, primeiro serviço de cuidado integral com visão humanizada perante o alívio da dor, o controle dos sintomas e a morte.

Posteriormente, na década de 1970, um encontro entre Cicely Saunders e Elisabeth Kluber-Ross fez com que o Movimento *Hospice* também crescesse nos Estados Unidos. Na sequência, em 1982, o Comitê de Câncer da OMS criou, diante das demandas desses pacientes, um grupo responsável por definir políticas focadas no alívio da dor e cuidados do tipo *hospice*. O objetivo do comitê era criar políticas que pudessem servir de modelo e ser recomendadas para todos os países em pacientes oncológicos. O termo cuidados paliativos passou a ser utilizado pela OMS, seguindo o modelo já em uso no Canadá, principalmente por ser de mais fácil tradução para outras línguas do que o termo original – *hospice*.

## PRINCÍPIOS E DIRETRIZES

O cuidado paliativo deve ser abordado de maneira longitudinal, a partir da descoberta do diagnóstico até o processo de luto, baseando-se em princípios e diretrizes, e não mais em protocolos, e exigindo conhecimento e intervenções específicas da equipe multidisciplinar, além de assistência direcionada ao ser humano, e não à doença propriamente dita.

A OMS publicou em 1986 e revisou em 2002 os princípios que regem a atuação da equipe multiprofissional apta à prática dos cuidados paliativos. Esses princípios são:

- promover alívio da dor e dos sintomas causadores do sofrimento;
- afirmar a vida e assentir a morte como curso natural da vida;
- não adiantar nem prolongar a morte;
- incluir aspectos psicológicos e espirituais no cuidado;
- ofertar suporte e cuidados ao paciente para que ele possa viver o quanto possível de forma ativa até a morte;
- oferecer auxílio aos familiares durante a enfermidade do paciente, o processo da doença e o luto;
- oferecer acesso à equipe multiprofissional, focando nas necessidades do paciente e seus familiares, incluindo assistência após a morte;

- otimizar a qualidade de vida, atuando positivamente na evolução da doença;
- determinar cuidados precocemente, em conjunto com abordagens que prolonguem a vida, como quimioterapia ou radioterapia.

Nesse contexto, fica evidente que a abordagem dos profissionais em cuidados paliativos exige uma relação de confiança, responsabilidade, empatia, boa comunicação, respeito e vínculo, não só com o paciente mas também com seus familiares, focado na particularidade do ser e não da doença.

Entre os critérios de recomendação para cuidados paliativos, para pacientes sem expectativa de resolução do quadro, um dos mais discutidos é o que se refere ao prognóstico de tempo de vida. O tempo de 6 meses como prognóstico de expectativa de vida foi importado das práticas de cuidados norte-americanos, que estabelecem o tempo de sobrevida esperado como um dos critérios de indicação para assistência de *hospice*.

A Figura 1 demonstra de forma clara a intervenção dos cuidados paliativos em pacientes que tenham qualquer doença sem possibilidade de cura.

Essa figura indica a representação das intervenções terapêuticas durante o curso evolutivo de uma doença – história natural da doença –, podendo ser aplicadas em qualquer fase da descoberta diagnóstica, respeitando o tempo percorrido desde o início do diagnóstico até o óbito, representado pelo eixo horizontal. A assistência varia entre o tratamento modificador e o cuidado paliativo, podendo ser alterada com a evolução ao longo do tempo, representado pelo eixo vertical. Quando não há intervenções modificadoras, é iniciado o que se chama de terminalidade, podendo variar dependendo do diagnóstico.

Quando em pacientes oncológicos, a terminalidade ocorre em um processo mais rápido, podendo variar entre dias e semanas. O processo ativo de morte ocorre quando o período de terminalidade

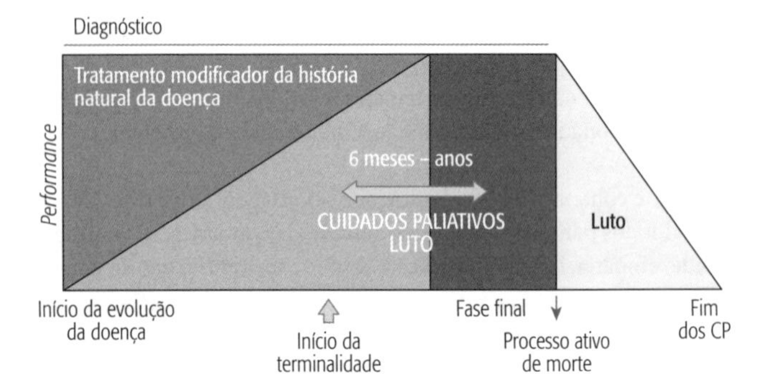


FIGURA 1 História natural da doença modificada no contexto dos cuidados paliativos.

Fonte: Manual da Residência de Cuidados Paliativos, 2018 – modificado.

se encerra e a equipe intervém nos valores pessoais do paciente e seus familiares. Quando o doente falece, a equipe de cuidados paliativos presta o cuidado aos familiares para o enfrentamento do luto e acompanhamento futuro, podendo diminuir essa necessidade com o tempo. Logo, a equipe de saúde necessita estar capacitada na avaliação correta quanto à indicação de cuidados paliativos, identificando a melhor abordagem para cada paciente, levando em consideração a peculiaridade do indivíduo e da doença e sua evolução. O paciente deve ser avaliado inicialmente por um médico especialista na área e também por uma equipe multidisciplinar que atue em conjunto. Na avaliação do paciente, é fundamental que sejam definidos o diagnóstico e o grau de funcionalidade.

No paciente oncológico, quando descoberto em fase inicial, o tratamento modificador é iniciado e a curva do declínio funcional comparado ao espaço de tempo é abrupta, o que aumenta a atenção da equipe multidisciplinar no alívio do sofrimento ao paciente em fase final de vida, já que este apresenta múltiplos sintomas físicos e psicológicos, como angústia, ansiedade, tristeza, dispneia e exaustão. O alívio do sofrimento desses pacientes inicia-se pelo controle dos sintomas, que por sua vez é eficaz na manutenção da funcionalidade e na melhora da qualidade de vida.

No Brasil, a abordagem de cuidados paliativos se iniciou timidamente na década de 1980, consolidando-se a partir do ano 2000 com o reconhecimento de serviços já existentes e o surgimento de outros. O processo de formação e capacitação de equipes e profissionais com essa visão da boa prática ainda está em curso, e uma conquista atual refere-se à Resolução n. 41, de 31 de outubro de 2018, que dispõe sobre as diretrizes para a organização dos cuidados paliativos no âmbito do Sistema Único de Saúde (SUS), estabelecendo sua prática como parte dos cuidados integrados ofertados na rede pública de saúde do Brasil.

## PRINCIPAIS ESCALAS NA IDENTIFICAÇÃO DOS SINTOMAS NOS PACIENTES EM CUIDADOS PALIATIVOS

Conceber que a morte é um fenômeno fisiológico é um dos atuais desafios da abordagem paliativa. A aceitação desse momento pelos profissionais e familiares não é tarefa fácil, e depende de uma avaliação do doente e da identificação de parâmetros que apoiem de forma científica e clínica o diagnóstico desse processo.

A terapêutica paliativa concentra-se, inicialmente, no controle dos sintomas e não no prolongamento ou na abreviação da vida. São inúmeros os sintomas que os pacientes em cuidados paliativos podem apresentar, como dor, fadiga, dispneia, náuseas e vômito, xerostomia, sialorreia, ansiedade, depressão e confusão mental. Em estágios mais avançados da doença esses sintomas tendem a se intensificar.

Algumas ferramentas, normalmente escalas, são utilizadas para auxiliar a equipe na identificação do prognóstico do paciente e dos sintomas que ele apresenta, para assim proporcionar o controle dos sintomas e o conforto desses pacientes.

A *palliative performance scale* (PPS), ou Escala de desempenho em cuidados paliativos, por exemplo, é uma escala de avaliação funcional que pode ser utilizada todos os dias em pacientes no contexto hospitalar, ambulatorial e domiciliar. Ela foi inicialmente publicada em 1996 pela Victoria Hospice Society, no Canadá, e em 2002 foi aperfeiçoada. Sua tradução oficial para o português está sendo desenvolvida pelos profissionais da Agência Nacional de Cuidados Paliativos (ANCP). A finalidade dessa escala é quantificar o grau de funcionalidade por meio de 11 níveis de *performance*, de 0-100, divididos em intervalos de 10 (Tabela 1). O PPS tem sido usado na tomada de decisões em cuidados paliativos e parece ter algum valor prognóstico quando associado a outros sintomas, como edema, *delirium*, dispneia e baixa ingesta alimentar.

TABELA 1 *Palliative Performance Scale* (PPS)

| % | Deambulação | Atividade e evidência de doença | Autocuidado | Ingesta | Nível de consciência |
|---|---|---|---|---|---|
| 100 | Completa | Atividade normal e trabalho, sem evidência de doença | Completo | Normal | Completo |
| 90 | Completa | Atividade normal e trabalho, alguma evidência de doença | Completo | Normal | Completo |
| 80 | Completa | Atividade normal e trabalho, alguma evidência de doença | Completo | Normal ou reduzida | Completo |

*(continua)*

TABELA 1 *(continuação) Palliative Performance Scale* (PPS)

| % | Deambulação | Atividade e evidência de doença | Autocuidado | Ingesta | Nível de consciência |
|---|---|---|---|---|---|
| 70 | Reduzida | Incapaz para o trabalho, doença significativa | Completo | Normal ou reduzida | Completo |
| 60 | Reduzida | Incapaz para *hobbies*/trabalho doméstico, doença significativa | Assistência ocasional | Normal ou reduzida | Completo ou períodos de confusão |
| 50 | Maior parte do tempo sentado ou deitado | Incapacitado para qualquer trabalho, doença extensa | Assistência considerável | Normal ou reduzida | Completo ou períodos de confusão |
| 40 | Maior parte do tempo acamado | Incapaz para a maioria das atividades, doença extensa | Assistência quase completa | Normal ou reduzida | Completo ou sonolência, +/− confusão |
| 30 | Totalmente acamado | Incapaz para qualquer atividade extensa | Dependência completa | Normal ou reduzida | Completo ou sonolência, +/− confusão |
| 20 | Totalmente acamado | Incapaz para qualquer atividade extensa | Dependência completa | Mínima ou pequenos goles | Completo ou sonolência, +/− confusão |
| 10 | Totalmente acamado | Incapaz para qualquer atividade extensa | Dependência completa | Cuidados com a boca | Sonolência ou coma, +/− confusão |
| 0 | Morte | – | – | – | – |

Fonte: Manual ANCP (tradução preliminar).

Outra escala, também utilizada para avaliar os sintomas e determinar intervenções relacionadas com quadros terminais, principalmente em oncologia, é a escala de avaliação de sintomas de Edmonton (ESAS). Foi desenvolvida no Canadá, traduzida para o português e tem como objetivo avaliar a combinação de sintomas físicos e psicológicos do paciente. Consiste em um breve questionário com 9 sintomas, com pontuação variando entre zero (ausência dos sintomas) e 10 (maior manifestação dos sintomas). A escala deve ser preenchida preferencialmente pelo paciente; quando isso não é possível (p. ex., quadros demenciais), pode ser preenchida pelo cuidador ou familiar (Tabela 2).

O ESAS pode ser utilizado todos os dias e serve como plataforma para as ações necessárias para o alívio de sintomas. Por princípio, nenhum questionamento deve ser feito ao paciente se não for utilizado em seu benefício. Por isso é que os interrogatórios devem ser breves, objetivos e práticos também para a equipe. Em cuidados paliativos, escalas longas e cansativas devem ser evitadas.

## DIRETIVAS ANTECIPADAS DE VONTADE (DAV)

Um ponto que merece atenção na relação com os pacientes em cuidados paliativos é a diretiva de antecipação da vontade (DAV). Ou seja, quando o paciente é diagnosticado com uma doença ameaçadora à vida, por meio de uma conversa acolhedora, o médico poderá apresentar a DAV, documento que visa respaldar as vontades de cuidados e intervenções com os quais o paciente venha concordar ou não quando estiver em fase final de vida e não puder responder mais por si. Por ser um documento amplo, o paciente poderá decidir sobre doações de órgãos (p. ex., não há necessidade de registro em cartório), o que pode ser decidido entre o médico e seus familiares, documentado com cópias e compilado no prontuário, e deve ser conhecido também por toda a equipe que atua com o paciente.

## EQUIPE MULTIDISCIPLINAR

A equipe multidisciplinar deve estar preparada para suprir as demandas do paciente e seus familiares, com base em conhecimento técnico e especializado, atuando nos aspectos sociais e familiares, psicológicos, físicos e espirituais, a fim de proporcionar atendimento humanizado e diferenciado.

Os médicos paliativistas são responsáveis por identificar, avaliar e tratar os sintomas dos pacientes em cuidados paliativos, com medicamentos farmacológicos específicos, como analgésicos, sedativos, antipsicóticos e reguladores intestinais. Devem estar em conjunto com a equipe multidisciplinar para avaliar e acompanhar os possíveis efeitos colaterais e oferecer suporte ao paciente e seus familiares quanto ao luto.

A equipe de enfermagem mantém constante interação com o paciente e seus familiares devido ao acompanhamento frequente que realiza durante a internação, sendo esses profissionais os mais propensos aos desgastes físicos e emocionais quanto ao sofrimento gerado no processo da doença. Trata-se de uma equipe com conhecimento técnico, científico e humanizado, responsável por identificar e avaliar o grau da demanda de cada paciente, com ações que visam à resolubilidade e ao conforto, como higiene, cuidados com feridas e com a pele, além de orientações claras quanto aos procedimentos a serem realizados.

A equipe de psicologia tem como atribuição a avaliação psicoemocional do paciente, familiares e cuidadores, sob a perspectiva dos sintomas causados pelo sofrimento. O psicólogo tem papel fundamental no manejo da coleta da história de vida e da doença, e da forma como seus familiares estão enfrentando o sofrimento, a fim de identificar possíveis transtornos prévios ou que possam estar em curso, além da preparação do processo de luto. Também está integrado à identificação e ao cuidado do sofrimento da equipe, proporcionando conforto e alívio da angústias.

TABELA 2 Escala de avaliação de sintomas de Edmonton (ESAS)

| Avaliação de sintomas: | | |
|---|---|---|
| Paciente: | | Registro: |
| Preenchido por: | | Data: |
| Por favor, circule o nº que melhor descreve a intensidade dos seguintes sintomas neste momento. [Também se pode perguntar a média durante as últimas 24 horas] | | |
| Sem dor | 0 – 1 – 2 – 3 – 4 – 5 – 6 – 7 – 8 – 9 – 10 | Pior dor possível |
| Sem cansaço | 0 – 1 – 2 – 3 – 4 – 5 – 6 – 7 – 8 – 9 – 10 | Pior cansaço possível |
| Sem náusea | 0 – 1 – 2 – 3 – 4 – 5 – 6 – 7 – 8 – 9 – 10 | Pior náusea possível |
| Sem depressão | 0 – 1 – 2 – 3 – 4 – 5 – 6 – 7 – 8 – 9 – 10 | Pior depressão possível |
| Sem ansiedade | 0 – 1 – 2 – 3 – 4 – 5 – 6 – 7 – 8 – 9 – 10 | Pior ansiedade possível |
| Sem sonolência | 0 – 1 – 2 – 3 – 4 – 5 – 6 – 7 – 8 – 9 – 10 | Pior sonolência possível |
| Muito bom apetite | 0 – 1 – 2 – 3 – 4 – 5 – 6 – 7 – 8 – 9 – 10 | Pior apetite possível |
| Sem falta de ar | 0 – 1 – 2 – 3 – 4 – 5 – 6 – 7 – 8 – 9 – 10 | Pior falta de ar possível |
| Melhor sensação de bem-estar possível | 0 – 1 – 2 – 3 – 4 – 5 – 6 – 7 – 8 – 9 – 10 | Pior sensação de bem-estar possível |
| Outro problema | | |

Fonte: Regional Palliative Care Program, Capital Health, Edmonton, Alberta, 2003.

O papel do assistente social na atenção paliativa é voltado para a avaliação e o conhecimento social do paciente, seus familiares e cuidadores. A abordagem necessita ser cuidadosa, respeitando o limite e a abertura em assuntos mais delicados, seja no aspecto socioeconômico ou no religioso. São oferecidos suportes burocráticos, orientações, informações legais e os direitos cabíveis para um bom percurso no cuidado do paciente, fortalecendo as relações entre os familiares.

O terapeuta ocupacional tem o papel importante de identificar possíveis desconfortos e limitações do paciente, promovendo a funcionalidade e a independência com terapias visando à manutenção e adaptação para a realização das tarefas que façam sentido para o paciente. Esse profissional também promove o autocuidado com técnicas de conservação de energia e proteção das articulações, evitando possíveis deformidades ou a piora destas por meio de órteses ou equipamentos adaptativos.

A equipe de fonoaudiólogos na atenção paliativa tem papel primordial no manejo do cuidado ao paciente que apresenta déficit de comunicação e deglutição. Muitos pacientes podem apresentar doenças que afetam esses sistemas, como as doenças neurológicas que podem vir com alterações de fala, audição e visão, a exemplo das apraxias, afasias, disfagias, disartrias ou doenças que afetam a mecânica da fala, como pacientes traqueostomizados ou tumores em regiões de pescoço. O profissional realiza uma avaliação minuciosa a fim de identificar o déficit e otimizar a interação da comunicação do paciente e a promoção da funcionalidade, conforto e qualidade de vida.

Apesar de os pacientes em cuidados paliativos apresentarem limitações, o nutricionista busca melhorar o suporte nutricional e tem como atribuição atuar na prevenção e intervenção do processo de desnutrição e possíveis complicações nas fases da doença durante o tratamento clínico. Essas complicações podem levar ao declínio físico e à diminuição da resposta imunológica, além da inaceitabilidade de alimentar-se e da inapetência, predispondo à aceleração do curso da doença. Nos pacientes oncológicos em estágios avançados, as manifestações nutricionais são compostas por perda de peso abrupta, fraqueza, diminuição da funcionalidade, infecções e diminuição da resposta aos tratamentos quimioterápicos e radioterápicos, manifestações conhecidas como síndrome da caquexia. O nutricionista intervém com medidas dietéticas para a melhora e a manutenção desses sintomas, promovendo melhora da qualidade de vida e da funcionalidade desses pacientes.

Os pacientes em cuidados paliativos também estão suscetíveis a problemas na saúde bucal, aumentando os riscos de infecções dentárias e gengivais, lesões nas mucosas, má higiene e dores, piorando a qualidade de vida desses pacientes com a diminuição da ingestão nutricional, xerostomia e menor comunicação verbal. O profissional da estomatologia é indicado nesses casos para realizar uma avaliação sistemática e adotar intervenções, priorizando a melhora dos sintomas, o controle das infecções e das dores e consequentemente a melhora da qualidade de vida.

## O FISIOTERAPEUTA COMO INTEGRANTE DA EQUIPE MULTIDISCIPLINAR

Nesse contexto de equipe multidisciplinar, a fisioterapia tem como foco o estudo do movimento do corpo humano e de suas funções. Logo, a partir dos recursos terapêuticos que a caracterizam, busca promover, aperfeiçoar ou adaptar as condições físicas do indivíduo à sua situação.

Partindo de uma avaliação das condições físicas, emocionais e sociais do paciente, a fisioterapia busca estabelecer um programa de tratamento adequado com a utilização de recursos, técnicas e exercícios que visam a trazer alívio ao sofrimento, à dor e aos demais sintomas apresentados. O objetivo principal é a melhora da qualidade de vida do paciente, tornando-o o mais ativo possível, dentro de parâmetros elementares de conforto e dignidade.

A premissa da importância da atividade física ajustada ao paciente em cuidados paliativos vem sendo sustentada por inúmeros trabalhos, principalmente com pacientes oncológicos, demostrando que a atividade física leve, moderada e até intensa pode reduzir diversos sintomas associados ao tratamento, ao quadro oncológico ou à imobilidade decorrente, reduzindo sintomas de dor, fadiga, dispneia, perda acentuada de peso, alteração de sono e quadros depressivos. Logicamente, essa melhora ocorre em graus diferentes, dependendo do quadro geral dos pacientes, e normalmente é associada a outras abordagens terapêuticas, como ao controle nutricional.

De modo geral, entende-se que a eletividade de um programa de tratamento fisioterapêutico pode ser definida pelo grau de dependência desse paciente e de funcionalidade inicial.

O Manual de Cuidados Paliativos da ANCP propõe objetivos de condutas fisioterapêuticas, dividindo os pacientes em totalmente dependentes, dependentes com capacidade de deambulação e independentes, porém vulneráveis. A Tabela 3 caracteriza os objetivos e condutas de acordo com essa classificação.

Por fim, vale ressaltar que, independentemente dos objetivos e condutas adotados pela equipe e pelos profissionais da fisioterapia, as particularidades do paciente e de sua família são os elementos que determinam essas escolhas, pois o foco primordial da abordagem de cuidados paliativos é a dignidade e a qualidade de vida do paciente e de sua família.

TABELA 3 Objetivos e condutas da fisioterapia de acordo com o grau de dependência

| Grau de dependência | Objetivos | Condutas |
|---|---|---|
| Pacientes totalmente dependentes | ▪ Proporcionar a manutenção da amplitude de movimento<br>▪ Aquisição de posturas de conforto<br>▪ Favorecer a função respiratória e outras funções fisiológicas e evitar a síndrome do imobilismo (úlceras de pressão, encurtamentos, edema e dor) | ▪ Mudanças de decúbito e transferências (cama – cadeira de rodas – poltrona)<br>▪ Mobilização global do paciente<br>▪ Identificação dos meios de locomoção do paciente e promoção de mudanças ambientais<br>▪ Manutenção das condições ventilatórias do paciente, com treino e orientação de exercícios, manobras de higiene brônquica e orientações quanto à aspiração traqueal e ao estímulo de tosse |
| Pacientes dependentes que deambulam | ▪ Manter a capacidade de locomoção, autocuidado e funcionalidade do paciente | ▪ Mudanças de decúbito, com orientações quanto às transferências e posturas adotadas<br>▪ Adaptação a perdas funcionais, com novas estratégias de movimentos<br>▪ Indicação de dispositivos de auxílio à marcha (órteses e calçados adequados)<br>▪ Treino de marcha em casa e em ambientes externos com adequação ambiental, favorecendo a fixação e a aquisição de novos padrões motores<br>▪ Mobilização global<br>▪ Exercícios de coordenação motora e equilíbrio<br>▪ Exercícios respiratórios e treino de tosse |

*(continua)*

TABELA 3 Objetivos e condutas da fisioterapia de acordo com o grau de dependência (*continuação*)

| Grau de dependência | Objetivos | Condutas |
|---|---|---|
| Pacientes independentes, porém vulneráveis | ▪ Manter ou melhorar a capacidade funcional do paciente | ▪ Potencialização de mecanismos protetores, como proteção mioarticular e facilitação de ganhos motores<br>▪ Monitoramento de déficits potenciais para perdas funcionais, como déficits sensoriais, musculares e articulares<br>▪ Treinos de marcha, coordenação e equilíbrio<br>▪ Orientação postural<br>▪ Cinesioterapia para ganhos de amplitude articular, força e elasticidade nos movimentos<br>▪ Treino em ambientes com demandas de requisitos motores compatíveis com a complexidade de tarefas que o paciente desempenha no seu dia a dia<br>▪ Melhora/manutenção de seu condicionamento físico (tolerância aos esforços físicos)<br>▪ Adaptação de dispositivos de auxílio à marcha<br>▪ Identificação e eliminação de fatores de risco para quedas |

Fonte: Adaptada do Manual de Cuidados Paliativos da ANCP (2009).

# BIBLIOGRAFIA RECOMENDADA


1. Academia Nacional de Cuidados Paliativos (ANCP). Manual de cuidados paliativos. Rio de Janeiro: Diagraphic; 2009.
2. Alves RF, et al. Cuidados paliativos: desafios para cuidadores e profissionais de saúde. Fractal Rev Psicol. Rio de Janeiro. Aug. 2015;27(2):165-76.
3. Brasil. Resolução n. 41, de 31 de outubro de 2018. Dispõe sobre diretrizes para a organização dos cuidados paliativos, à luz dos cuidados continuados integrados, no âmbito Sistema Único de Saúde (SUS). Diário Oficial da União, seção 1. Brasília, DF, ano 225, 23 nov. 2018. p. 276.
4. Courneya KS. Exercise interventions during cancer treatment: biopsychosocial outcomes. Exerc Sport Sci Rev. 2001;29:60-4.
5. Kirkova J, Rybicki L, Walsh D, Aktas A. Symptom prevalence in advanced cancer. American Journal of Hospice and Palliative Medicine. 2011;29(2):139-45.
6. Monteiro DR, Almeida MA, Kruse MHL. Tradução e adaptação transcultural do instrumento Edmonton Symptom Assessment System para uso em cuidados paliativos. Rev Gaúcha Enferm. 2013;34(2):163-71.
7. Monteiro DR, Kruse MH, Almeida MA. Avaliação do instrumento Edmonton Symptom Assessment System em cuidados paliativos: revisão integrativa. Rev Gaúcha Enferm (online). 2010 Dec;31(4):785-93, Porto Alegre. Disponível em: http://www.scielo.br/scielo.php?script=sci_arttext&pid=S198314472010000400024&lng=en&nrm=iso. Acesso em: 19 set. 2019.
8. Oliveira RA. Cuidado paliativo. São Paulo: Conselho Regional de Medicina do Estado de São Paulo; 2008.
9. Sanz Ortiz J, Moreno Nogueira JÁ, Garcia de Lorenzo Mateos A. Protein energy malnutrition (PEM) in cancer patients. Clin Transl Oncol. 2008;10: 579-82.
10. SBGG. Sociedade Brasileira de Geriatria e Gerontologia. Recomendações da Sociedade Brasileira de Geriatria e Gerontologia para a elaboração de Diretivas Antecipadas de Vontade. Disponível em: https://sbgg.org.br/recomendacoes-da-sbgg-para-a-elaboracao-de-diretivas-antecipadas-de-vontade/. Acesso em: 20 set. 2019.
11. Uster A, Ruehlin M, Mey S, Gisi D, Knols R, Imoberdorf R, Pless M, Ballmer PE. Effects of nutrition and physical exercise intervention in palliative cancer patients: a randomized controlled trial. Clinical Nutrition. 2017. In: Press.
12. World Health Organization. National cancer control programmes: policies and managerial guidelines. 2.ed. Genève: OMS; 2002.

13. Zimmer P, Trebing S, Timmers-Trebing U, Schenk A, Paust R, Bloch W, et al. Eight-week, multimodal exercise counteracts a progress on chemotherapy--induced peripheral neuropathy and improves balance and streng in metastasized colorectal cancer patients: a randomized controlled trial. Support Care Cancer. 2008;26:615-24.

# 21 Fisioterapia no câncer de mama

Ângela Gonçalves Marx
Patrícia Vieira Guedes Figueira

O câncer de mama é o mais comum entre as mulheres em todo o mundo. No Brasil, também é o mais incidente e prevalente entre as mulheres. Anualmente, cerca de 60 mil novos casos de câncer de mama são diagnosticados no país.

Tanto o rastreamento quanto o tratamento do câncer de mama têm melhorado muito nos últimos anos, o que resulta em maior taxa de sobrevivência.

Com a finalidade de melhorar a qualidade de vida das pacientes sobreviventes, muitas pesquisas recentes têm seu foco nas complicações relacionadas ao tratamento do câncer de mama. Dentre as várias complicações e possíveis sequelas, a qualidade de vida pode estar reduzida por disfunções do membro superior, como dor, mobilidade, diminuição da força e linfedema.

Pode-se dividir o tratamento e as complicações advindas de cada um dos tratamentos em duas fases, descritas no Quadro 1.

O linfedema talvez seja a complicação mais estudada com foco não apenas no tratamento, mas também na prevenção. Os dados são muito díspares na literatura, mas atualmente considera-se que entre 20 e 30% das pacientes irão desenvolver linfedema após a dissecção

**Fase aguda ou precoce**

A cirurgia da mama, a abordagem axilar e também a radioterapia podem causar a formação de tecido cicatricial aderente, fibrose e encurtamento de tecidos moles, como do músculo peitoral maior.

A síndrome da rede axilar, complicação bastante prevalente, também estará presente nesta fase.

**Fase posterior ou tardia**

Após algumas semanas ou meses da cirurgia e da radioterapia, pode-se formar a capsulite adesiva, disfunções miofasciais e mesmo disfunções nervosas.

Posturas compensatórias, como a anteriorização do ombro, induzida pelo encurtamento do músculo peitoral maior e pela diminuição do espaço subacromial, podem também levar a lesões do manguito rotador.

O linfedema é uma complicação mais tardia, com exceção dos que são desenvolvidos durante a quimioterapia neoadjuvante.

axilar. Estudos recentes e revisões sistemáticas mostram que as taxas apresentadas de linfedema encontram-se entre 12 e 51% nos primeiros 3 meses e entre 1,5 e 50%, em até 6 anos após a cirurgia. Essa diferença de números pode ser explicada de várias formas, seja pelos momentos ou pelos métodos de mensuração utilizados.

Pelas complicações citadas acima e por outras diversas que serão aqui expostas, faz-se necessário um programa de fisioterapia efetivo e baseado em evidências.

A literatura mostra que em geral são utilizadas algumas técnicas básicas de fisioterapia para essas disfunções e complicações. Dentre elas, cita-se a mobilização passiva, o estiramento manual, técnicas miofasciais e a cinesioterapia ativa e ativa assistida. Para outras complicações advindas do tratamento clínico, associa-se a eletrofototerapia, a terapia compressiva, a orientação e a prescrição de atividade física.

O momento da intervenção da fisioterapia deve ser o mais precoce possível, preferencialmente no pós-operatório imediato, em qualquer tipo de cirurgia e preferencialmente antes de iniciar outros tratamentos clínicos.

A frequência e a intensidade devem ser consideradas de acordo com as características de cada paciente.

A maioria dos tratamentos inclui a cirurgia, a radioterapia, a endocrinoterapia, a quimioterapia, a terapia-alvo e mais recentemente a imunoterapia.

## FISIOTERAPIA NAS CIRURGIAS DE CÂNCER DE MAMA

A cirurgia para o câncer de mama tem mudado muito nos últimos anos, devido principalmente a programas de rastreamento e ao uso de terapia neoadjuvante sistêmica; assim, a cirurgia conservadora vem sendo utilizada como tratamento cirúrgico padrão. Entretanto, as pacientes que são eleitas para o tratamento cirúrgico conservador devem ser cuidadosamente avaliadas.

**Mastectomias**

- Mastectomia radical/modificada – retirada de toda a glândula mamária, com retirada do complexo areolopapilar (CAP), pele, gordura, com ou sem linfonodectomia axilar, retirada do músculo peitoral menor e em alguns casos retirada também do músculo peitoral maior (cada vez mais raro).
- Adenomastectomia – retirada de toda a glândula mamária, com preservação do CAP ou da pele ou de ambos.

**Cirurgias conservadoras**

- Quadrantectomia – a mama é dividida em quatro e um quadrante é retirado. Pode envolver a linfonodectomia axilar ou não, assim como a retirada do complexo areolopapilar.
- Tumorectomia, lumpectomia ou setorectomia – retirada somente do tumor com margens livres de doença. Pode haver linfonodectomia axilar parcial ou biópsia do linfonodo sentinela.

## RECONSTRUÇÃO MAMÁRIA

As reconstruções podem ser classificadas quanto ao momento e quanto ao tipo.

| Quanto ao momento |
|---|
| ▪ Imediata – realizada no mesmo momento cirúrgico da retirada do tumor. |
| ▪ Tardia – realizada alguns meses ou até anos após a cirurgia para retirada do tumor. |
| **Quanto ao tipo** |
| ▪ Expansor – a utilização do expansor em geral visa obter quantidade suficiente de pele para a colocação posterior da prótese mamária. Ele é inflado periodicamente até que se obtenha o volume desejado. Boa opção quando a radioterapia é necessária. |
| ▪ Prótese mamária – normalmente pode ser colocada junto ao músculo peitoral (anterior ou posterior a ele). Também pode ser utilizada junto aos retalhos miocutâneos. |
| ▪ Retalho miocutâneo – utilizam-se retalhos dos músculos latíssimo do dorso, serrátil anterior e do músculo reto abdominal (TRAM). |

O início da fisioterapia deve ser no pós-operatório imediato, independentemente do tipo de cirurgia. Cuidados específicos devem ser considerados, dependendo das condições clínicas das pacientes e na presença de reconstruções mamárias.

## FISIOTERAPIA NO PÓS OPERATÓRIO PRECOCE

Define-se como pós-operatório precoce o momento até a retirada dos pontos e do dreno. Nas reconstruções, independentemente do tipo, as orientações estendem-se até aproximadamente 3-6 semanas.

- Movimentação dos membros superiores: a limitação dos movimentos de abdução e flexão até 90° é uma conduta de segurança. Caso a caso deve ser avaliado, principalmente em relação ao processo de cicatrização.

ORIENTAÇÕES IMPORTANTES NESTA FASE

- Evitar dormir e levantar apoiando-se sobre o braço do lado operado.
- Evitar atividades que envolvam movimentos repetitivos ou pegar peso.
- Orientar exercícios para cintura escapular, tórax e membro superior.
- Nas cirurgias reconstrutoras com retalho muscular, evitar movimentos que tracionem demasiadamente o sítio doador (seja o músculo latíssimo do dorso, o serrátil ou o reto abdominal), orientar posturas adequadas e movimentos restritos de acordo com o local operado.
- Após a retirada do dreno e dos pontos, liberam-se paulatinamente os movimentos do membro superior em todos os eixos de movimento, dentro dos limites de dor da paciente.
- O primeiro objetivo é restaurar a função e em seguida recuperar totalmente a amplitude de movimentos e a força muscular.

## COMPLICAÇÕES E EFEITOS ADVERSOS AO TRATAMENTO DO CÂNCER DE MAMA

As complicações e efeitos adversos advêm não só da doença, mas de todo o tratamento para o câncer de mama. A cirurgia, a radioterapia e a quimioterapia neoadjuvante ou adjuvante são os tratamentos que desenvolverão mais complicações, mas a associação da endocrinoterapia, a terapia-alvo e a imunoterapia também podem apresentar toxicidades e efeitos adversos, e por vezes o tratamento deve ser interrompido ou ter a sua dose modificada (Tabela 1).

TABELA 1 Complicações e efeitos adversos ao tratamento do câncer de mama

| Complicação | O que é? | Tratamento fisioterapêutico | Observações |
|---|---|---|---|
| Seroma | Coleção de fluidos, que se apresenta como uma flutuação à palpação, que pode se desenvolver no espaço entre a parede torácica, axila e os retalhos de pele após abordagem cirúrgica da mama, seja conservadora, radical ou nas reconstruções, e que envolva a retirada de linfonodos axilares. | Terapia compressiva para prevenção e tratamento fisioterapêutico associada à limitação de ADM de ombro. | A drenagem linfática manual é contraindicada no local, pois aumenta a linforreia. Em alguns casos, é necessária a punção pela equipe médica. Fator de risco para o surgimento do linfedema. |
| Linfocele | Coleção de linfa em uma neocavidade sem membrana celular; normalmente tem conexão com o aparecimento secundário do linfedema crônico. | Terapia compressiva associada à limitação de ADM de ombro | Em alguns casos, é necessária cirurgia ou punção pela equipe médica. |

*(continuação)*

TABELA 1 Complicações e efeitos adversos ao tratamento do câncer de mama *(continuação)*

| Complicação | O que é? | Tratamento fisioterapêutico | Observações |
|---|---|---|---|
| Síndrome da rede axilar | Rede de cordões tensos e não eritematosos, palpáveis ou visíveis sob a pele, com presença de dor à palpação e durante o movimento do ombro, que se apresenta limitado sobretudo em abdução e flexão. | Mobilização tecidual longitudinal ao cordão, associada a ganho de ADM de ombro, principalmente em abdução e flexão. | Avaliação: paciente sentado ou em decúbito dorsal, com extensão, abdução e rotação lateral de ombro, extensão e supinação de cotovelo, extensão de punhos e dedos. Observar cordões visíveis, tensionar e tocar a região para encontrar cordões apenas palpáveis. Respeitar o limite de dor durante a mobilização. |
| Náuseas | As náuseas são definidas como uma sensação desagradável, que provoca mal-estar e pode levar ao vômito. | Acupuntura invasiva ou não invasiva – uso de estimulação elétrica nervosa transcutânea (TENS). | Utilizados em pontos específicos, por exemplo, PC6. |

*(continuação)*

TABELA 1 Complicações e efeitos adversos ao tratamento do câncer de mama *(continuação)*

| Complicação | O que é? | Tratamento fisioterapêutico | Observações |
|---|---|---|---|
| Fadiga | É definida como um sintoma persistente e desconfortável, que gera cansaço ou exaustão física, emocional e cognitiva subjetivos, desproporcionais à atividade recentemente realizada. A fadiga é constante, não diminui após o repouso, presente com ou sem atividade, e pode impedir as atividades da vida cotidiana. | Exercícios supervisionados pelo fisioterapeuta (treinamento aeróbico, treinamento de resistência e alongamento). Aplicação da medicina integrativa, como ioga, meditação e musicoterapia. | Está relacionada ao câncer e ao seu tratamento e pode persistir após o término deste. A intensidade, o tipo e a frequência do exercício dependem das taxas de exames laboratoriais, principalmente plaquetas e hematócritos. |

*(continuação)*

TABELA 1 Complicações e efeitos adversos ao tratamento do câncer de mama *(continuação)*

| Complicação | O que é? | Tratamento fisioterapêutico | Observações |
|---|---|---|---|
| Lesões nervosas | Nervo intercostobraquial (lesão sensitiva – pele da axila e medial do braço). Nervo torácico longo (lesão do músculo serrátil, ocasionando escápula alada). Polineuropatia simétrica distal (lesão mais comum por agentes quimioterápicos). | Dessensibilização ou estimulação sensorial na região acometida. Fortalecimento de músculos para substituir os desnervados. Uso de *laser* de baixa potência. Uso de acupuntura, neuroestimulação, massagem e cinesioterapia. | Outras lesões nervosas podem ocorrer: eritrodisestesia palmo-plantar, síndrome dolorosa pós-mastectomia, mama fantasma, lesão do nervo peitoral. Os principais agentes quimioterápicos relacionados com o aparecimento da neuropatia periférica são: taxanos (paclitaxel), alcaloides da vinca (vincristina) e derivados da platina. |
| Alterações posturais | Alterações ocasionadas principalmente pelo processo cirúrgico e pela dor: hipercifose torácica, rotação ou elevação do ombro, posição assimétrica das escápulas, inclinação do tronco. | Diversas técnicas de fisioterapia, como: reeducação postural global, método Rolfing de integração estrutural, Pilates, liberação miofascial e outras técnicas de terapia manual. | Orientação de prótese externa nos casos de mastectomia, uso de sutiã adequado. |

*(continuação)*

TABELA 1 Complicações e efeitos adversos ao tratamento do câncer de mama *(continuação)*

| Complicação | O que é? | Tratamento fisioterapêutico | Observações |
|---|---|---|---|
| Fibroses e aderências | A fibrose é caracterizada pela deposição excessiva de componentes da matriz extracelular (colágeno). Causa alteração da mobilidade e da flexibilidade do tecido conjuntivo, gerando rigidez, dor e por vezes alterações estéticas.<br>A aderência caracteriza-se pela redução de mobilidade entre os tecidos. | Mobilizações teciduais para prevenção e tratamento. Gerar forças mecânicas adequadas para melhorar a qualidade dos tecidos cicatriciais (mecanotransdução). | A radioterapia, além da cirurgia, são os principais tratamentos responsáveis pelo surgimento de fibroses e aderências.<br>No caso da radioterapia, diz-se fibrose induzida pela radiação.<br>Próteses podem se apresentar com aderência, sendo necessária mobilização específica. |

*(continuação)*

TABELA 1 Complicações e efeitos adversos ao tratamento do câncer de mama *(continuação)*

| Complicação | O que é? | Tratamento fisioterapêutico | Observações |
|---|---|---|---|
| Linfedema | Aumento do volume em membro superior ocasionado pela estagnação da linfa, aumento do fluido intravasal e tecidual, após uma combinação de fatores causais. | Terapia física complexa/ linfoterapia (cuidados com a pele, drenagem linfática manual, enfaixamento compressivo multicamadas, exercícios e prescrição de luvas e braçadeiras compressivas). Opções ao tratamento: malhas com velcro, vestimentas noturnas, bombas de compressão pneumática, terapia por ondas de choque, *laser* de baixa potência, *taping* linfático e plataforma vibratória. | Principais fatores de risco: linfonodectomia axilar, radioterapia em fossa axilar, índice de massa corpórea elevado, idade, infusão de quimioterápicos no membro superior ipsilateral à cirurgia neo ou adjuvante, presença de edema e seroma até 6 meses após a cirurgia. A eletrotermofototerapia vem sendo utilizada com resultados clínicos interessantes, mas ainda carece de maior evidência científica. |

*(continuação)*

TABELA 1 Complicações e efeitos adversos ao tratamento do câncer de mama *(continuação)*

| Complicação | O que é? | Tratamento fisioterapêutico | Observações |
|---|---|---|---|
| Radiodermite | Apresenta-se com hipersensibilidade local, dor, descamação, eritema e ulceração. | *Laser* de baixa potência. Hidratação adequada. | *Laser* utilizado como prevenção e tratamento. Quase todas as pacientes apresentarão radiodermite em menor ou maior grau. |
| Artralgia e mialgia | Dores articulares e musculares pela quimioterapia e endocrinoterapia – principalmente pelo uso de inibidores de aromatase. | Massagem, cinesioterapia, *laser* de baixa potência, mobilização miofascial, TENS, atividade física orientada. | Orientar atividade física regular de intensidade moderada 150 minutos por semana. |
| Osteopenia e osteoporose | Perda da densidade mineral óssea provocada pela endocrinoterapia – tamoxifeno e inibidores da aromatase. | Conhecer o grau de perda óssea e orientar exercícios com carga. | Orientar atividade física regular de intensidade moderada 150 minutos por semana. |

## BIBLIOGRAFIA RECOMENDADA

1. Abe M, Iwase T, Takeuchi T, Murai H, Miura S. A randomized controlled trial on the prevention of seroma after partial or total mastectomy and axillary lymph node dissection. Breast Cancer. 1998;5(1):67-9.
2. Bevilacqua JL, Kattan MW, Changhong Y, Koifman S, Mattos IE, Koifman RJ, et al. Nomograms for predicting the risk of arm lymphedema after axillary dissection in breast cancer. Ann Surg Oncol. 2012 Aug;19(8):2580-9.

3. Box RC, Reul-Hirche HM, Bullock-Saxton JE, Furnival CM. Shoulder movement after breast cancer surgery: results of a randomized controlled study of postoperative physiotherapy. Breast Cancer Res Treat. 2002;75(1):35-50.
4. Duncan M, Moschopoulou E, Herrington E, et al. Review of systematic reviews of non-pharmacological interventions to improve quality of life in cancer survivors. BMJ Open. 2017;7:e015860.
5. Figueira PVG, Haddad CAS, de Almeida Rizzi SKL, Facina G, Nazario ACP. Diagnosis of axillary web syndrome in patients after breast cancer surgery: epidemiology, risk factors, and clinical aspects: a prospective study. Am J Clin Oncol. 2018 Oct;41(10):992-6.
6. Harris SR, Schmitz KH, Campbell KL, McNeely ML. Clinical practice guidelines for breast cancer rehabilitation: syntheses of guideline recommendations and qualitative appraisals. Cancer. 2012;118:2312-24.
7. Johansen S, Fossa K Fau-Nesvold IL, Malinen E, Malinen E Fau, Fossa SD. Arm and shoulder morbidity following surgery and radiotherapy for breast cancer. Acta Oncol. 2014;53:521-9.
8. Lauridsen MC, Christiansen P, Hessov I. The effect of physiotherapy on shoulder function in patients surgically treated for breast cancer: a randomized study. Acta Oncol. 2005;44(5):449-57.
9. Liu CQ, Guo Y, Shi JY, Sheng Y. Late morbidity associated with a tumour-negative sentinel lymph node biopsy in primary breast cancer patients: a systematic review. Eur J Cancer. 2009;45(9):1560-8.
10. Martin RM, Fish DE. Scapular winging: anatomical review, diagnosis, and treatments. Curr Rev Musculoskelet Med. 2008 Mar;1(1):1-11.
11. Marx A, Figueira P. Fisioterapia no câncer de mama. Barueri: Manole; 2017.
12. McNeely ML, Binkley JM, Pusic AL, Campbell KL, Gabram S, Soballe PW. A prospective model of care for breast cancer rehabilitation: postoperative and postreconstructive issues. Cancer. 2012 Apr 15;118(8 Suppl):2226-36.
13. Mijwel S, Backman M, Bolam KA, et al. Highly favorable physiological responses to concurrent resistance and high-intensity interval training during chemotherapy: the OptiTrain breast cancer trial. Breast Cancer Res Treat. 2018;169:93-103.
14. Mijwel S, Cardinale DA, Norrbom J, et al. Exercise training during chemotherapy preserves skeletal muscle fiber area, capillarization, and mitochondrial content in patients with breast cancer. FASEB J. 2018;32:5495-505.
15. Mullaney MJ, McHugh, MP, Johnson CP, Tyler TF. Reliability of shoulder range of motion comparing a goniometer to a digital level. Physiother Theory Pract. 2010;26(5):327-33.

16. Murphy CC, Bartholomew LK, Carpentier MY, Bluethmann SM and Vernon SW. Adherence to adjuvant hormonal therapy among breast cancer survivors in clinical practice: a systematic review. Breast Cancer Research and Treatment; 2012;134:459-78.
17. Todd J, Scally A, Dodwell D, Horgan K, Topping A. A randomized controlled trial of two programs of shoulder exercise following axillary node dissection for invasive breast cancer. Physiotherapy. 2008;94(4):265-73.
18. Van Waart H, Stuiver MM, van Harten WH, Sonke GS, Aaronson NK. Design of the physical exercise during Adjuvant Chemotherapy Effectiveness Study (PACES): a randomized controlled trial to evaluate effectiveness and cost-effectiveness of physical exercise in improving physical fitness and reducing fatigue. BMC Cancer. 2010 Dec 7;10:673.
19. Wiskemann J, Schmidt ME, Klassen O, et al. Effects of 12-week resistance training during radiotherapy in breast cancer patients. Scand J Med Sci Sports. 2017;27:1500-10.
20. Xie X, Liu Z, Qu S, Guo F, Zheng Z, Liu Y, et al. 169 patients with postoperative breast cancer on exercising the function of limbs and investigating quality of life: a clinical study. Chin Ger J Clin Oncol. 2010;9(10):590-3.

# 22 Fisioterapia pós-tratamento do câncer ginecológico

Jaqueline Munaretto Timm Baiocchi

## INTRODUÇÃO

### Câncer de endométrio

O câncer do endométrio é a sétima causa de câncer no mundo, sendo diagnosticados cerca de 200.000 casos novos por ano. Usualmente acomete mulheres na pós-menopausa e com idade mediana de 60 anos.

O principal fator de risco é a exposição contínua do endométrio ao hormônio estrogênio sem oposição da progesterona. Outros fatores incluem obesidade, menopausa tardia, menarca precoce, o uso do estrógeno (terapia hormonal) sem antagonismo da progesterona, o diabetes, a síndrome dos ovários policísticos, a nuliparidade e o uso de tamoxifeno. A maioria está relacionada com a exposição cumulativa ao estrógeno.

O ultrassom pélvico transvaginal é a principal ferramenta de avaliação do endométrio. A mulher na pós-menopausa e sem uso de terapia hormonal deve ter a espessura endometrial de até 5 mm.

A histerectomia total com salpingo-oforectomia bilateral é o tratamento fundamental do câncer de endométrio. A radioterapia e a quimioterapia têm papel principalmente adjuvante ou complementar à cirurgia.

## Câncer de ovário

O câncer de ovário corresponde a 23% dos tumores malignos ginecológicos, porém é responsável por 47% das mortes por câncer ginecológico. O risco de uma mulher desenvolver câncer de ovário durante a vida é de cerca de 1,4%.

Os fatores de risco são história de infertilidade, menarca precoce, menopausa tardia, nuliparidade, obesidade, endometriose e terapia hormonal na pós-menopausa.

Cerca de 10% dos casos têm predisposição genética ou componente hereditário. A síndrome genética mais frequente é a síndrome do câncer de mama-ovário hereditário. Está relacionada com os genes BRCA 1 e BRCA 2. As mulheres com mutação germinativa do gene BRCA1 têm 16-60% de risco de desenvolver câncer de ovário, e no caso da mutação do gene BRCA 2 têm risco de 16-27% durante a vida.

Dentre os fatores protetores, é bem estabelecido que o uso de contraceptivos orais reduz o risco de desenvolver câncer de ovário. Mulheres que usaram contraceptivos orais por 5 anos apresentam redução de 50% do risco em relação às que não nunca usaram.

Não há exame de rastreamento adequado para o diagnóstico precoce do câncer de ovário, sendo o diagnóstico geralmente tardio, com a maioria das pacientes diagnosticada nos estádios III e IV.

No caso do diagnóstico de doença inicial e aparentemente confinada aos ovários, o tratamento é a histerectomia total, salpingooforectomia bilateral, omentectomia, lavado peritoneal para citologia oncótica, biópsias de peritônio e retirada dos linfonodos pélvicos e retroperitoneal.

O tratamento padrão atual da doença avançada (quando há carcinomatose – disseminação por implantes no peritônio) consiste na cirurgia citorredutora. O tratamento adjuvante ou complementar do câncer de ovário é realizado com quimioterapia.

## Câncer de vulva

O câncer de vulva é uma neoplasia maligna pouco frequente, com incidência de 2-3/100.000 mulheres. Corresponde a cerca de 3-5% dos cânceres ginecológicos e afeta principalmente pacientes idosas, com idade média entre 65 e 70 anos.

Os principais fatores de risco são: idade, tabagismo, infecção pelo HPV, doença imunossupressora e presença de distrofias vulvares ou líquen escleroso.

A principal modalidade de tratamento do câncer de vulva é a cirurgia. Os procedimentos cirúrgicos incluem a ressecção do tumor primário (vulvectomia), assim como os linfonodos inguinofemorais correspondentes. A radioterapia adjuvante tem impacto na melhora da sobrevida no caso de linfonodos comprometidos.

## Câncer do colo de útero

O câncer do colo do útero é a segunda neoplasia mais comum entre mulheres no mundo, sendo responsável, anualmente, por cerca de 500 mil casos novos e pelo óbito de aproximadamente 230 mil mulheres. Quase 80% dos casos novos ocorrem em países subdesenvolvidos e em desenvolvimento devido principalmente à falta de um programa de rastreamento adequado.

O câncer do colo do útero é uma doença sexualmente transmissível associada à infecção persistente pelo papilomavírus humano (HPV) do tipo alto risco. O tabagismo e a imunossupressão também são fatores de risco.

A prevenção do câncer do colo do útero é realizada através do exame ginecológico Papanicolau (citopatológico do colo do útero). O objetivo principal é diagnosticar as lesões pré-malignas do câncer do colo do útero.

O tratamento inicial é realizado com cirurgia ou radioterapia. Tumores iniciais passam pela conização e os avançados passam por histerectomia radical e linfonodectomia pélvica bilateral. Radioterapia e quimioterapia são utilizadas nos tumores mais avançados.

## TRATAMENTO CLÍNICO DOS TUMORES GINECOLÓGICOS

O tratamento do câncer ginecológico é multimodal, podendo ser cirúrgico, radioterapêutico (teleterapia ou braquiterapia), quimioterapia, hormonioterapia (terapia endócrina) ou terapia-alvo.

### Cirurgias

Os tipos de cirurgias ginecológicas para retirada dos tumores são:

- Vulvectomia: consiste na ressecção cirúrgica da vulva.
- Colpectomia: consiste na ressecção da vagina.
- Conização ou traquelectomia: consiste na retirada de parte do colo do útero. Tem o objetivo de diagnosticar e tratar lesões pré-malignas e malignas do colo uterino.
- Histerectomia total: retirada completa do útero (corpo e colo do útero).
- Histerectomia radical ou cirurgia de Wertheim-Meigs: consiste na retirada do útero (colo e corpo) em conjunto com a parte superior da vagina, parte dos ligamentos ao lado do útero (paramétrios) e linfonodos da pelve.
- Traquelectomia radical: a diferença da histerectomia radical é a manutenção do corpo do útero com o objetivo de preservar a fertilidade.
- Ooforectomia: retirada dos ovários unilateral ou bilateral.
- Salpingectomia: retirada das trompas de Falópio.
- Anexectomia: retirada dos ovários e das trompas de Falópio.
- Linfonodectomia pélvica: retirada dos linfonodos (gânglios) e tecido gorduroso situados junto aos vasos e nervos da pelve.

- Linfonodectomia retroperitoneal ou para-aórtica: retirada dos linfonodos (gânglios) e tecido gorduroso situados junto à artéria aorta e veia cava que estão localizados atrás dos intestinos.
- Reconstrução vulvovaginal: após o procedimento cirúrgico radical vulvar ou vaginal, poderão ser necessários procedimentos cirúrgicos adicionais plásticos de reconstrução com o objetivo de corrigir o defeito anatômico gerado pelo procedimento.

O tratamento cirúrgico do câncer ginecológico pode resultar em alterações da anatomia feminina, menopausa precoce, levando a complicações como estenose vaginal, encurtamento do canal vaginal, atrofia da mucosa vaginal, fibrose, aderências, incontinência urinária, incontinência fecal, dispareunia (dor na relação sexual), diminuição da lubrificação vaginal, dor pélvica, linfedema pélvico, de vulva e de membros inferiores.

Avanços recentes no mapeamento dos linfonodos comprometidos por metástase pela biópsia do linfonodo sentinela, cirurgias menos radicais e o uso de cirurgias por videolaparoscopia ou cirurgia robótica diminuíram a morbidade e as complicações pós-operatórias.

## Radioterapia

Em ginecologia, a radioterapia pode ser aplicada externamente (teleterapia) ou internamente (braquiterapia). Apesar dos avanços, os efeitos adversos ainda são observados durante e após o tratamento radioterápico e podem manifestar-se até anos após o término da radioterapia. As principais complicações são as radiodermites, as mucosites vaginais e as fibroses radioinduzidas.

## Quimioterapia, hormonioterapia e terapia-alvo

A quimioterapia é o método que utiliza compostos químicos no tratamento dos tumores e afeta tanto as células normais como as neoplásicas. Os efeitos terapêuticos e tóxicos dos quimioterápicos dependem do tempo de exposição e da concentração plasmática da droga. A toxicidade é variável para os diversos tecidos e depende da droga utilizada. Cada droga tem um perfil de toxicidade e gera diferentes efeitos colaterais. Os efeitos mais comuns são náuseas, vômito, alopecia, neurotoxicidade, cardiotoxicidade, mielotoxicidade, mucosite, obstipação intestinal ou diarreia e fadiga oncológica.

A hormonioterapia leva à supressão da produção de hormônios, com a finalidade de privar as células malignas dos estímulos necessários para entrar em divisão; desse modo, as pacientes sofrerão um bloqueio dos hormônios femininos, que as levará à menopausa. Os efeitos observados são os decorrentes da privação do hormônio no corpo do paciente. Todos os sintomas da menopausa, como fogachos, alterações tegumentares, atrofia de mucosas, diminuição da autoestima e libido, artralgia, fenômenos tromboembólicos, osteopenias e osteoartrose, são comuns.

A terapia-alvo consiste em compostos de substâncias desenvolvidas para identificar e atacar características específicas das células cancerígenas, alvos moleculares, bloqueando assim o crescimento e a disseminação do câncer. O princípio básico da utilização da terapia-alvo consiste na identificação de um bom alvo molecular. Os efeitos colaterais variam conforme a via molecular a ser bloqueada, mas de uma forma geral são diferentes dos observados durante o tratamento com quimioterápicos convencionais, variando entre alterações cutâneas, hipertensão arterial, alterações na coagulação e cicatrização ou mesmo complicações mais graves, como a formação de fístula entre a vagina e o intestino.

## AVALIAÇÃO FISIOTERAPÊUTICA

Os músculos pélvicos controlam o fluxo de urina, a contração do períneo e o bom fechamento do ânus. Tanto a uretra quanto o ânus têm o esfíncter externo, de musculatura estriada, que auxiliam em torno de 70% na continência miccional e anal. Os outros 30% são de responsabilidade do esfíncter interno, sendo que este é de musculatura lisa com controle realizado pelo sistema nervoso autônomo (simpático e parassimpático) e pelo sistema nervoso central.

A avaliação fisioterapêutica é composta por uma completa anamnese e pela avaliação funcional do assoalho pélvico. O exame físico deverá contemplar os seguintes itens:

- Tônus muscular.
- Controle e coordenação motora.
- Força muscular.
- Reflexos (cutâneo-anal, bulbocavernoso, isqueocavernoso e pudendo-anal).
- Inspeção da vulva, vagina, períneo e ânus.
- Palpação para observar pontos de dor, aderências, fibroses, encurtamentos e estenose vaginal.
- Avaliação de pontos-gatilho.
- Alterações de trofismo e coloração da pele.
- Testes de diário funcional miccional e/ou *pad test*.

## Disfunções oncológicas e atuação fisioterapêutica

As ferramentas de tratamento disponíveis são de caráter educacional, cognitivo-comportamental e funcional. O tratamento fisioterapêutico consiste na utilização de cinesioterapia, terapia manual, eletroterapia, *biofeedback* e terapia comportamental. Uma mesma paciente pode apresentar várias disfunções concomitantemente, e muitas das terapêuticas aplicadas na reabilitação do assoalho pélvico tratam diferentes patologias. Por exemplo, uma paciente submetida a uma colpectomia por câncer de colo de útero pode apresentar estenose do canal vaginal, com dor pélvica e disfunção sexual.

A cinesioterapia para o assoalho pélvico é composta por exercícios para a normalização do tônus e ganho de força muscular. É utilizada tanto com o objetivo de fortalecimento como de relaxamento muscular.

A terapia manual ou a massoterapia deve ser empregada para tratar pontos-gatilho, aderências teciduais e fibroses pós-cirúrgicas ou pós-radioterapia.

A eletroestimulação tem como objetivo fortalecer, relaxar e normalizar o tônus, melhorando as complicações pós-tratamento do câncer ginecológico. O uso da eletroterapia em pacientes oncológicos foi controverso durante muitos anos. Hoje, novas evidências apontam ser um recurso seguro nesse tipo de paciente. A seguir veremos a atuação da fisioterapia em cada uma das principais complicações pós-tratamento oncológico.

## Radiodermite e mucosite vaginal

A radiodermite e a mucosite vaginal são queimaduras complexas e localizadas, resultantes do excesso de exposição à radiação ionizante. Desenvolvem-se em poucos dias ou até semanas após a irradiação com quadro clínico de hiperemia, eritema bolhoso e, por último, necrose. A intensidade das lesões causadas pela toxicidade da radiação está na dependência do volume tecidual irradiado, da dose por fração, da dose total, do esquema de fracionamento de dose, da distribuição de dose no tecido a ser irradiado, entre outros (Figura 1). A prevenção e o tratamento da radiodermite deverão ser feitos em conjunto com o médico e a equipe de enfermagem.

A fisioterapia dispõe de recursos valiosos no manejo das queimaduras da radioterapia. A literatura traz o uso do equipamento de alta frequência, que tem função vasodilatadora, sedante e antisséptica; e da fotobiomodulação de baixa potência (660 nm) com doses de 2-4 joules por ponto, a serem aplicados sobre a região irradiada. Estudos recentes têm demonstrado segurança no uso desses recursos nos

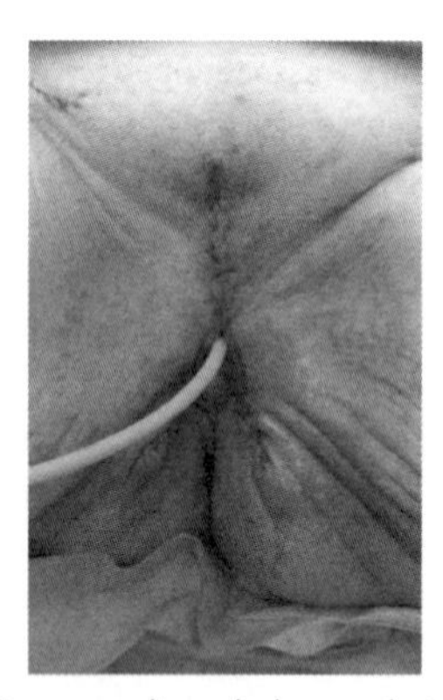

FIGURA 1 Radiodermite e mucosite vaginal em paciente com vulvectomia total.
Fonte: Dra. Jaqueline Munaretto Timm Baiocchi.

pacientes oncológicos. Cremes tópicos específicos para radioterapia devem ser utilizados e cremes que contenham minerais e derivados de petróleo são proibidos.

## Síndrome da fibrose radioinduzida

A radioterapia causa obliteração da microcirculação tecidual, propiciando lesões inflamatórias na pele que podem ser substituídas por tecido fibroso por meio do processo de reparo tecidual. Esse processo acarreta má nutrição tecidual, com prejuízo à elasticidade e à contratilidade tecidual e muscular, levando a retrações teciduais e encurtamentos musculares muitas vezes graves. Podem afetar nervos, músculos, tendões, ligamentos, pele, ossos e tecido linfático. Esse processo todo pode levar de 6 meses a 2 anos.

As principais sequelas associada a fibrose são: cicatrizes hipertróficas, rigidez articular, contraturas de tecidos moles e/ou articulares, aderência dos tecidos vizinhos, retração e contratura do tecido cicatricial, amplitude de movimento diminuída, áreas avermelhadas e elevadas e desconforto da pele esticada (Figura 2). Isso se deve à tendência do colágeno a se contrair e a reter seu menor comprimento possível, o que pode acontecer sobre o assoalho pélvico, trazendo estenose vaginal, dispareunia e dor pélvica crônica.

A queimadura sobre o plexo nervoso sacral pode acarretar alterações no controle esfincteriano e na musculatura detrusora da bexiga.

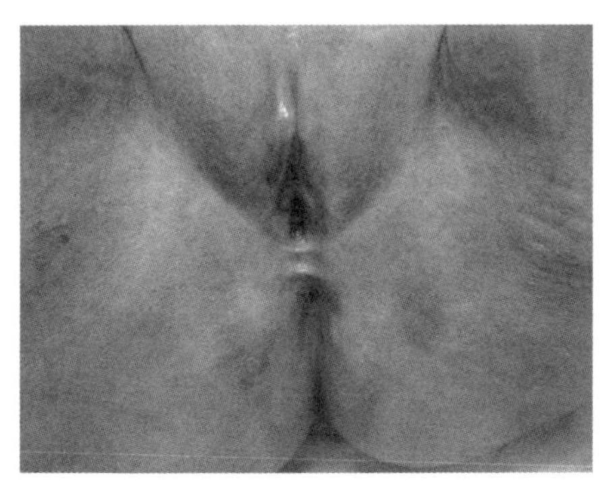

FIGURA 2 Presença de fibroses e aderências em região perineal.
Fonte: Dra. Jaqueline Munaretto Timm Baiocchi.

## Estenose vaginal e disfunção sexual

A estenose vaginal é definida como o encurtamento da vagina, com valor inferior a 8 cm de comprimento e perda e/ou diminuição do seu diâmetro. Isso se dá pela retirada cirúrgica da vagina, ou do colo do útero, ou por acometimento da mucosa vaginal, dos tecidos conectivos e dos pequenos vasos sanguíneos, devido à interrupção hormonal ou por efeito tardio da radioterapia. Esses processos levam à diminuição da espessura da mucosa vaginal, ausência de lubrificação, formação de aderências e fibroses, resultando na perda da elasticidade vaginal, podendo levar à disfunção sexual e à dificuldade na realização de exames ginecológicos de rotina da mulher (Figura 3).

A dispareunia (dor na relação sexual) é a queixa sexual mais comum entre mulheres pós-tratamento de câncer ginecológico. Isso ocorre pela atrofia vulvovaginal, resultante do hipoestrogenismo em função da menopausa induzida por cirurgia, por quimioterapia ou por terapia endócrina ou ainda pela alteração tecidual decorrente da radioterapia ou por cicatrizes cirúrgicas.

A fisioterapia tem atuação satisfatória nesses casos, utilizando técnicas de massoterapia, terapia manual, dilatadores vaginais, eletroterapia, fotobiomodulação, exercícios pélvicos, dentre outros recursos.

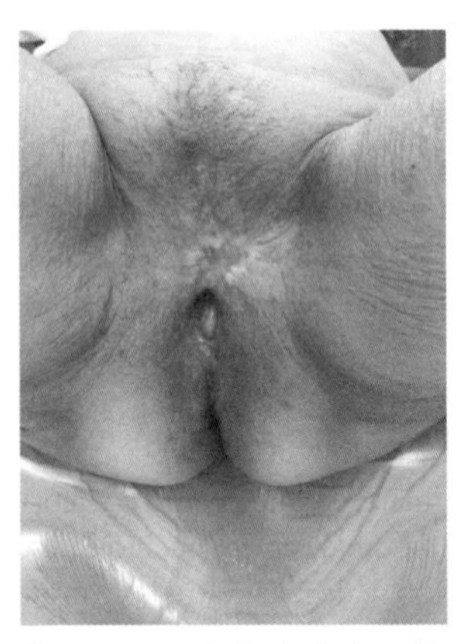

FIGURA 3 Presença de estenose vaginal, aderências e fibroses teciduais em paciente com vulvectomia total.
Fonte: Dra. Jaqueline Munaretto Timm Baiocchi.

O uso do ultrassom (US) terapêutico no tratamento pós-câncer ginecológico é controverso. Alguns estudos apontam o US com alto potencial de proliferação celular e outros o trazem como um recurso seguro. Ele pode ser usado em alguns casos de estenose vaginal, dor, aderências, fibroses e pontos-gatilho, desde que não seja sobre a área tumoral.

## Incontinência urinária

Os tumores malignos podem afetar a micção de variadas maneiras. Como o bom funcionamento da bexiga, da uretra e do sistema nervoso central resultam no controle da micção, a presença de tumores na bexiga, na uretra, no útero e de tumores que afetam o cérebro, a medula espinal ou os nervos periféricos, assim como a manipulação cirúrgica ou radioterapia sobre essas estruturas, poderão afetar o controle da micção. Podem existir ainda fístulas, que podem ocorrer devido a processos traumáticos, irradiação ou cirurgias realizadas na região pélvica. Nesse caso, a paciente padece de um gotejamento ininterrupto sobre o qual ela não tem controle, e o tratamento deverá ser cirúrgico.

A radioterapia pélvica, a braquiterapia ou implantes tumorais podem ser responsáveis pela presença de incontinência urinária, mais do que o próprio procedimento cirúrgico.

A incontinência urinária pode ser por esforço, urgência ou mista.

- Incontinência urinária de esforço: ocorre perda de urina aos esforços, como ao espirrar, tossir, rir, fazer atividades físicas, mudar de posição ou fazer algo que coloque a bexiga sob pressão ou estresse.
- Incontinência urinária de urgência: ocorre uma vontade forte e repentina de urinar, ocasionada por espasmos ou contrações na musculatura detrusora da bexiga e com eventuais perdas urinárias.

- Incontinência urinária mista: associam-se os dois tipos de incontinência urinária, de esforço e urgência.

O tratamento fisioterapêutico da incontinência urinária varia de acordo com o tipo desta, podendo utilizar a eletrotermofototerapia, a cinesioterapia, o *biofeedback* e a terapia comportamental.

Os exercícios para o assoalho pélvico são iniciados em decúbito dorsal, evoluindo para o ortostatismo, com aumento progressivo de carga através de marcha, subir e descer degraus e agachamentos, associados ao treino de tosse e à manobra de Valsalva. Os exercícios englobam contrações musculares rápidas e lentas, sustentadas, exercícios de relaxamento e mobilidade pélvica.

A eletroterapia tem como objetivo fortalecer, relaxar e normalizar o tônus e também pode ser utilizada como terapia analgésica e neuromodulação. Pode ser realizada com eletrodos de superfície ou intracavitário. Para contração muscular são usadas sondas intravaginais ou anais ou eletrodos de superfície sobre a região perineal, para o tratamento das contrações involuntárias do músculo detrusor da bexiga que deve ser aplicado sobre a região sacral ou sobre o nervo tibial posterior (neuromodulação) (Tabela 1).

TABELA 1

| Parâmetros de eletroterapia para fortalecimento muscular | Parâmetros de eletroterapia para neuromodulação |
|---|---|
| Corrente bifásica simétrica<br>Pulso: 500-700 µs<br>Frequência: 20-50 Hz<br>Intensidade: a mais alta tolerada pelo paciente<br>Tempo *on/off*: variável; iniciar com tempo de repouso maior que o de contração | Corrente bifásica alternada (TENS)<br>Pulso: 200 µs<br>Frequência: 10 Hz<br>Intensidade: a mais alta tolerada pelo paciente abaixo do limiar motor<br>Tempo: 30 minutos |

O *biofeedback* perineal é um recurso utilizado para a reeducação da musculatura do assoalho pélvico. Pode ser realizado por meio de exame eletromiográfico ou manométrico. Essa modalidade de tratamento destina-se à conscientização e ao controle das funções musculares do assoalho pélvico.

A terapia comportamental consiste em orientações sobre uma dieta equilibrada e ingestão hídrica adequada, para controle do peso e melhora das funções intestinal e urinária. O paciente recebe um diário em que relata sua ingesta e perdas urinárias.

## Incontinência fecal

A incontinência fecal é o termo utilizado para englobar tanto a perda involuntária de material fecal quanto de gases, sendo caracterizada como a incapacidade de manter o controle fisiológico do conteúdo intestinal em local e tempo socialmente adequados, levando à perda involuntária de fezes líquidas, pastosas ou sólidas.

Os tumores malignos podem afetar a função anal de variadas maneiras. A presença de tumores pélvicos ou até mesmo no sistema nervoso central (SNC) e no sistema nervoso autônomo (SNA) pode ser responsável pela alteração da fisiologia da micção e da evacuação. Outras causas que também podem afetar essa função são a própria manipulação cirúrgica, a manipulação de nervos periféricos, a radioterapia e a braquiterapia.

O tratamento é parecido com o da incontinência urinária, exposto anteriormente, composto por exercícios do assoalho pélvico, eletroestimulação intracavitária anal e neuromodulação sacral.

## Dor pélvica crônica

A dor pélvica crônica refere-se a dores com pelo menos 6 meses de duração que ocorrem na região inferior do abdome, interferindo nas atividades da vida diária. Sua etiologia é multifatorial, podendo ocorrer em decorrência de alterações gastrointestinais, urológicas, musculoesqueléticas ou neurológicas.

O fisioterapeuta deve estar atento a essa condição, pois a dor pélvica pode ser sinal de recidiva tumoral, ou pode ocorrer devido à presença de linfoceles pélvicas, fibroses, aderências cirúrgicas ou por carcinomatose.

## Linfedema pélvico e de membros inferiores

O linfedema secundário oncológico é uma condição clínica de edema rico em proteínas decorrente de procedimentos cirúrgicos ou radiação, que acabam por danificar ou tornar ineficaz o sistema linfático. A ausência dos linfonodos gera uma obstrução do sistema linfático, levando-o a uma sobrecarga funcional, que por sua vez provoca um desequilíbrio entre a demanda linfática e a capacidade do sistema de drenar a linfa. Isso causa um aumento progressivo do volume do membro (Figura 4).

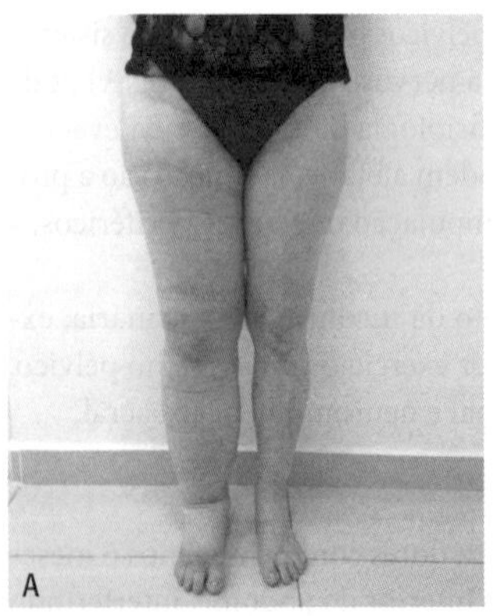


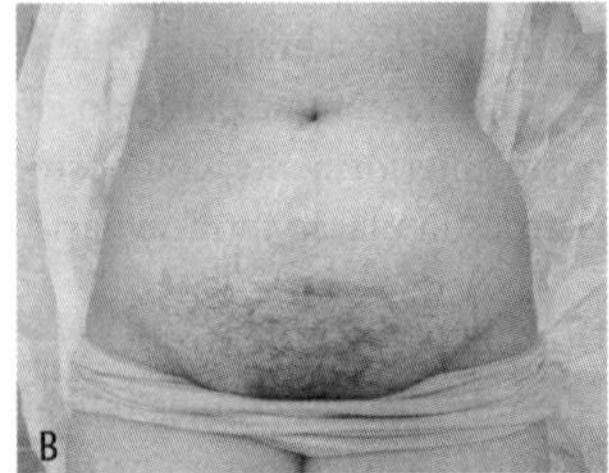


FIGURA 4 Linfedema de membro inferior direito (A) e linfedema pélvico (B).
Fonte: Dra. Jaqueline Munaretto Timm Baiocchi.

A forma de tratamento com os resultados mais consistentes é a terapia física complexa (TFC) ou fisioterapia complexa descongestiva. É composta por cuidados com a pele, drenagem linfática manual, enfaixamento compressivo multicamadas e exercícios miolinfocinéticos.

A terapia linfática vem evoluindo nos últimos anos, e novas técnicas de tratamento vêm sendo associadas à TFC, como pressoterapia (botas pneumáticas), fotobiomodulação, *kinesiotaping*, endermoterapia, terapia por ondas de choque e uso de vestimentas compressivas especiais.

## BIBLIOGRAFIA RECOMENDADA

1. Baiocchi JMT. Fisioterapia no linfedema secundário oncológico. Fisioterapia em Oncologia. Curitiba: Apris; 2016. p. 238-78.
2. Bray F, Ferlay J, Soerjomataram I, Siegel RL, Torre LA, Jemal A. Global cancerstatistics 2018: GLOBOCAN estimates of incidence and mortality worldwide for 36 cancers in 185 countries. CA Cancer J Clin. 2018;68:394-424.
3. Brasil. Ministério da Saúde. Coordenação de Prevenção e Vigilância. Estimativa 2018: Incidência de Câncer no Brasil. Rio de Janeiro: Inca; 2015.
4. Denton AS, Maher J. Interventions for the physical aspects of sexual dysfunction in women following pelvic radiotherapy (review). The Cochrane Library. 2015(2):1-31.
5. Ferreira CHJ, et al. Does pelvic floor muscle training improve female sexual function? A systematic review. Int Urogynecol J. 2015;1-16.
6. Hareyama H, Hada K, Goto K, et al. Prevalence, classification, and risk factors for postoperative lower extremity lymphedema in women with gynecologic malignancies: a retrospective study. Int J Gynecol Cancer. 2015;25:751-7.
7. Iwersen LF, Sperandio FF, Toriy AM, Palú M, Medeiros da Luz C. Evidence-based practice in the management of lower limb lymphedema after gynecological cancer. Physiother Theory Pract. 2017;33:1-8.
8. Ministério da Saúde. Instituto Nacional do Câncer. Estimativa 2018 Incidência de câncer no Brasil. Rio de Janeiro: Inca; 2018.
9. Peters WA 3rd, Liu PY, Barrett RJ 2nd, et al. Concurrent chemotherapy and pelvic radiation therapy compared with pelvic radiation therapy alone as adjuvant therapy after radical surgery in high-risk early-stage cancer of the cervix. J Clin Oncol. 2000;18:1606-13.

10. Randall M. Uterine cervix. In: Barakat R, Markman M, Randall M, eds. Principles and practice of gynecologic oncology. 5.ed. Baltimore: Lippincott Williams & Wilkins; 2009. p.623-82.
11. Ricci MD, et al. Oncologia Ginecológica: aspectos atuais do diagnóstico e do tratamento. São Paulo: Manole; 2008.
12. Silva MPP, et al. Métodos Avaliativos para estenose vaginal pós-radioterapia. Revista Brasileira de Cancerologia. 2010;56(1):71-83.
13. Vaz AF, Conde DM, Costa-Paiva L, Morais SS, Esteves SB, Pinto-Neto AM. Quality of life and adverse events after radiotherapy in gynecologic cancer survivors: a cohort study. Arch Gynecol Obstet. 2011; 284:1523-31.
14. Volpi L, Sozzi G, Capozzi VA, et al. Long term complications following pelvic and para-aortic lymphadenectomy for endometrial cancer, incidence and potential risk factors: a single institution experience. Int J Gynecol Cancer. 2019;29:312-9.
15. Yang EJ, Lim JY, Rah UW, Kim YB. Effect of a pelvic floor muscle training program on gynecologic cancer survivors with pelvic floor dysfunction: a randomized controlled trial. Gynecologic Oncology. 2012;125:705-11.

# 23 Fisioterapia nos tumores urológicos masculinos

Jaqueline Munaretto Timm Baiocchi
Priscila Barros Capeleiro

## INTRODUÇÃO

Os principais tumores urológicos masculinos são de bexiga, testículo, rim, pênis e próstata. Essas localizações correspondem a mais da metade dos casos de câncer no homem. Atualmente, com medidas adequadas de prevenção e detecção precoce, esses tumores em fases iniciais atingem um índice de cura de cerca de 90% dos casos. O tratamento clínico para esses tumores inclui cirurgias, radioterapia, quimioterapia e hormonioterapia. É comum durante ou após o tratamento oncológico que os homens experimentem queixas relacionadas ao assoalho pélvico ou a disfunções sexuais.

## CÂNCER DE BEXIGA

O câncer de bexiga representa a segunda neoplasia mais comum do trato geniturinário no Brasil, sendo inferior apenas ao adenocarcinoma de próstata.

Essa doença corresponde a aproximadamente 95% dos carcinomas de células uroteliais ou carcinomas de células de transição – neoplasias que se desenvolvem no interior da bexiga, ureteres e uretra.

A incidência é maior em homens com idade superior a 55 anos, e o tabagismo é o mais importante fator de risco para o câncer de bexiga. A prevalência é 2-4 vezes maior nos fumantes em comparação com os não fumantes.

O diagnóstico é realizado por meio de ultrassonografia, tomografia computadorizada de abdome e pelve, ressonância magnética, cistoscopia (avalição endoscópica da bexiga), que permite analisar com precisão o número de lesões, seu aspecto, localização e tamanho.

O tratamento cirúrgico é a ressecção transuretral (RTU), quando a lesão não infiltra o músculo detrusor da bexiga, ou a cistectomia radical, que consiste na retirada de toda a bexiga com a gordura perivesical, peritônio adjacente e os linfonodos pélvicos, além da próstata e das vesículas seminais. Após a cistectomia é realizada a reconstrução do trato urinário através de uma neobexiga ou com o conduto ileal (cirurgia de Bricker).

Outras alternativas terapêuticas adjuvantes são a quimioterapia, que pode ser sistêmica ou intravesical, e a BCG intravesical (imunoterapia intravesical).

## CÂNCER DE TESTÍCULO

O câncer de testículo é raro, representando apenas 5% dos casos de câncer em homens, e ocorre com mais frequência em jovens.

O diagnóstico é feito por exame físico, ultrassonografia e marcadores tumorais séricos.

O tratamento inicial é cirúrgico, por meio da orquiectomia radical via inguinal, podendo ser realizada a linfadenectomia retroperitoneal, além de tratamentos adjuvantes, como a quimioterapia e a vigilância ativa. Em alguns casos pode ser implantada cirurgicamente a prótese testicular no lugar do testículo removido.

## CÂNCER DE RIM

O câncer de rim está entre os 10 tipos de cânceres mais comuns entre os homens, e o risco de desenvolver câncer de rim é de 1 a cada 48 pessoas, atingindo mais homens acima de 65 anos.

O tipo mais comum de câncer de rim é o carcinoma de células renais (CCR), também conhecido como câncer de células renais ou adenocarcinoma de células renais; e o tabagismo é o principal fator de risco.

É assintomático em grande parte dos pacientes, porém em estágios avançados apresenta uma tríade clássica de manifestações clínicas, como hematúria, dor no flanco e abdominal e massa abdominal palpável.

O tratamento do câncer renal geralmente é cirúrgico, por meio de nefrectomia radical ou parcial, adrenalectomia e amostragem de linfonodos retroperitoneais. A escolha da cirurgia dependerá das características do tumor e poderá ser associada à imunoterapia.

As disfunções nesse tipo de tumor podem ser dor importante, alterações miccionais, se a cirurgia for estendida para a bexiga, e linfedema pélvico e de membros inferiores, por conta da retirada ganglionar retroperitoneal.

## CÂNCER DE PÊNIS

O câncer de pênis é uma neoplasia rara, que atinge aproximadamente 1/100.000 homens nos países desenvolvidos, principalmente na terceira idade. No Brasil, a incidência é maior nas regiões Norte e Nordeste, chegando a 7 a cada 100.000.

A doença está associada à má higiene íntima, à infecção pelo papiloma vírus humano (HPV) e a homens que não se submeteram à circuncisão do prepúcio.

Quando diagnosticado em estágio inicial, o câncer de pênis tem alta taxa de cura. O diagnóstico precoce é fundamental para evitar a evolução do tumor e a posterior amputação total do pênis, que traz consequências físicas, sexuais e psicológicas ao homem.

O tratamento cirúrgico do câncer de pênis é a glandectomia, ou a penectomia parcial ou total associada à linfanedectomia inguinal e à uretrostomia perineal. A radioterapia pode levar a estenose uretral, necrose da glande e fibrose tardia do corpo cavernoso, assim como ser o fator de risco para desenvolver linfedema.

## CÂNCER DE PRÓSTATA

O câncer de próstata é o tumor mais comum entre homens com mais de 50 anos. De acordo com estatísticas americanas, 1 em cada 6 homens desenvolverá câncer de próstata no decorrer da vida. No Brasil estimam-se quase 70.000 casos novos para cada ano.

O diagnóstico é realizado no momento do rastreamento da doença com o antígeno prostático específico (PSA) no sangue ou durante o exame de toque retal. O câncer de próstata em estágio inicial geralmente não provoca sintomas, tornando mais difícil o diagnóstico. A biópsia é o exame de confirmação diagnóstica.

O tratamento é cirúrgico, por meio de prostatectomia radical (PR) ou de ressecção transuretral (RTU). A PR pode ser feita pelas vias retropúbica aberta ou perineal, por videolaparoscopia ou robótica. Em pacientes mais idosos o tratamento é endócrino, com bloqueio hormonal. As cirurgias de resseção de próstata podem lesionar os feixes vasculonervosos, trazendo disfunções como a incontinência urinária e a disfunção erétil.

# TRATAMENTO CLÍNICO DOS TUMORES UROLÓGICOS

## Cirurgias

Os tipos de cirurgias urológicas para retirada dos tumores são:

- Nefrectomia radical ou parcial. envolve a retirada total do rim, gordura perirrenal, suprarrenal e linfadenectomia regional.
- Adrenalectomia: ressecção da glândula suprarrenal, geralmente realizada em tumores renais avançados.
- Uretrectomia: remoção cirúrgica da uretra.
- Cistectomia: remoção parcial ou completa da bexiga.
- Reconstrução com neobexiga: consiste na confecção de novo reservatório de urina, utilizando-se um segmento de 20-30 cm de alças intestinais, geralmente do intestino delgado. Propicia ao paciente a oportunidade de manter a micção pela uretra.
- Reconstrução com conduto ileal (cirurgia de Bricker): reconstrução de conduto de saída para urina, utilizando-se o trajeto do intestino ileoterminal, que é exteriorizado na pele da barriga através de um estoma (não ortotópica) ou diretamente na uretra (ortotópica).
- Glandectomia: técnica de retirada da glande do pênis.
- Penectomia parcial ou total: retirada parcial ou total do pênis.
- Orquiectomia: remoção cirúrgica dos testículos.
- Ressecção transuretral: inserção de um tipo especial de endoscópio, chamado ressectoscópio, através da uretra. Um instrumento cortante ou uma alça metálica aquecida são usados para remover o máximo de tecido prostático possível. A porção externa próxima à cápsula prostática é preservada, mantendo a comunicação entre a bexiga e a uretra.
- Prostatectomia: retirada da próstata, que pode ser feita por três abordagens principais: a céu aberto, laparoscópica e robótica.

- Linfadenectomia inguinal, pélvica ou para-aórtica: retirada dos gânglios linfáticos localizados na região pélvica e do tecido junto à aorta para controlar a invasão do tumor.
- Linfadenectomia retroperitoneal: retirada de gânglios linfáticos do retroperitônio.

## Radioterapia

Em urologia, a radioterapia pode ser aplicada no pré-operatório, no pós-operatório, exclusiva, combinada com quimioterapia ou hormonioterapia. A escolha do método vai depender principalmente do tipo histológico, da história natural da doença e dos resultados de protocolos desenvolvidos para avaliar a conduta que oferece o maior índice de cura com a menor morbidade possível. Utiliza-se irradiação externa (teleterapia) ou braquiterapia (irradiação interna) com "semente" de iodo-125 (para próstata).

- Efeitos colaterais agudos: enteroproctite transitória, cistouretrite, eritema e descamação seca ou úmida na região do períneo e na prega interglútea.
- Efeitos tardios: linfedemas nos membros inferiores e na bolsa escrotal, proctite crônica, cistite crônica, estenose uretral, disfunção da ereção e incontinência urinária.

## Quimioterapia

Os tumores geniturinários são biologicamente heterogêneos quando se consideram as variadas respostas obtidas com a quimioterapia. A introdução da combinação cisplatina, bleomicina e vimblastina revolucionou o manejo dos tumores avançados de testículo; entretanto, ensaios clínicos não conseguiram mostrar benefício em quimioterapia isolada ou combinada nos tumores renais e de próstata. Os avanços nas áreas de biologia molecular e de manipulação genética, o surgimento de novas drogas e o desenvolvimento de técnicas mais apuradas de diagnóstico vêm mudando alguns dos conceitos citados.

### Hormonioterapia

É denominada terapia de privação de andrógeno ou terapia de supressão androgênica, e tem o objetivo de reduzir o nível dos hormônios masculinos (andrógenos) circulantes no corpo.

Trata-se de um método de tratamento para o câncer de próstata que é impulsionado, em parte pelos hormônios sexuais masculinos. Reduzir os níveis de andrógenos ou impedi-los de atuar nas células cancerígenas da próstata faz com que os tumores diminuam de tamanho ou cresçam mais lentamente por um tempo. A terapia hormonal está associada a complicações agudas e crônicas, como sintomas vasomotores, impotência e prejuízo da função cognitiva, além de aumentar o risco de osteoporose.

Em pacientes com câncer de próstata localizado ou localmente avançado, o uso de terapias hormonais neoadjuvantes e adjuvantes, combinadas com a prostatectomia e a radioterapia, está associado a importantes benefícios clínicos.

## AVALIAÇÃO FISIOTERAPÊUTICA

A avaliação do assoalho pélvico é composta de uma boa anamnese, inspeção e exame físico. É necessário realizar a avaliação funcional do assoalho pélvico, coletar informações sobre a situação da perda e frequência urinária, intestinal, vida sexual e hábitos alimentares.

A avaliação do assoalho pélvico é realizada com a introdução do dedo no ânus do paciente. Uma avaliação completa deverá incluir:

- tônus muscular;
- controle e coordenação motora;

- força muscular;
- reflexos (cremastérico, bulbocavernoso e anal);
- inspeção do pênis, saco escrotal, períneo e ânus;
- palpação para observar pontos de dor, aderências e fibroses;
- avaliação de pontos-gatilhos;
- alterações de trofismo e coloração da pele;
- testes de diário funcional miccional e/ou *pad test*.

## DISFUNÇÕES ONCOLÓGICAS E ATUAÇÃO FISIOTERAPÊUTICA

### Incontinência urinária

A incontinência urinária é definida como qualquer queixa de perda involuntária de urina. Trata-se de uma condição debilitante que pode gerar afastamento social, afetivo e abstinência sexual, com significativo prejuízo à qualidade de vida.

Os tumores malignos podem afetar a micção de variadas maneiras, por incompetência esfincteriana, disfunção vesical, transbordamento urinário devido à retenção ou obstrução urinária. Tumores que afetam o cérebro, a medula espinal ou os nervos periféricos, assim como manipulação cirúrgica ou radioterapia sobre essas estruturas, poderão também afetar o controle da micção.

### Incontinência urinária por esforço

A incontinência urinária por esforço é definida como a perda involuntária de urina aos esforços e pode ocorrer por trauma direto no esfíncter uretral, pela retirada da uretra prostática na ressecção transuretral da próstata ou na prostatectomia radical.

A fisioterapia é a primeira linha de tratamento conservador e atua nos pacientes com incompetência esfincteriana por meio de exercícios do assoalho pélvico, estimulação elétrica e *biofeedback*. O tratamento cirúrgico deve ser indicado somente após 12 meses de pós-

-operatório e na falha do tratamento conservador com fisioterapia. As cirurgias podem ser o *sling* uretral masculino ou a colocação de esfíncter artificial, que atualmente é o padrão ouro para tratamento.

## Incontinência urinária por transbordamento

Em geral, a incontinência por transbordamento urinário pós-prostatectomia está relacionada com a presença de obstrução uretral, devido à presença de tumor residual, estenose de uretra ou pela esclerose do colo vesical. O tratamento cirúrgico é a ressecção transuretral, uretrotomia, dilatação uretral ou colocação de endoprótese uretral. Se necessário, pode ser instituído o cateterismo intermitente para esvaziamento periódico da bexiga, evitando-se o transbordamento.

## Incontinência urinária por urgência

A urge-incontinência é caracterizada pela perda involuntária de urina acompanhada ou imediatamente precedida de uma urgência miccional e faz parte do quadro denominado síndrome da bexiga hiperativa.

Após a realização de ressecção transuretral ou da prostatectomia radical, a grande maioria dos pacientes demora 3-12 meses para recuperar a função vesical adequada.

O tratamento pode ser medicamentoso, com anticolinérgicos, aplicação de toxina botulínica tipo A, neuromodulação sacral ou pelo nervo tibial posterior, e terapia comportamental, com medidas de restrição hídrica, micção programada e mudança de hábitos alimentares.

## Disfunção erétil

A disfunção erétil é definida como a inabilidade persistente em obter e manter uma ereção suficiente para permitir um ato sexual de forma satisfatória.

Tanto fatores orgânicos como psicogênicos podem desencadear a disfunção erétil, e a prevalência é maior com o aumento da idade.

As principais disfunções orgânicas são alterações vasculogênicas, neurogênicas, anatômicas, hormonais e medicamentosas.

O tratamento clínico abrange opções farmacológicas orais, injeção intracavernosa de drogas vasoativas, vacuoterapia (*pump*) e o implante de prótese peniana. O tratamento comportamental engloba orientações sobre controle de peso, redução do etilismo, abandono do tabagismo, prática de atividade física e controle rigoroso de algumas doenças de risco cardiovascular.

Os implantes de próteses penianas podem ser indicados para homens com disfunção erétil grave de origem orgânica.

## Linfedema pélvico, genital e de membros inferiores

A realização de linfadenectomia inguinal, pélvica ou para-aórtica provoca danos irreversíveis no sistema linfático, trazendo um grande prejuízo na absorção do líquido intersticial. A radioterapia pode agravar o quadro. O linfedema genital ou pélvico é uma condição que causa dificuldade na higiene íntima, dor pelo peso e tracionamento imposto na pele, além de interferir diretamente no ato sexual (Figuras 1 e 2).

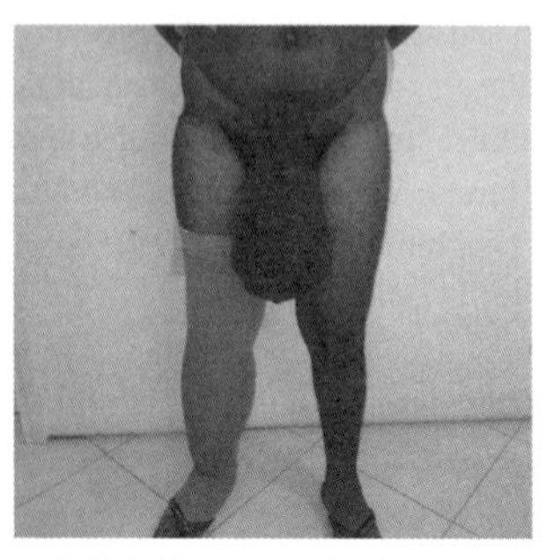

FIGURA 1 Presença de linfedema escrotal e de membro inferior direito.
Fonte: Dra. Jaqueline Munaretto Timm Baiocchi.

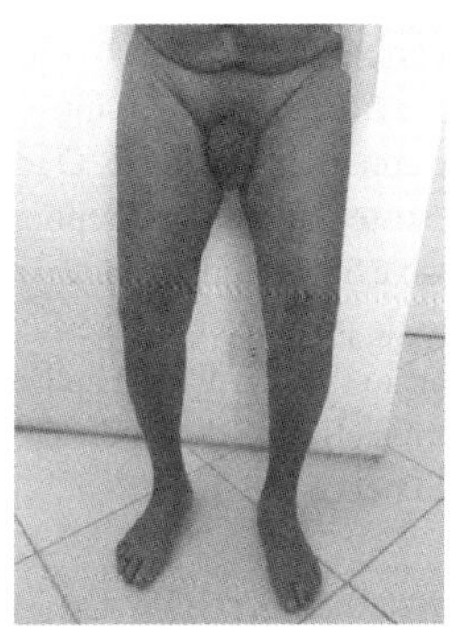

FIGURA 2 Presença de linfedema pélvico e de pênis.
Fonte: Dra. Jaqueline Munaretto Timm Baiocchi

A forma de tratamento com os resultados mais consistentes é a terapia física complexa (TFC) ou fisioterapia complexa descongestiva. É composta por cuidados com a pele, drenagem linfática manual, enfaixamento compressivo multicamadas e exercícios miolinfocinéticos. O enfaixamento do pênis e do escroto é necessário para o sucesso do tratamento.

Atualmente existem vestimentas especiais, como suspensórios escrotais e *pads* de espuma, para ajudar no manejo do linfedema pélvico.

## FISIOTERAPIA EM URO-ONCOLOGIA

Atualmente, uma parcela considerável dos tratamentos é realizada por meio de técnicas cirúrgicas minimamente invasivas, que acarretam menores sequelas aos pacientes. Diversos são os recursos utilizados na fisioterapia, como eletrotermofototerapia, cinesioterapia, *biofeedback* e terapia comportamental.

Na cinesioterapia do assoalho pélvico o objetivo é ativar os músculos deste e melhorar a função e o tônus muscular, além de proporcionar uma contração consciente e efetiva. O ideal é associar contrações rápidas, lentas e sustentadas com o repouso.

A eletroestimulação é outra técnica muito utilizada. Pode ser empregada com o intuito de promover analgesia, fortalecimento muscular ou neuromodulação (Tabela 1). Sua aplicação pode ser realizada por via anal ou com eletrodos de superfície na coluna sacral, no períneo e na região do nervo tibial.

TABELA 1 Parâmetros recomendados pela literatura

| Parâmetros de eletroterapia para fortalecimento muscular | Parâmetros de eletroterapia para neuromodulação |
|---|---|
| Corrente bifásica simétrica<br>Pulso: 500-700 μs<br>Frequência: 20-50 Hz<br>Intensidade: a mais alta tolerada pelo paciente<br>Tempo *on/off*: variável; iniciar com tempo de repouso maior que o de contração. | Corrente bifásica alternada (TENS)<br>Pulso: 200 μs<br>Frequência: 10 Hz<br>Intensidade: a mais alta tolerada pelo paciente abaixo do limiar motor<br>Tempo: 30 minutos |

O *biofeedback* é um recurso terapêutico que permite que o processo fisiológico inconsciente seja apresentado ao paciente por meio de sinal visual, auditivo ou tátil. Pode ser recomendado para aumentar a atividade muscular, diminuir a ativação de músculos hipertônicos, aprimorar a propriocepção e o relaxamento dos músculos do assoalho pélvico.

A terapia comportamental visa instruir os pacientes sobre a importância de uma dieta equilibrada, evitando bebidas e alimentos irritativos, que pioram a função urinária; ingestão hídrica adequada e posicionamento adequado para urinar e evacuar.

A terapia por ondas de choque é uma modalidade nova de abordagem da disfunção erétil que promove a angiogênese, de modo a melhorar o suprimento sanguíneo e a ereção peniana. Também pode ser utilizada para tratar a dor pélvica crônica e a prostatite crônica.

A fisioterapia também atua na prevenção e no tratamento de disfunções miccionais em pacientes internados nas UTI e nas unidades de internação.

A infecção do trato urinário (ITU) é uma das causas mais comuns de infecção entre idosos e em indivíduos hospitalizados e está relacionada diretamente ao uso do cateter vesical de demora (CVD). O risco de desenvolver essa infecção é proporcional ao tempo de permanência do cateter vesical.

A fisioterapia em pacientes internados tem como objetivo prevenir e reduzir fatores de risco para ITU e complicações vesicais relacionadas ao uso do CVD, por meio de orientações, manobras e recursos para estímulos vesicais.

## BIBLIOGRAFIA RECOMENDADA


1. Aoun F, Bourgi A, Ayoub E, El Rassy E, Van Velthoven R, Peltier A. Androgen deprivation therapy in the treatment of locally advanced, nonmetastatic prostate cancer: practical experience and a review of the clinical trial evidence. Ther Adv Urol. 2017;9:73-80.
2. Babjuk M, Bohle A, Burger M, et al. EAU Guidelines on non-muscle-invasive urothelial carcinoma of the bladder: update 2016. Eur Urol. 2017; 71:447-61.
3. Baiocchi JMT. Fisioterapia em oncologia. Curitiba: Apris; 2016. Fisioterapia no linfedema secundário oncológico; p. 238-70.
4. Benson CR, Serefoglu EC, Hellstrom JG. Sexual dysfunction following radical prostatectomy. Journal of Andrology. 2012;33(6):1143-54.
5. Brasil. Ministério da Saúde. Coordenação de Prevenção e Vigilância. Estimativa 2018: Incidência de Câncer no Brasil. Rio de Janeiro: Inca; 2018.
6. Cornel EB, de Wit R, Witjes JA. Evaluation of early pelvic floor physiotherapy on the duration and degree of urinary incontinence after radical retropubic prostatectomy in a non-teaching hospital. World Journal Urology. 2005;23:353-5.

7. Dall'Oglio M, Crippa A, Srougi. Câncer de próstata. Ed. Santos; 2013.
8. Dijkstra EJ, Van den Bos TWL, Splinter R, et al. Effect of preoperative pelvic floor muscle therapy with biofeedback versus standard care on stress urinary incontinence and quality of life in men undergoing laparoscopic radical prostatectomy: a randomized control trial. Neurourology and Urodynamics. 2013;19:1-7
9. Girão MJBC, Sartori MGF, Ribeiro RM, Castro RA, Di Bella ZLKJ. Tratado de uroginecologia e disfunções do assoalho pélvico; 2015.
10. Kumar S, Shelley M, Harrison C, Coles B, Wilt TJ, Mason MD. Neo-adjuvant and adjuvant hormone therapy for localised and locally advanced prostate cancer. Cochrane Database Syst Rev. 2006; CD006019.
11. Laycock J, Jerwood D. Pelvic floor muscle assessment: The PERFECT Scheme. Physiotherapy. 2001;87:631-42.
12. Mariotti G, Sciarra A, Gentilucci A, et al. Early recovery of urinary continence after radical prostatectomy using early pelvic floor electrical stimulation and biofeedback associated treatment. J Urol. 2009;181:1788-93.
13. Minhas S, Manseck A, Watya S, Hegarty PK. Penile cancer: prevention and premalignant conditions. Urology. 2010;76:S24-35.
14. Shelley MD, Kumar S, Wilt T, Staffurth J, Coles B, Mason MD. A systematic review and meta-analysis of randomised trials of neo-adjuvant hormone therapy for localised and locally advanced prostate carcinoma. Cancer Treat Rev. 2009;35:9-17.
15. Yoshida T, Kates M, Fujita K, Bivalacqua TJ, McConkey DJ. Predictive biomarkers for drug response in bladder cancer. Int J Urol. 2019.
16. Zhu YP, Yao XD, Zhang SL, et al. Pelvic floor stimulation for postprostatectomy urinary incontinence: a meta-analysis. Urology. 2012;79(3):552-55.

# Fisioterapia nos tumores ósseos | 24

Liliana Yu Tsai
Emília Cardoso Martinez

## INTRODUÇÃO

Os tumores ósseos são um grupo de tumores heterogêneos bastante raro, tendo uma frequência menor que 1% de todos os tumores dos adultos e de 15% das neoplasias malignas pediátricas (Tabelas 1 e 2).

TABELA 1 Incidência dos tumores ósseos

| Tumores ósseos | Adultos | % | Crianças | % |
|---|---|---|---|---|
| | Condrossarcomas | 40 | Osteossarcoma | 56 |
| | Osteossarcomas | 28 | Tumores de Ewing | 34 |
| | Cordomas | 10 | Condrossarcomas | 6 |
| | Tumores de Ewing | 8 | | |
| | Fibrossarcomas (fibro histiocitoma maligno) | 4 | | |

TABELA 2 Sobrevida em 5 anos – estatística da ASCO

| | Tumor local | | Tumor metastático |
|---|---|---|---|
| Osteossarcoma | 60-80% | | 15-30% |
| Sarcoma de Ewing | 70% | | 15-30% |
| Condrossarcoma | 90% baixo grau | 81% grau intermediário | 29% alto grau |

Fonte: ASCO (American Society of Clinical Oncology), 2019.

Foram durante anos conhecidos pelo tratamento restrito a amputações. Hoje a cirurgia de preservação de membros é uma realidade bastante frequente. Com o aperfeiçoamento da terapia, diagnóstico e estadiamento, as abordagens cirúrgicas se tornaram mais apuradas e precisas, multiplicando as opções terapêuticas. Mais de 90% dos pacientes com câncer ósseo podem ter seus membros preservados, mantendo a imagem corporal intacta, porém as cirurgias são mais complexas e mais longas.

Ao diagnóstico, pacientes com tumor ósseo precisam de treinamento e orientação para fazer uso de dispositivos como muletas ou tipoia (de acordo com a localização do tumor), a fim de prevenir a fratura patológica, bem como orientações quanto a transferências e exercícios a serem realizados nessa fase inicial. O objetivo da fisioterapia será manter ou melhorar a força muscular global, além de prevenir contratura articular à medida que ocorre diminuição do edema e dor devido ao tratamento neoadjuvante.

A fisioterapia vai atuar exatamente nessa situação de complexidade, dando ao paciente condições pós-operatórias adequadas para uma vida com a melhor função possível sem grandes restrições do aparelho locomotor.

# TRATAMENTO CIRÚRGICO

O tratamento cirúrgico remove todo o tumor primário com margens adequadas, criando um defeito ósseo total ou parcial, sendo necessária uma solução que mantenha o membro funcional e indolor. Atualmente, grande parte dos pacientes com câncer ósseo pode ter seus membros poupados (Tabela 3).

TABELA 3 Técnicas mais utilizadas na cirurgia de preservação de membros

| Técnicas cirúrgicas utilizadas para cirurgia de preservação | Endoprótese não convencional |
|---|---|
| | Ressecção sem reconstrução |
| | Enxerto ósseo<br>▪ Fíbula<br>▪ Ilíaco<br>▪ Banco |
| | Metilmetacrilato (cimento ósseo) |
| | Congelamento (*frozen*) |

Tão importante como conhecer o tumor e seu prognóstico é saber quais as restrições que o procedimento cirúrgico causou. Muitas vezes o paciente ainda necessita de tratamento adjuvante. Por exemplo, a quimioterapia é interrompida para realizar a cirurgia e precisa ser retomada sem grandes intervalos.

Deve-se observar o hemograma no período de 4-14 dias pós-quimioterapia e suspender a fisioterapia quando o valor das plaquetas estiver abaixo de 20.000/$m^3$; sódio < 130 mmol/L; potássio < 3 mmol/L; cálcio < 6 mmol/L.

Embora a preservação dos membros possa melhorar a qualidade de vida, provoca uma variedade de deficiências, e cria a necessidade de intervenção reabilitativa com objetivo de maximizar a função e diminuir a dor, a curto e médio prazos.

Temos disponíveis na literatura protocolos com metas e restrições para reconstruções com endopróteses não convencionais, mas os demais procedimentos precisam ser discutidos com a equipe cirúrgica. A Tabela 4 organiza de maneira simples as questões que devem ser levantadas junto à equipe de cirurgia para a adoção de conduta fisioterapêutica.

TABELA 4 Questões a serem consideradas para a conduta fisioterapêutica

| Questões a serem consideradas |
|---|
| Ressecção e reconstrução |
| Qual a amplitude de movimento (ADM) segura? |
| Quais foram as suturas musculares/capsulares? |
| Podemos realizar descarga de peso?<br>▪ total<br>▪ parcial<br>▪ proprioceptiva |
| Podemos realizar movimentação ativa? |

## ENDOPRÓTESES NÃO CONVENCIONAIS

A literatura disponibiliza alguns protocolos com metas e restrições das reconstruções articulares mais comuns (Tabela 5). Isso não garante que o procedimento foi realizado exatamente como o planejado, lembrando sempre que as questões da Tabela 4 valem para todas as cirurgias ortopédicas.

TABELA 5 Protocolos com metas e restrições nas reconstruções mais comuns

| | |
|---|---|
| Fêmur distal e joelho total | 1-3 dias |
| | Manter o membro elevado para controle de edema<br>Iniciar isometria do quadríceps<br>Fletir o joelho<br>Marcha com carga parcial para total |
| | 6 semanas |
| | Ganhar flexão<br>ADM de joelho > 60° até a flexão máxima permitida pela ENCJ |
| Tíbia proximal ou endoprótese parcial de joelho | 1-5 dias |
| | Manter o membro elevado para controle de edema<br>Imobilizado com *brace* longo<br>Marcha com carga parcial (tolerável)<br>Mobilização ativa de tornozelo |
| | 5 dias – 6 semanas |
| | NÃO fletir joelho (ATIVO E PASSIVO)<br>Fortalecimento muscular isométrico de quadríceps |
| | 5-6 semanas |
| | Iniciar flexão de joelho 90° até a flexão máxima permitida pela ENCJ<br>Usar o *brace* só para marcha |
| Fêmur proximal | PO 1-3 dias |
| | Manter abdução de 30° com triângulo<br>Controlar rotação interna<br>Não fletir o quadril mais que 90°<br>Encorajar mobilização de tornozelo e joelho<br>Sentar no leito (dia 2)<br>Encorajar marcha com andador ou muletas com carga parcial para total (dia 3) |
| | PO 4 dias – 6 semanas |
| | Marcha com carga total<br>Fortalecimento muscular gradual (4-6 semanas para iniciar o fortalecimento de abdutores) |

*(continua)*

TABELA 5 Protocolos com metas e restrições nas reconstruções mais comuns *(continuação)*

| | |
|---|---|
| Úmero proximal e ressecções da cintura escapular | 1-10 dias |
| | Manter imobilizado com tipoia<br>Iniciar exercícios para mão e cotovelo<br>Evitar a extensão total de cotovelo para proteger as suturas do bíceps e coracobraquial |
| | 10 dias – 6 semanas |
| | Iniciar exercícios pendulares de Codman<br>Fortalecimento muscular do cotovelo e extensão completa depois da 4ª semana |
| | 6ª semana |
| | Iniciar flexão, rotação externa e abdução do ombro<br>Objetivo final: ADM passiva completa e ADM ativa a 60°<br>(depende de haver ressecção do manguito rotador) |

## RECONSTRUÇÕES BIOLÓGICAS

Quando o esqueleto é imaturo e existe a possibilidade de crescimento, as reconstruções biológicas são soluções muitas vezes escolhidas pelo cirurgião. Elas envolvem diversas técnicas com a utilização de vários tipos de enxerto ósseo.

Um ponto importante em destaque é o fato de que essas cirurgias dependem da integração óssea do enxerto, ou seja, o cirurgião e o radiologista estarão aptos a avaliar os exames de imagem; a progressão da carga e do ganho de força será totalmente dependente da liberação desses profissionais (Figura 1).

FIGURA 1 O algoritmo demonstra as possibilidades terapêuticas e as restrições de carga e mobilidade, lembrando sempre que cada caso deve ser avaliado individualmente, pois podem existir restrições maiores de carga e mobilidade do que as esperadas.

## HEMIPELVECTOMIA INTERNA

Os ossos da região da pelve constituem 5% dos tumores ósseos malignos. Ao realizar a hemipelvectomia interna, o cirurgião tem como objetivo a ressecção do tumor com margens livres e, se possível, a restauração da estabilidade pélvica e a preservação da função articular do quadril. Existem diferentes tipos de ressecção que irão comprometer em maior ou menor grau a função.

1. A ressecção da asa do ilíaco é um procedimento que mantém a continuidade entre o acetábulo e o esqueleto axial, sem comprometimento funcional.
2. A remoção completa do ílio desconecta a articulação sacroilíaca do acetábulo e pode provocar a desestabilização do restante do segmento, que se torna dependente da sínfise púbica.
3. Pacientes submetidos à ressecção do acetábulo apresentam maior alteração física e funcional devido ao procedimento cirúrgico propriamente dito, pois ele pode envolver a remoção da cabeça do fêmur. Portanto, a função biomecânica da hemipelve está relacionada com a ressecção do tumor.

A fisioterapia inicia-se ao diagnóstico, com orientações e treino de uso de muletas (Tabela 6).

TABELA 6 Recomendações no pós-operatório de hemipelvectomia

| Pós-operatório (PO) |
| --- |
| Primeiro dia |
| ▪ Exercícios isométricos de quadríceps<br>▪ Ativo-livres de tornozelo no membro operado<br>▪ Fortalecimento global de acordo com o grau de força muscular e a condição clínica do paciente |

*(continua)*

TABELA 6 Recomendações no pós-operatório de hemipelvectomia (continuação)

| Pós-operatório (PO) |
|---|
| Segundo dia |
| ▪ O paciente pode ser posicionado sentado<br>▪ Realizar exercícios ativo-livres de fortalecimento de quadríceps e isquiotibiais |
| Terceiro dia |
| ▪ Treino de marcha com muletas sem apoio do membro operado |

O apoio parcial sobre o membro operado inicia-se após 6-8 semanas de PO, mediante autorização do cirurgião oncológico ortopédico responsável. Geralmente o apoio total ocorre quando há formação de fibrose tecidual e força muscular grau 3 de quadríceps.

A reabilitação visa ao fortalecimento de toda a musculatura do membro comprometido. A ressecção do acetábulo permite a movimentação total do quadril, mas na fase de apoio da marcha o membro inferior "pistona" para se acomodar nas partes moles.

## AMPUTAÇÃO

Na cirurgia de amputação do membro, é imprescindível a orientação pré-operatória para o paciente e familiares quanto à possibilidade de ocorrer dor e sensação do membro fantasma e dor no coto.

Algumas recomendações:

1. O enfaixamento com atadura elástica inicia-se após a cicatrização e a retirada dos pontos. No período que antecede esse processo, o coto deverá ser enfaixado com ataduras simples.
2. Na fase de pré-protetização será realizado fortalecimento global, dessensibilização do coto, diminuição da dor fantasma.
3. Na fase de pós-protetização: treino de colocação e retirada da prótese, treino de equilíbrio, passada, marcha, subida e descida

de rampas, degraus e, por fim, treino de marcha em terreno irregular.

4. O objetivo final da fisioterapia para com o paciente amputado não é somente o uso da prótese. Ele tem o direito de ser reabilitado para esse fim, mas tem a opção de fazer uso ou não, desse dispositivo.
5. A amputação de membro superior tem difícil adesão ao uso da prótese. Geralmente são amputações altas por acometimento de úmero proximal, e as próteses para esse nível de amputação são pouco funcionais.

## BIBLIOGRAFIA RECOMENDADA

1. Albergo JI, Gaston CL, Aponte-Tinao LA, Ayerza MA, Muscolo DL, Farfalli GL, et al. Proximal tibia reconstruction after bone tumor resection: are survivorship and outcomes of endoprosthetic replacement and osteoarticular allograft similar? Clin Orthop Relat Res. 2017 Mar 21;475(3):676-82.
2. Gosheger G, Gebert C, Ahrens H, Streitbuerger A, Winkelmann W, Hardes J. Endoprosthetic reconstruction in 250 patients with sarcoma. Clin Orthop Relat Res. 2006;450(450):164-71.
3. Houdek MT, Watts CD, Wyles CC, Rose PS, Taunton MJ, Sim FH. Functional and oncologic outcome of cemented endoprosthesis for malignant proximal femoral tumors. J Surg Oncol. 2016;114(4).
4. Hwang JS, Mehta AD, Yoon RS, Beebe KS. From amputation to limb salvage reconstruction: evolution and role of the endoprosthesis in musculoskeletal oncology. Journal of Ortho-paedics and Traumatology. 2014; p.81-6.
5. Ieguchi M, Hoshi M, Aono M, Takada J, Ohebisu N, Kudawara I, et al. Knee reconstruction with endoprosthesis after extra-articular and intra-articular resection of osteosarcoma. Jpn J Clin Oncol. 2014;44(9).
6. Kim LD, Bueno FT, Yonamine ES, Próspero JD de, Pozzan G. Bone metastasis as the first symptom of tumors: role of an immunohistochemistry study in establishing primary tumor. Rev Bras Ortop. Sociedade Brasileira de Ortopedia e Traumatologia; 2018;53(4):467-71. Disponível em: https://doi.org/10.1016/j.rboe.2018.05.015.
7. Lewis VO. Limb salvage in the skeletally immature patient. Curr Oncol Rep. 2005;7(4):285-92. Disponível em: http://www.ncbi.nlm.nih.gov/pubmed/15946588.

8. Lopresti M, Rancati J, Farina E, Bastoni S, Bernabè B, Succetti T, et al. Il percorso riabilitativo del paziente sottoposto a intervento di protesi da grandi resezioni di ginocchio per neoplasia scheletrica. Recenti Prog Med. 2015;106(8):385-92.
9. Maltser S, Cristian A, Silver JK, Morris GS, Stout NL. A focused review of safety considerations in cancer rehabilitation. PM R 2017;9(9 Suppl 2):S415-S428. Disponível em: doi:10.1016/j.pmrj.2017.08.403.
10. Pala E, Trovarelli G, Calabrò T, Angelini A, Abati CN, Ruggieri P. Survival of modern knee tumor megaprostheses: failures, functional results, and a comparative statistical analysis. Clin Orthop Relat Res. 2015;473(3).
11. Penna V, Toller EA, Becker RG, Pinheiro C. Uma nova abordagem para as endopróteses parciais de joelho em sarcomas primários ósseos TT – A new approach to partial knee endoprosthesis in primary bone sarcomas. Rev Bras Ortop. 2009;44(1):46-51. Disponível em: http://www.scielo.br/scielo.php?script=sci_arttext&pid=S0102-36162009000100007.
12. Shehadeh A, Dahleh M El, Salem A, Sarhan Y, Sultan I, Henshaw RM, et al. Standardization of rehabilitation after limb salvage surgery for sarcomas improves patients' outcome. Hematol Oncol Stem Cell Ther. King Faisal Specialist Centre & Research Hospital; 2013 Sep;6(3-4):105-11.
13. Tanaka MH, Penna V, Chung WUTU, Lopes A. Artigo original. Tumores malignos primários dos ossos. 1994;26:18-21.
14. Thai DM, Katigawa Y, Choong PFM. Outcome of surgical management of bony metastases to the humerus and shoulder girdle: a retrospective analysis of 93 patients. Int Semin Surg Oncol. 2006;3:1-7.
15. Tobias K, Gillis T. Rehabilitation of the sarcoma patient-enhancing the recovery and functioning of patients undergoing management for extremity soft tissue sarcomas. J Surg Oncol. 2015 Apr;111(5):615-21. Disponível em: http://doi.wiley.com/10.1002/jso.23830.
16. Tsai LY, Godoy FAC, Petrilli M de T, Viola DCM, Korukian M, Jesus-Garcia Filho R, et al. Protocolo fisioterapêutico em pacientes submetidos à endoprótese não convencional de joelho por osteossarcoma: estudo prospectivo TT – Physiotherapy protocol in patients submitted to non-conventional endo prosthesis of the knee due to osteosarcoma. Rev Bras Ortop. 2007;42(3):64-70.
17. Tsai LY. Fisioterapia apos a amputação do membro. In: Baiocchi JMT. Fisioterapia em oncologia. Appris; 2017; p.182-5.
18. Tsai LY. Fisioterapia nos tumores ortopédicos. In: Vital FMR. Fisioterapia em oncologia: protocolos assistenciais. Atheneu; 2017. p.341-5.

# 25 Fisioterapia nas metástases ósseas

Emília Cardoso Martinez

## INTRODUÇÃO

A metástase óssea é uma condição devastadora que pode ter impacto negativo nas vidas das pacientes com doença avançada de diversas maneiras. Podem surgir grandes limitações nas atividades de vida diária com consequente diminuição da qualidade de vida, aumento substancial nas despesas médicas e risco iminente de óbito. A medula óssea fornece um microambiente único que favorece a colonização e o crescimento de células tumorais metastáticas. Apesar da alta incidência de metástases ósseas em pacientes com câncer de mama e próstata, muitos dos mecanismos moleculares de progressão permanecem incertos (Tabela 1).

- As metástases de carcinoma representam a neoplasia mais frequente no tecido ósseo.
- Acometem principalmente o esqueleto axial (crânio, costelas, coluna vertebral e pelve) e parte proximal dos membros (úmero e fêmur), raramente acomete, além do cotovelo ou do joelho.

- A presença de metástase sintomática na coluna vertebral é a apresentação inicial em mais de 10% de todos os pacientes portadores de neoplasia maligna.
- A compressão nervosa é a principal complicação das metástases toracolombares, sendo evidenciada em cerca de 20% dos pacientes.
- O paciente pode ter metástase óssea sem o diagnóstico prévio de câncer; nesses casos a presença de eventos esqueléticos tende a ser maior.
- Com o aumento da sobrevida e a precocidade na detecção das metástases, observamos uma incidência crescente de metástases e de suas complicações.
- Clinicamente, a dor é o principal sintoma; em vários casos, a primeira manifestação é uma fratura do osso patológico.

TABELA 1 Localização por ordem de incidência dos sítios de tumores primários com capacidade de produzir metástases ósseas

| Sítios primários das metástases ósseas |
|---|
| Mama |
| Pulmão |
| Próstata |
| Tireoide |
| Rim |

A incidência das metástases ósseas cresceu nos últimos anos devido ao aumento do envelhecimento da população pós-diagnóstico. O tecido ósseo é o terceiro sítio mais comum de metástase, antecedido por pulmão e fígado.

O tecido ósseo é o local no qual a doença produz maior morbidade, pois, dependendo da localização, as metástases ósseas podem ter um impacto negativo muito grande na qualidade de vida do indivíduo, podendo causar restrições importantes na capacidade de realizar as atividades de vida diárias.

## FRATURAS PATOLÓGICAS

As fraturas patológicas ocorrem geralmente em estágios avançados de metástases ósseas, o que torna ainda mais importante a avaliação da escolha ideal para o tratamento desse paciente. Os pacientes que recebem o tratamento não cirúrgico em fraturas patológicas precisam de um longo período de repouso no leito, o que geralmente leva a complicações como pneumonia, escaras, infecções e trombose venosa profunda, piorando o prognóstico desses pacientes. As fraturas patológicas raramente se curam de maneira conservadora, e abordagens cirúrgicas são necessárias nesses casos.

Um terço de todas as lesões metastáticas ósseas situa-se no fêmur proximal, e, embora a taxa de sobrevida dos pacientes com metástases ósseas após o tratamento cirúrgico seja baixa, cerca de 17% em 1 ano, estima-se que esse número aumente com o decorrer dos anos, ou seja, com a modernização dos tratamentos adjuvantes e cirúrgicos os pacientes sobrevivem por mais tempo e as opções reconstrutivas precisam acompanhar esse aumento de sobrevida.

## TRATAMENTO

A quimioterapia e a radioterapia são indicadas para o tratamento da metástase óssea e variam de acordo com a histologia do tumor primário.

A cirurgia é indicada para pacientes que enfrentam dores intratáveis mesmo após o tratamento, e para fraturas patológicas estabelecidas ou iminentes. Para classificar as fraturas como iminentes, atualmente o critério de Mirels (Tabela 2) é o mais utilizado. Ele irá direcionar o tratamento de metástases ósseas e os riscos iminentes de fraturas. O escore baseia-se na natureza da lesão, localização anatômica da lesão, tamanho da lesão, avaliação de dor e atividade funcional do paciente. Quanto maior o escore no critério Mirels, maior é o risco de fraturas. Em lesões com escore baixo, opta-se como tratamento pela radioterapia; já em lesões que apresentam escore 8 ou mais é indicado o tratamento com fixação interna ou substituição protética.

TABELA 2 Escore para indicação cirúrgica das fraturas patológicas iminentes

| Pontos variáveis | 1 | 2 | 3 |
|---|---|---|---|
| Local | Membros superiores | Membros inferiores | Região peritrocantérica |
| Dor | Leve | Moderada | Funcional |
| Lesão | Blástica | Mista | Lítica |
| Tamanho | < 1/3 | 1/3 a 1/2 | > 2/3 |

Fonte: Mirels.

Para o tratamento cirúrgico da metástase óssea é importante estudar o prognóstico de sobrevida do paciente, visto que a recuperação da cirurgia deve ser menor do que a expectativa de sobrevida. Pode-se observar também se o paciente tem limitações na deambulação, assim ele ou ela pode ter melhor funcionalidade mesmo com a expectativa de vida limitada.

O tratamento para lesões metastáticas no quadril evoluiu nos últimos 60 anos, visto que os primeiros tratamentos descritos foram bem primitivos, utilizando tração esquelética. Atualmente, para o tratamento dessas lesões causadas por metástases ósseas é realizada inicialmente, mediante uma avaliação minuciosa, a intervenção cirúrgica, tendo como objetivo a reabilitação rápida, visando ter estratégia reconstrutiva bem-sucedida em longo prazo.

Nos pacientes tratados cirurgicamente para metástases proximais de fêmur, estudos relatam uma sobrevida de 1 ano de 17 a 63%, alguns estudos mostram sobrevida que chega a 5 anos a 23,1%. Sendo assim, pacientes de metástase óssea que foram tratados cirurgicamente podem viver tempo suficiente para que sua estabilização cirúrgica falhe. A escolha do material cirúrgico deve ser cuidadosa e planejada segundo o prognóstico de paciente, evitando gastos exagerados, falhas do implante e materiais que apresentem taxas de complicações altas.

Antes de qualquer procedimento cirúrgico, é estudada a possibilidade de tratamentos adjuvantes para aumentar o sucesso da cirurgia. A radioterapia apresenta resultados muito bons em redução de dor e na prevenção da progressão da doença de metástase óssea. Estudos mostram que a radioterapia, se utilizada em doses baixas, não impede a cicatrização óssea ou de tecidos moles, desde que seja iniciada entre 10-14 dias de pós-operatório.

Os bisfosfonatos, potentes inibidores da função dos osteoclastos, são utilizados para prevenção da progressão da metástase óssea. Podendo ser usados em combinação com os outros tratamentos adjuvantes, mostrando ainda mais o aumento da sobrevida dos pacientes com câncer, reduzindo o risco de fraturas em 15% e demonstrando ser eficazes no alívio da dor em pacientes com metástase.

As modalidades mais utilizadas para fraturas metastáticas são: reconstrução endoprotética, haste intramedular e redução aberta e fixação interna.

As fraturas de quadril patológicas extracapsulares são tratadas cirurgicamente por estabilização com hastes cefalomedulares e redução aberta com fixação interna, podendo também ser tratadas com artroplastia ou substituição endoprotética. A redução aberta com fixação interna é escolhida quando a lesão metastática foi eliminada, pois o risco de falha devido à não união é grande.

A haste cefalomedular é indicada quando a fratura patológica é no terço proximal do fêmur, sendo eficaz no alívio da dor e apresentando bons resultados em relação à mobilização no pós-operatório. Esse tipo de abordagem cirúrgica apresenta uma taxa muito baixa de complicações cardiopulmonares quando comparada à substituição endoprotética. A principal preocupação em optar pelo material de estabilização, em vez da substituição, é a progressão da doença.

Na abordagem cirúrgica com haste cefalomedular, a musculatura é totalmente preservada, o que mantém boa mobilização ativa precoce no pós-operatório se comparada aos pacientes que são submetidos à substituição protética do quadril que têm a ressecção do glúteo máximo e médio, vasto lateral e cápsula articular do quadril. Mesmo que os músculos sejam reinseridos e a cápsula reconstruída, a função inicial do quadril não é preservada. Sendo assim, conclui-se que talvez seja mais indicada a abordagem com haste cefalomedular para pacientes com tempo de sobrevida limitado, visto que a recuperação precoce e a funcionalidade é de extrema importância.

Quando se tem uma perda óssea grande próximo à cabeça ou ao colo do fêmur, é necessário fazer a substituição endoprotética (Figura 1). Acredita-se que a substituição endoprotética tem melhor resultado em longo prazo.

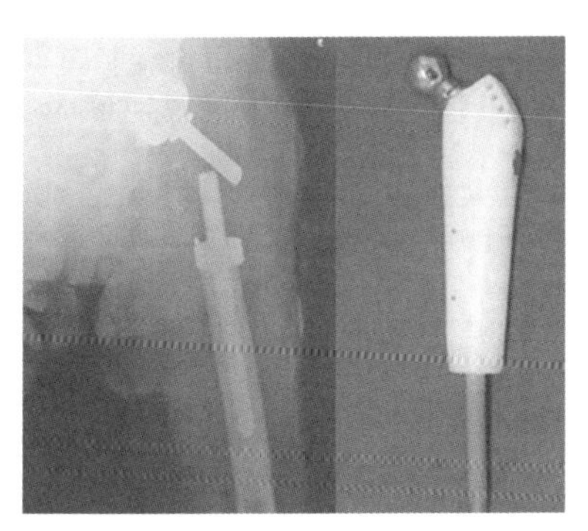

FIGURA 1 A endoprótese não convencional de Fabroni, para lesão em fêmur proximal, é composta por liga de cromo e cobalto na parte metálica e polietileno (plástico branco leitoso). Ao exame de imagem, as conexões das partes metálicas parecem distantes, mas estão conectadas pelo polietileno.

Um dos maiores benefícios dessa técnica cirúrgica é a possibilidade de descarga de peso imediato e a capacidade quase total da funcionalidade do membro. A luxação é uma complicação alarmante nesse grupo de pacientes, que ocorre com mais frequência devido à diminuição da capacidade de cicatrização e à perda de massa muscular dessa região. Pode ser diminuída quando não há acometimento do acetábulo, visto que em uma hemiartroplastia a cabeça é maior; entretanto, está associada à dor residual e ao desgaste acetabular.

## DESCARGA DE PESO E REABILITAÇÃO

A grande pergunta do pós-operatório é saber se o paciente pode receber descarga de peso nos membros inferiores ou realizar apoio nos superiores.

Todas as lesões ósseas são fraturas em potencial. Muitas são tratadas de maneira não cirúgica e durante o tratamento apenas se restringe um pouco a carga. A substituição por endoprótese não convecional (cimentada) é a única intervenção que permite carga total precoce, sempre respeitando o limite álgico do paciente. As demais demandam certa cautela até que o tecido ósseo se recupere (Figura 2).

Após a substituição protética do fêmur proximal, seguimos com as recomendações pós-operatórias (PO) semelhantes às artroplastias convencionais:

- PO 1-3 dias:
  - Manter a abdução de 30° com triângulo.
  - Controlar a rotação interna.
  - Não fletir o quadril mais que 90°.
  - Encorajar a mobilização de tornozelo e joelho.
  - Sentar no leito (dia 2).
  - Encorajar marcha com andador (dia 3).

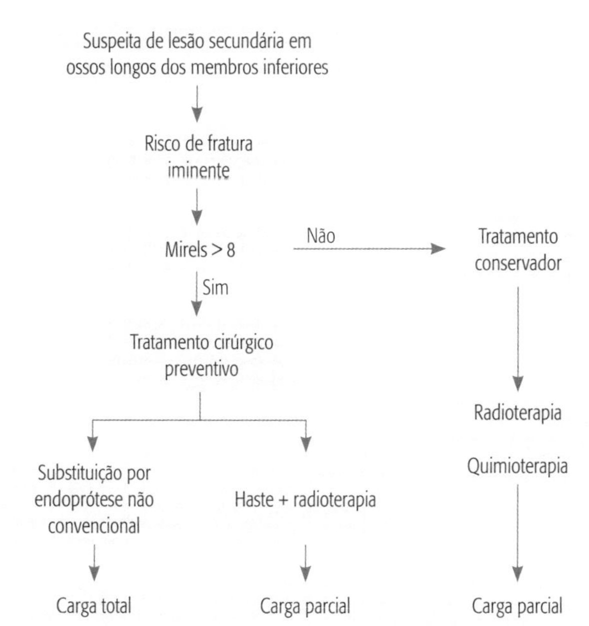


FIGURA 2 O algoritmo demonstra as possibilidades terapêuticas e as restrições de carga em membros inferiores, lembrando sempre que cada caso deve ser avaliado individualmente, pois podem existir restrições maiores de carga do que as esperadas.

- PO 4 dias – 6 semanas:
  - Marcha com carga total.
  - Fortalecimento muscular gradual (4-6 semanas para abdutores).

Existe na literatura uma recomendação para pacientes com mieloma múltiplo, na qual conseguimos visualizar de maneira bastante simples nossas possibilidades terapêuticas. A Tabela 3 demonstra as possibilidades e restrições relacionadas aos exercícios e à descarga de peso para pacientes com lesões ósseas secundárias.

TABELA 3 Demonstrativo de restrições de exercícios de acordo com o comprometimento circunferencial da cortical óssea. Deve-se lembrar que só é possível mensurar essa porcentagem de acometimento ósseo por meio de exames de raio X ou tomografia computadorizada devidamente avaliados pelo médico radiologista ou ortopedista

| Comprometimento cortical | Exercícios | Descarga de peso |
|---|---|---|
| 50% | Não | Não |
| 25-50% | Ativos no limite da ADM (sem alongamento ou tração) | Parcial |
| 0-25% | Aeróbio leve | Total |

ADM: amplitude de movimento.

As atividades de baixo impacto, como exercícios ativos livres ou exercícios aquáticos (se existir a possibilidade), são sempre benéficas se bem indicadas. O fortalecimento muscular deve respeitar algumas regras para garantirmos a segurança em sua realização:

- Intensidade, tipo e frequência dependem da condição física prévia do paciente e do estado da doença.
- O uso de peso excessivo em estruturas ósseas que estão mais enfraquecidas pela presença de tumores pode predispor a fraturas.

Precisamos ter extremo cuidado ao manusear o paciente com suspeita de lesão óssea, pois muitas vezes ela pode não ser única. O melhor exame para detectar lesões ósseas múltiplas ainda é a cintilografia óssea (Figura 3).

Quando for necessária a restrição total ou parcial de carga nos membros inferiores, o uso de muletas ou andadores é indicado. A

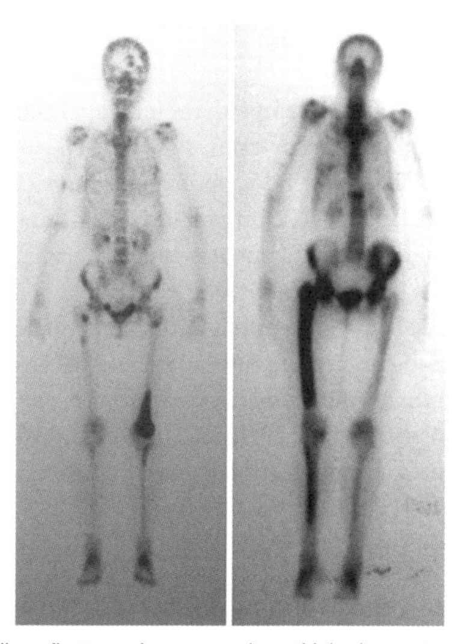

FIGURA 3 Cintilografia óssea demonstrando múltiplas lesões ósseas. Em ambas imagens são perceptíveis áreas de maior captação nos membros e coluna vertebral.

prescrição é realizada de acordo com a demanda necessária e capacidade funcional do paciente. Deve-se salientar que, especialmente nas pacientes com câncer de mama, a utilização das muletas axilares não é recomendada; salvo raras exceções, deve ser dada preferência para a prescrição de muletas canadenses com apoio no antebraço; nos casos de capacidade funcional reduzida utilizam-se andadores.

No caso de lesões na coluna toracolombar, a imobilização com órteses toracolombossacrais (TLSO) pode ser indicada para uma abordagem conservadora. O uso de coletes apresenta bons resultados em melhora da dor para a coluna torácica e lombar quando não existem sintomas de comprometimento neurológico.

## CONSIDERAÇÕES FINAIS

Os fisioterapeutas desempenham um papel central na abordagem multidisciplinar das metástases ósseas. Seu papel é maximizar a qualidade de vida, mantendo a mobilidade do paciente e facilitando sua capacidade de realizar atividades de vida diária. Ter contato com toda a equipe é de fundamental importância para ter uma visão global do panorama de tratamento e expectativas. Não podemos esquecer que toda lesão óssea é uma fratura em potencial, por isso devemos restringir carga, força muscular e utilização de grandes alavancas e extremas amplitudes de movimento. Ao passar por um procedimento cirúrgico ortopédico, é imprescindível o contato com o cirurgião antes mesmo de mobilizar o paciente no leito.

## BIBLIOGRAFIA RECOMENDADA

1. D'Oronzo S, Coleman R, Brown J, Silvestris F. Metastatic bone disease: Pathogenesis and therapeutic options. J Bone Oncol. Elsevier GmbH; 2019 Apr;15(August 2018):100205. Disponível em: https://doi.org/10.1016/j.jbo.2018.10.004.
2. Jonas SC, Mehendale SM, Bick SM, Baker RP. Current orthopaedic management of bony metastases in the proximal third of the femur. HIP Int. 2017 Jan 25;27(1):1-7.
3. Khattak MJ, Ashraf U, Nawaz Z, Noordin S, Umer M. Surgical management of metastatic lesions of proximal femur and the hip. Ann Med Surg. Elsevier; 2018;36(September):90-5.
4. Kim LD, Bueno FT, Yonamine ES, Próspero JD de, Pozzan G. Bone metastasis as the first symptom of tumors: role of an immunohistochemistry study in establishing primary tumor. Rev Bras Ortop [Internet]. Sociedade Brasileira de Ortopedia e Traumatologia; 2018;53(4):467-71. Disponível em: https://doi.org/10.1016/j.rboe.2018.05.015.
5. Meohas W, Probstner D, André R, Vasconcellos T, Cristina A, Lopes DS, et al. Metástase óssea: revisão da literatura Bone metastases: literature review. 51(1):43-7.
6. Oren R, Zagury A, Katzir O, Kollender Y, Meller I. Principles and rehabilitation after limb-sparing surgery for cancer. Musculoskeletal cancer surgery

treatment of sarcomas and allied diseases – Martin Malawer MD, Paul H Sugarbaker. Dordrecht: Kluwer Academic Publishers; 2001. p.581-92.

7. Shibata H, Kato S, Sekine I, Abe K, Araki N, Iguchi H, et al. Diagnosis and treatment of bone metastasis: comprehensive guideline of the Japanese Society of Medical Oncology, Japanese Orthopedic Association, Japanese Urological Association, and Japanese Society for Radiation Oncology. ESMO Open. 2016 Mar 16;1(2):e000037.
8. Sowder ME, Johnson RW. Bone as a preferential site for metastasis. JBMR Plus. 2019 Mar;3(3):e10126. Disponível em: http://doi.wiley.com/10.1002/jbm4.10126.
9. Talbot M, Turcotte RE, Isler M, Normandin D, Iannuzzi D, Downer P. Function and health status in surgically treated bone metastases. Clin Orthop Relat Res. 2005 Sep;438(438):215-20.
10. Yu Z, Xiong YAN, Shi RUI, Min LI, Zhang W, Liu H. Surgical management of metastatic lesions of the proximal femur with pathological fractures using intramedullary nailing or endoprosthetic replacement. 2018;107-14.

# 26 | Fisioterapia no câncer de pulmão

Vinicius Cavalheri

## INTRODUÇÃO

O câncer primário de pulmão é definido como um tumor maligno que começa no tecido de um ou de ambos os pulmões. Os carcinomas pulmonares podem ter origem em qualquer parte dos pulmões, incluindo a traqueia, os brônquios, os bronquíolos e os alvéolos.

O tabagismo (incluindo a exposição passiva ao tabaco) é o fator de risco mais importante no desenvolvimento do câncer de pulmão. A duração e o número de cigarros que uma pessoa fuma estão fortemente associados ao risco de desenvolvimento da doença. Outros fatores de risco são: exposição ocupacional, consumo de álcool, doença pulmonar subjacente e história familiar de câncer de pulmão.

Dados mundiais de 2018 indicam que o câncer de pulmão é o câncer mais comumente diagnosticado em homens e o terceiro mais comumente diagnosticado em mulheres. No Brasil, o câncer de pulmão é o segundo mais comum em homens e mulheres.

A mortalidade por câncer de pulmão é alta. A sobrevida em 5 anos é em torno de 11-19%, o que torna essa doença a principal causa de morte por câncer no mundo.

A alta taxa de mortalidade é resultado tanto da rápida disseminação do câncer de pulmão para vários órgãos, comparado à disseminação de outros cânceres, quanto do diagnóstico tardio. Atrasos de pacientes para procurar assistência médica e atrasos do sistema de saúde para diagnosticar e iniciar o tratamento são comuns.

## CLASSIFICAÇÃO E ESTADIAMENTO

Existem dois grupos principais de câncer de pulmão: o carcinoma de células pequenas (*small cell lung cancer*) e o carcinoma de células não pequenas (*non-small cell lung cancer*). O carcinoma de células não pequenas é o grupo mais comum, representando cerca de 85% de todos os casos de câncer de pulmão. Esse grupo inclui 3 tipos de carcinomas: o adenocarcinoma, o carcinoma de células escamosas e o carcinoma de grandes células. Comparada com o carcinoma de células pequenas, a sobrevida de pacientes com carcinoma de células não pequenas é maior.

O estadiamento do carcinoma de células pequenas classifica a doença em dois estágios: doença limitada e doença extensa. A doença limitada é caracterizada por:

(i) doença confinada a um hemitórax, embora a extensão local possa estar presente;
(ii) nenhuma metástase extratorácica exceto, para linfonodos supraclaviculares ipsilaterais;
(iii) tumor primário e linfonodos regionais, que podem ser englobados adequadamente em uma região de radiação razoavelmente segura.

O estadiamento do carcinoma de células não pequenas é determinado utilizando o sistema TNM da American Joint Committee on Cancer, que está atualmente na sua 8ª edição.

O sistema é explicado nas Tabelas 1 e 2 e leva em consideração:

(i) o tamanho do **T**umor primário e se o tecido adjacente foi invadido (**T**);
(ii) o envolvimento dos linfo**N**odos regionais (**N**);
(iii) se ocorreu **M**etástase (**M**).

TABELA 1 Descrição dos itens do sistema TNM

| T – Tumor primário | |
|---|---|
| T1 | Tumor ≤ 3 cm no maior diâmetro, circundado por pulmão e pleura visceral |
| T1a | Tumor ≤ 1 cm |
| T1b | Tumor > 1 cm, mas ≤ 2 cm |
| T1c | Tumor > 2 cm, mas ≤ 3 cm |
| T2 | Tumor > 3 cm, mas ≤ 5 cm ou qualquer destes achados:<br>▪ envolvimento do brônquio principal<br>▪ invasão da pleura visceral<br>▪ associação com atelectasia ou pneumonite obstrutiva envolvendo parte ou todo o pulmão |
| T2a | Tumor > 3 cm, mas ≤ 4 cm no maior diâmetro |
| T2b | Tumor > 4 cm, mas ≤ 5 cm no maior diâmetro |
| T3 | Tumor > 5 cm, mas ≤ 7 cm ou associado a nódulo tumoral no mesmo lobo do tumor primário ou que invada diretamente qualquer uma das seguintes estruturas: parede torácica (incluindo a pleura parietal e os tumores do sulco superior), nervo frênico e pericárdio parietal |
| T4 | Tumor > 7 cm ou associado a nódulo tumoral um lobo ipsilateral diferente daquele do tumor primário ou que invada qualquer uma das seguintes estruturas: diafragma, mediastino, coração, grandes vasos, traqueia, nervo laríngeo recorrente, esôfago, corpo vertebral e carina |

*(continua)*

TABELA 1 Descrição dos itens do sistema TNM *(continuação)*

| N – Linfonodos | |
|---|---|
| N1 | Metástase em linfonodos hilares e/ou peribrônquicos ipsilaterais e linfonodos intrapulmonares, incluindo envolvimento por extensão direta |
| N2 | Metástase em linfonodo(s) mediastinal e/ou subcarinal ipsilateral |
| N3 | Metástase em linfonodo mediastinal contralateral, hilar contralateral, escaleno ipsilateral ou contralateral, ou linfonodo(s) supraclavicular(es) |
| **M – Metástase** | |
| M0 | Metástase a distância não presente |
| M1 | Metástase a distância presente |
| M1a | Nódulo tumoral em lobo contralateral; tumor com nódulo(s) pleural ou pericárdico, ou derrame pleural ou pericárdico maligno |
| M1b | Metástase extratorácica única |
| M1c | Múltiplas metástases extratorácicas em um ou mais órgãos |

TABELA 2 Estadiamento de acordo com o sistema TNM

| | N0 | N1 | N2 | N3 |
|---|---|---|---|---|
| T1a | IA1 | IIB | IIIA | IIIB |
| T1b | IA2 | IIB | IIIA | IIIB |
| T1c | IA3 | IIB | IIIA | IIIB |
| T2a | IB | IIB | IIIA | IIIB |
| T2b | IIA | IIB | IIIA | IIIB |
| T3 | IIB | IIIA | IIIB | IIIC |
| T4 | IIIA | IIIA | IIIB | IIIC |
| M1a | IVA | IVA | IVA | IVA |
| M1b | IVA | IVA | IVA | IVA |
| M1c | IVB | IVB | IVB | IVB |

* O estágio inicial está representado por células mais claras e fonte preta; o estágio avançado está representado por células mais escuras e fonte branca.

Existem 8 principais estágios de carcinoma de células não pequenas: IA, IB, IIA, IIB, IIIA, IIIB, IIIC e IV. O estágio IA é ainda subdividido em IA1, IA2 e IA3, e o estágio IV, em IVA e IVB. Estágios IA a IIIA são considerados estágios iniciais e estágios IIIB a IVB são considerados estágios avançados.

## TRATAMENTO

O tratamento do câncer de pulmão evoluiu consideravelmente nas últimas décadas e requer a participação de um grupo multidisciplinar formado por oncologista, cirurgião torácico, pneumologista, radioterapeuta, radiologista intervencionista, médico nuclear, enfermeiro, fisioterapeuta, nutricionista e assistente social. As principais modalidades de tratamento incluem: ressecção cirúrgica, quimioterapia, radioterapia e terapia-alvo, cada um dos quais associado a vários efeitos colaterais ou complicações (Tabela 3). A escolha da combinação de tratamento depende do tipo histológico, da localização do tumor, do estágio do câncer e do grau de fragilidade do paciente.

TABELA 3 Efeitos colaterais ou complicações

| Cirurgia | Quimioterapia | Radioterapia | Terapia-alvo |
|---|---|---|---|
| ▪ Dor torácica<br>▪ Tosse<br>▪ Fadiga<br>▪ Complicações pulmonares<br>▪ Dor no ombro | ▪ Fadiga<br>▪ Náusea<br>▪ Infecção<br>▪ Vômito<br>▪ Anemia<br>▪ Diarreia<br>▪ Constipação<br>▪ Perda de apetite<br>▪ Perda de cabelo<br>▪ Úlceras orais<br>▪ Ganho/perda de peso | ▪ Fadiga<br>▪ Tosse<br>▪ Esofagite<br>▪ Náusea<br>▪ Vômito<br>▪ Eritema cutâneo<br>▪ Diarreia<br>▪ Perda de apetite<br>▪ Perda de cabelo<br>▪ Sintomas similares aos de gripe | ▪ Fadiga<br>▪ Náusea<br>▪ Vômito<br>▪ Perda de apetite<br>▪ Diarreia<br>▪ Constipação<br>▪ Mudanças capilares/cutâneas |

## Ressecção cirúrgica

A ressecção cirúrgica é o tratamento de escolha para pacientes diagnosticados com carcinoma de células não pequenas no estágio inicial, e é o tratamento que fornece a melhor chance de cura. No entanto, aproximadamente 70% dos pacientes diagnosticados com câncer de pulmão são diagnosticados com estágio avançado; e 25% dos pacientes com estágio inicial apresentam alto risco de complicação pós-operatória devido à função cardiorrespiratória comprometida.

Para pacientes considerados elegíveis para ressecção cirúrgica, as principais opções incluem: pneumonectomia, lobectomia ou segmentectomia.

Comparada com a segmentectomia, a lobectomia é a abordagem cirúrgica de preferência para pacientes com carcinoma de células não pequenas no estágio inicial, pois está associada a taxas mais baixas de recorrência locorregional e melhora da sobrevida. Entretanto, a segmentectomia é vantajosa em termos de preservação de uma quantidade maior do volume pulmonar, limitando o comprometimento fisiológico pós-operatório e, consequentemente, reduzindo a taxa de complicação pós-operatória e o tempo de internação hospitalar.

Com relação à técnica cirúrgica, a cirurgia toracoscópica videoassistida resulta em um pós-operatório com menos dor, melhor amplitude de movimento do ombro, melhor capacidade funcional, menos complicações, menor risco de readmissão em UTI e menor tempo de internação hospitalar comparada com a toracotomia.

Após a ressecção pulmonar, as complicações pulmonares pós-operatórias clinicamente importantes incluem insuficiência respiratória (ou seja, ventilação mecânica prolongada, reintubação ou síndrome do desconforto respiratório agudo), pneumonia e atelectasia, que requer broncoscopia. As taxas relatadas de complicações pulmonares pós-operatórias variam de 3-15%. Complicações pulmonares pós-operatórias estão associadas ao aumento do tempo de internação hospitalar, cuidados intensivos, readmissão hospitalar e mortalidade.

### Quimioterapia

Os agentes quimioterápicos inibem a divisão celular em células cancerígenas e não cancerígenas, e isso resulta em efeitos colaterais devido aos danos causados às células normais (não cancerosas). Esses efeitos colaterais incluem supressão da medula óssea e subsequente imunossupressão, assim como a diminuição da função respiratória, particularmente da capacidade de difusão pulmonar.

### Radioterapia

A radioterapia com feixe externo (radioterapia convencional) funciona produzindo radiação, que é direcionada ao tumor, e resulta em apoptose das células cancerígenas. Os efeitos colaterais da radioterapia ocorrem devido à formação de radicais livres associados, ampla resposta inflamatória e liberação de citocinas. A função respiratória, particularmente a capacidade de difusão pulmonar, é prejudicada após o tratamento.

### Terapia-alvo

Os tumores ocorrem devido a mutações genômicas, e cada vez mais os diferentes genomas do carcinoma de células não pequenas estão sendo reconhecidos e se tornando alvo do tratamento da doença. Os agentes usados em terapia-alvo incluem substâncias desenvolvidas para identificar e atacar características específicas das células cancerígenas, bloqueando o crescimento e a disseminação do câncer. Alguns exemplos de agentes usados na terapia-alvo são: anticorpos monoclonais, inibidores de angiogênese e inibidores da enzima tirosina-quinase.

## EFEITOS DO CÂNCER DE PULMÃO NA FUNÇÃO FÍSICA E CAPACIDADE FUNCIONAL DOS PACIENTES

O câncer de pulmão está associado a um maior fardo de doença, mais dificuldades físicas e mais sintomas do que outros tipos de câncer. Além da presença do tumor pulmonar maligno, que afeta a mecânica ventilatória e as trocas gasosas, aproximadamente 50% dos pacientes diagnosticados com câncer de pulmão apresentam algum tipo de doença pulmonar crônica. A mais comum é a doença pulmonar obstrutiva crônica (DPOC), caracterizada por sintomas respiratórios persistentes, limitação ao fluxo expiratório e efeitos extrapulmonares devastadores, incluindo perda de massa muscular e descondicionamento físico.

Dispneia, fadiga, tosse, dor e insônia estão entre os principais sintomas reportados por pacientes com câncer de pulmão. Em busca de evitar o principal fator desencadeante dos sintomas (ou seja, atividade física), os pacientes adentram um ciclo de inatividade física, sedentarismo e declínio da capacidade funcional. A consequência é uma constante piora dos sintomas e um profundo descondicionamento físico.

## O PAPEL DA FISIOTERAPIA

O papel da fisioterapia varia de acordo com o estágio da doença e o tratamento médico planejado para o paciente. Historicamente, o papel da fisioterapia no paciente com câncer de pulmão focou principalmente em intervenções intra-hospitalares pós-operatórias com o objetivo de prevenir complicações pulmonares.

O treinamento físico, como parte do tratamento fisioterapêutico de rotina, é utilizado com menor frequência. Contudo, as evidências literárias que sugerem treinamento físico como parte do tratamento de pacientes com câncer de pulmão têm crescido rapidamente na última década.

Tendo em vista o estágio da doença, o tratamento médico planejado para o paciente e a evidência científica, o papel da fisioterapia no paciente com estágio inicial pode ser dividido em: pré-reabilitação, tratamento pós-operatório imediato (intra-hospitalar) e treinamento físico pós-operatório. Em pacientes com estágio avançado, o papel da fisioterapia é tentar prevenir a deterioração física e psicológica e maximizar a independência do paciente.

## CARACTERÍSTICAS DO TRATAMENTO FISIOTERAPÊUTICO E PROTOCOLOS ASSISTENCIAIS

### Câncer de pulmão – estágio inicial

#### Pré-reabilitação

O treinamento físico pré-operatório tem como objetivo diminuir o risco de complicações pulmonares pós-operatórias e o tempo de internação hospitalar, por meio da melhora da capacidade aeróbica pré-operatória. Algumas características do treinamento pré-operatório são: curta duração (geralmente durante o período no qual o paciente está esperando o agendamento da cirurgia, ou seja, de 1-4 semanas), alta frequência (5 vezes por semana no mínimo) e foco no treinamento aeróbico (pois o objetivo é a melhora na capacidade aeróbica pré-cirúrgica).

#### Tratamento pós-operatório imediato (intra-hospitalar)

O tratamento fisioterapêutico no pós-operatório imediato tem o objetivo de tratar complicações pulmonares pós-operatórias, prevenir sequelas musculoesqueléticas e facilitar ou acelerar a alta hospitalar.

Técnicas fisioterapêuticas incluem a deambulação precoce iniciada no primeiro dia pós-operatório, encorajamento para que o paciente gaste mais tempo sentado do que deitado e realização de tosse autoassistida. Exercícios de mobilização de ombro e caixa torácica devem ser prescritos após a remoção do dreno torácico com o objetivo de reduzir a dor e manter/melhorar a função do ombro. Um exemplo de protocolo fisioterapêutico no pós-operatório imediato é apresentado na Tabela 4.

TABELA 4 Exemplo de protocolo fisioterapêutico no pós-operatório imediato

Dia 1 pós-operatório

- Sentar o paciente em uma cadeira ao lado da cama
- Deambulação (≥ 20 m) na enfermaria
  - Oxigênio suplementar (se necessário), para manter $SpO_2 \geq 95\%$
  - Assistência de uma segunda pessoa, se necessário
  - Utilização de um "rolator" ou outro dispositivo auxiliar de marcha, se o paciente não puder se movimentar apesar da assistência de uma segunda pessoa
- Ensinar tosse autoassistida com envoltório de toalha
- Iniciar fisioterapia respiratória, se indicada (pacientes com altas complicações pulmonares ou que apresentaram complicação pulmonar pós-operatória)

Dia 2 pós-operatório

- Deambulação (≥ 50 m) na enfermaria
  - Oxigênio suplementar (se necessário), para manter $SpO_2 \geq 95\%$
  - Assistência de uma segunda pessoa, se necessário
  - Utilização de um "rolator" ou outro dispositivo auxiliar de marcha, se o paciente não puder se movimentar apesar da assistência de uma segunda pessoa
- Encorajar tosse autoassistida
- Iniciar ou continuar fisioterapia respiratória, se indicada (pacientes com altas complicações pulmonares ou que apresentaram complicação pulmonar pós-operatória)

Dia 3 pós-operatório

- Revisão pelo fisioterapeuta somente se o paciente necessitar de assistência para deambulação ou fisioterapia respiratória

Após a remoção do dreno torácico

- Ensinar exercícios de amplitude de movimento para ombro/membro superior e exercício de mobilidade torácica
- Conduzir avaliação funcional (ombro e caixa torácica) antes da alta hospitalar e fornecer orientações para exercícios domiciliares, se necessário

## Treinamento físico pós-operatório

O treinamento físico pós-operatório (ou após o término do tratamento) visa restaurar o estado físico do paciente (com foco na perda de capacidade funcional e força muscular que pode ocorrer durante o tratamento) e maximizar a funcionalidade, atividade física, estado psicológico e qualidade de vida a longo prazo.

O programa de treinamento físico pós-operatório pode ser realizado como parte de um programa de reabilitação pulmonar, que tem como características: duração entre 8-12 semanas; frequência de 2-3 vezes por semana no mínimo; treinamento aeróbico e resistido (força). A Tabela 5 compara as características de protocolos de pré-reabilitação e treinamento pós-operatório.

TABELA 5 Comparação das características de protocolos de pré-reabilitação e treinamento pós-operatório

| | Pré-reabilitação | Treinamento pós-operatório |
|---|---|---|
| ▪ Objetivos | Diminuir o risco de complicações pulmonares pós-operatórias e o tempo de internação hospitalar pós-operatório, por meio da melhora da capacidade aeróbica pré-operatória | Restaurar a capacidade funcional e de exercício.<br>Restaurar a força muscular<br>Promover atividade física<br>Melhorar o estado psicológico e a qualidade de vida a longo prazo |
| ▪ Duração | Período no qual o paciente está esperando o agendamento da cirurgia (1-4 semanas) | 8-12 semanas (com orientação para a manutenção de uma vida ativa após o término do treinamento) |
| ▪ Frequência | 5 vezes por semana no mínimo | 2-3 vezes por semana no mínimo |
| ▪ Tipos de exercício | Aeróbico (principal)<br>** Exercícios resistidos e alongamentos adicionados quando necessário* | Aeróbico<br>Resistido<br>** Alongamentos adicionados quando necessário* |

*(continua)*

TABELA 5 Comparação das características de protocolos de pré-reabilitação e treinamento pós-operatório *(continuação)*

| | Pré-reabilitação | Treinamento pós-operatório |
|---|---|---|
| ▪ Prescrição inicial | 60% do $VO_2$pico; ou<br>70-80% da Wmáx; e BORG* dispneia e/ou fadiga entre 4-6 | 70-80% da velocidade média durante o TC6; ou<br>60% do $VO_2$pico; ou<br>70-80% da Wmáx<br>8-2 RM (resistido)<br>BORG* dispneia e/ou fadiga entre 4-6 |
| ▪ Progressão | De acordo com sintomas (dispneia e/ou fadiga)<br>Progredir quando BORG* dispneia e/ou fadiga < 4 | De acordo com sintomas (dispneia e/ou fadiga)<br>Progredir quando BORG* dispneia e/ou fadiga < 4 |

* Escala de BORG modificada (ou seja, pontuação entre 0-10).
RM: repetição máxima; TC6: teste de caminhada de 6 minutos; $VO_2$pico: pico de consumo de oxigênio; Wmáx: carga máxima.

## Câncer de pulmão – estágio avançado

Em pacientes com estágio avançado, o papel da fisioterapia é tentar prevenir a deterioração física e psicológica e maximizar a independência do paciente.

O programa de treinamento físico no estágio avançado pode ser realizado como parte de um programa de reabilitação pulmonar. Contudo, tal programa deve ser individualizado, levando em consideração precauções específicas. Dado o fato de a natureza dos sintomas do câncer de pulmão em estágio avançado ser altamente variável, a avaliação de sintomas deve ser realizada antes de cada sessão de treinamento, e se necessário a sessão deve ser adiada.

### Contraindicações e precauções durante o treinamento físico

Contraindicações gerais e precauções durante o treinamento físico em pacientes com câncer de pulmão estão descritos na Tabela 6.

TABELA 6 Contraindicações gerais e precauções

| Tipo de exercício | Tipo de paciente | Decisão |
|---|---|---|
| Todos | Todos | Evitar treinamento se:<br>▪ hemoglobina < 8 g/L*<br>▪ neutrófilos ≤ 0,5 × 109/μL<br>▪ plaquetas < 50 × 109/μL*<br>▪ febre > 38 °C<br>▪ fadiga extrema ou náusea grave |
| Aeróbico | Linfedema de membro superior ou inferior | Usar métodos de compressão durante o exercício |
| | Limitação periférica como caquexia grave ou atrofia muscular | Começar com o treinamento resistido e depois progredir para incorporar o treinamento aeróbico, uma vez que o volume/força muscular aumentarem |
| Resistido | Metástase óssea ou alto risco de metástase óssea | Prescrever com cautela (buscar autorização médica, especialmente nos casos de metástases espinhais/fraturas) |
| | Alto risco de osteoporose | Prescrever com cautela |
| | Limitação cardiorrespiratória (disfunção ventricular esquerda induzida por quimioterapia) ou anemia grave | Prescrever com cautela |
| | Pós-operatório | Observar a cicatrização cirúrgica. Aguardar entre 6-8 semanas (pós-operatório) para iniciar exercícios resistidos (autorização médica é recomendada) |
| Alongamento | Pós-operatório imediato (intra-hospitalar) | Evitar o alongamento de membros superiores até a remoção do dreno torácico |

* Levar em consideração a clínica do paciente para a tomada de decisão.

## BIBLIOGRAFIA RECOMENDADA


1. Cavalheri V, Granger C. Preoperative exercise training for patients with non--small cell lung cancer. Cochrane Database Syst Rev. 2017 Jun 7;6:CD012020.
2. Goldstraw P, Chansky K, Crowley J, Rami-Porta R, Asamura H, Eberhardt WEE, et al. The IASLC Lung Cancer Staging Project: proposals for revision of the TNM stage groupings in the forthcoming (Eigth) edition of the TNM classification for lung cancer. J Thor Oncol. 2015;11(1):39-51
3. Cavalheri V, Tahirah F, Nonoyama M, Jenkins S, Hill K. Exercise training for people following lung resection for non-small cell lung cancer: a Cochrane systematic review. Cancer Treat Rev. 2014;40(4):585-94.
4. Granger CL, McDonald CF, Parry SM, Oliveira CC, Denehy L. Functional capacity, physical activity and muscle strength assessment of individuals with non-small cell lung cancer: a systematic review of instruments and their measurement properties. BMC Cancer. 2013;13:135.
5. Granger CL. Physiotherapy management of lung cancer. J Physiother. 2016;62(2):60-7.
6. Peddle-McIntyre CJ, Singh F, Thomas R, Newton RU, Galvão DA, Cavalheri V. Exercise training for advanced lung cancer. Cochrane Database Syst Rev. 2019 Feb 11;2:CD012685.

# 27 Fisioterapia nos tumores de sistema nervoso central

Luciana Nakaya

## INTRODUÇÃO

Tumores de sistema nervoso central (SNC) representam 1,8% de todos os tumores malignos no mundo. No Brasil, aproximadamente 5.500 casos novos são diagnosticados por ano.

Em pediatria (0-14 anos) é a segunda neoplasia mais frequente, representando 20% de todas as doenças malignas da infância, com idade média ao diagnóstico de 8 anos e com taxa de sobrevida em 5 anos de 75%.

Tumores primários de SNC se originam do cérebro ou da medula espinal e raramente se espalham para outros locais do corpo, mas podem se infiltrar em tecidos adjacentes.

Como em outros tipos de tumores, existem lesões de características benignas e malignas; porém, quando se trata de tumores em SNC, deve-se atentar para o fato da localização tumoral, pois lesões benignas podem crescer em estruturas nobres do cérebro, tornando o tratamento e o prognóstico mais reservados. Há outra característica importante, a saber: tumores de adultos e crianças geralmente se desenvolvem a partir de células e áreas diferentes, resultando em terapêuticas distintas.

Geralmente ocorrem de forma idiopática, porém há alguns fatores de risco que predispõem à aparição desses tumores, como:

- exposição à radiação ionizante ou a alguns agentes químicos como o cloreto de vinil (predispõem ao surgimento de gliomas);
- síndromes genéticas como a neurofibromatose tipos 1 e 2 e síndrome de Li-Fraumeni.

## LOCALIZAÇÃO

Pode-se dividir o cérebro em duas grandes áreas, separados pela tenda do cerebelo:

- supratentorial: abrange hemisférios cerebrais, ventrículos, plexo coroide, hipotálamo, glândula pineal, glândula pituitária e nervo óptico;
- infratentorial: cerebelo e tronco encefálico.

## SINAIS E SINTOMAS

Os sinais e sintomas são variados, pois estão relacionados com a localização da lesão, porém sintomas gerais incluem: dor de cabeça, convulsão, déficits visuais, sintomas de perda de apetite, náusea e vômito, mudanças de personalidade, humor, capacidade mental e concentração.

A sintomatologia do paciente pode evoluir gradualmente durante semanas a meses, dependendo do tipo de tumor; por isso, muitas vezes o paciente somente é diagnosticado devido a um estado crítico de hipertensão intracraniana (tríade: náuseas pela manhã, letargia, vômito em jato), e dependendo da situação é necessário realizar uma neurocirurgia de urgência para descompressão. Pode-se optar por cirurgias de ventriculostomia ou colocações de derivações ventriculares (externas, peritoneais ou atriais).

O diagnóstico é realizado por meio de exames de imagem, tomografia computadorizada (TC) e/ou ressonância magnética (RNM), sendo que a RNM consegue fornecer mais detalhes acerca da lesão. Analisando a clínica do paciente combinada ao exame de imagem, pode-se iniciar hipóteses diagnósticas do tipo de tumor e até diferenciá-las de alguma outra lesão não tumoral, como malformações vasculares ou infecções.

Inicia-se então o estadiamento do paciente, com exames complementares laboratoriais, bem como coleta de liquor para verificar possível disseminação para a cavidade leptomeníngea. Em relação à biópsia, existem dois tipos utilizados nesses tumores:

- Biópsia cirúrgica: quanto o paciente já foi submetido à retirada total ou parcial do tumor, e a análise patológica é feita dentro de alguns dias após a cirurgia.
- Biópsia estereotáxica: quando a ressecção do tumor é inviável devido à localização (tumores em estruturas nobres do cérebro ou muito profundos), retira-se uma pequena amostra da lesão por meio de técnicas cirúrgicas para definição do melhor tratamento.

## TRATAMENTO

O tratamento dos tumores de SNC é multimodal, porém na grande maioria dos casos a cirurgia de ressecção é o tratamento de primeira linha, sendo depois complementado com quimioterapia e/ou radioterapia, se necessário. Além disso, a utilização do transplante de medula óssea autólogo surgiu como grande aliada no tratamento de alguns tumores sólidos, incluindo tumores de SNC.

A quimioterapia passou a ter um papel importante no tratamento de tumores de SNC na última década. Esse tratamento era pouco utilizado, pois seu efeito era mínimo devido à dificuldade de a droga ultrapassar a barreira hematoencefálica e de fato atingir a lesão. Atualmente, estão sendo estudadas as possibilidades de agregar as moléculas das drogas quimioterápicas a lipossomos ou outras moléculas que facilmente transitam entre a barreira hematoencefálica, de forma a permitir que as drogas atinjam o tumor. Também aumentou a utilização de drogas antiangiogênicas (p. ex., Avastin®) que interferem na neoformação vascular dos tumores, reduzindo sua velocidade de crescimento.

O transplante de células-tronco hematopoiéticas (TCTH) autólogo tem sido empregado como complemento ao tratamento de diversos tumores sólidos, incluindo os de SNC. Baseia-se no princípio de que altas doses de quimioterapia facilitam a passagem das drogas pela barreira hematoencefálica, ocasionando, assim, melhor resposta. Em seguida, o paciente é submetido a infusão de células-tronco hematopoiéticas previamente coletadas dele mesmo. A indicação para esse tratamento é reservada a alguns tipos e estadiamentos específicos de tumores de SNC.

A terapia-alvo, assim como em outros tumores, está em desenvolvimento e necessita dos estudos biomoleculares para seus resultados. A biologia molecular está em evidência e em constante atualização em tumores de SNC. Sabe-se que em alguns tipos já se pode verificar diferentes vias de ativação das células tumorais e dessa forma fornecer um tratamento mais individualizado.

## TUMORES PRIMÁRIOS DE SNC

Serão discutidos a seguir os tumores primários de SNC mais frequentes.

## Meningeomas

Tumores com origem nas meninges, geralmente benignos e de crescimento lento, podem aparecer no cérebro ou na medula espinal, ocorrendo com maior frequência em adultos. Os meningeomas podem levar ao aumento da pressão intracraniana, causando sinais e sintomas de hipertensão intracraniana (HIC). Seu tratamento consiste em observação (em casos de tumores pequenos e sem clínica nos pacientes), cirurgia e radioterapia.

## Gliomas

Abrangendo uma família de tumores de origem glial, que são células que protegem, nutrem e sustentam os neurônios, são descritos a seguir:

1. **Astrocitomas:** originam-se dos astrócitos; podem infiltrar-se em tecidos adjacentes sadios e são prevalentes em crianças. Os sinais e sintomas são dependentes da localização, sendo os mais comuns: dor de cabeça, náusea, aumento da pressão intracraniana (PIC), alterações motoras e/ou sensitivas, cognitivos de mudanças de personalidade. O tratamento consiste em ressecção ampla e acompanhamento, se ressecção parcial complementar com quimioterapia adjuvante. Se pobre a resposta à quimioterapia, inicia-se a radioterapia. Os astrocitomas são classificados em três tipos: alto grau – glioblastoma multiforme (GBM) –, grau intermediário (astrocitoma anaplásico) e baixo grau (astrocitoma pilocítico).
2. **Oligodendrogliomas:** originam-se dos oligodendrócitos, mais comuns em adultos (40-50 anos); podem metastizar e se infiltrar em tecidos adjacentes. O principal sintoma é a convulsão, e o tratamento indicado é a cirurgia de ressecção, seguida de complementação com quimioterapia e radioterapia.
3. **Ependimomas:** originam-se das células ependimárias. Em crianças, 90% dos casos apresentam localização intracraniana; em

adultos, 75% se localizam no em canal espinhal. Os sinais e sintomas são dependentes da localização, e o tratamento consiste em máxima ressecção, seguida de radioterapia; e a quimioterapia pode ser utilizada em caso de doença recidivante. São divididos de acordo com sua localização e classificados em subtipos, conforme com sua via de ativação.

4. **Gliomas de tronco cerebral:** originam-se do tronco encefálico, apresentando maior frequência em crianças. Os sinais e sintomas geralmente envolvem alteração de pares de nervos cranianos, alterações respiratórias e de personalidade. Geralmente são de difícil acesso cirúrgico devido à localização em estruturas nobres do cérebro, por isso o tratamento fica restrito à radioterapia, porém o prognóstico é muito ruim, com sobrevida de 12 meses após o término da radioterapia.
5. **Gliomas de vias ópticas:** originam-se das vias ópticas, podendo infiltrar-se no nervo óptico, quiasma e hipotálamo. Apresenta baixo grau de malignidade, porém, devido a sua localização, por vezes não pode ser ressecado totalmente. O tratamento consiste em cirurgia visando à máxima ressecção. Se ressecção parcial, é realizada quimioterapia adjuvante para tentar diminuir ou desacelerar o crescimento do tumor, evitando-se assim a utilização da radioterapia devido a suas sequelas, como amaurose do paciente.

## Meduloblastoma

São tumores embrionários, isto é, originam-se de células fetais, dessa forma, são mais comuns em crianças e raros em adultos. Surgem no cerebelo e podem disseminar-se para a medula espinal e a meninges. Devido a essa localização, os sintomas geralmente aparecem com questões de alteração de equilíbrio e marcha. O tratamento é cirúrgico, com o objetivo de ressecção completa, posteriormente complementado com radioterapia e/ou quimioterapia.

Em crianças menores de 4 anos evita-se a realização da radioterapia devido aos efeitos deletérios tardios, optando-se portanto pela cirurgia, quimioterapia em altas doses e TCTH autólogo. O meduloblastoma já apresenta estudos de biologia molecular, com a classificação demonstrada na Tabela 1.

TABELA 1 Classificação molecular do meduloblastoma

| Tipo | Descrição |
|---|---|
| WNT | ▪ 10%<br>▪ Frequentemente cresce do tronco encefálico<br>▪ Maiores de 10 anos<br>▪ Não metastáticos com bom prognóstico |
| SHH | ▪ 25%<br>▪ Crescem do hemisfério cerebelar/histologia cerebelar desmoplásica |
| Grupo 3 | ▪ 25%<br>▪ Tipo anaplásico<br>▪ Doença metastática |
| Grupo 4 | ▪ 35%<br>▪ Prognóstico ruim<br>▪ Doença recidivante |

## Tumores pituitários

Mais comuns em adultos, na sua maioria de características benignas, porém podem acarretar problemas de saúde significativos por conta de sua localização.

- Adenoma pituitário: cresce da sela túrcica, podendo ocasionar sintomas de alteração visual e dor de cabeça, além de endocrinopatias. Pode ser classificado em microadenoma ou macroadenoma, dependendo do tamanho.

- Teratomas, germinomas e coriocarcinomas: ocorrem em crianças e adolescentes e crescem ao redor da glândula pituitária, podendo danificá-la.
- Craniofaringeomas: são comuns em crianças e crescem acima da glândula pituitária. Podem comprimir hipófise e hipotálamo, ocasionando alterações hormonais.

O tratamento dos tumores pituitários consiste em ressecção cirúrgica, quando possível, seguido de tratamento medicamentoso para as endocrinopatias. Se o tumor for inacessível cirurgicamente ou multifocal, é realizada a radioterapia.

## REABILITAÇÃO DO PACIENTE COM TUMOR DE SNC

Ao diagnóstico, realizar avaliação motora e respiratória. Foram encontradas alterações?

Proporcionar orientações acerca de posicionamento, auxiliares, órteses para melhor adequação do paciente no momento e manter vias aéreas desobstruídas e iniciar atendimento ambulatorial

Seguimento longitudinal, quando necessário. Considerar os efeitos do tratamento, que podem requerer intervenção da fisioterapia

Pós-operatório de derivações:

- Seguir sempre orientações médicas.
- Geralmente decúbito zero durante 48 horas, sem mobilizações.
- A partir da liberação médica, inicia-se a mobilização passiva e a elevação de decúbito progressivamente.

- Em casos de derivação ventricular externa, a partir da liberação médica, quando elevar o decúbito do paciente e realizar mobilizações, fecha-se o circuito, reabrindo-o após a finalização do atendimento.

Pós-operatório de ressecção cirúrgica:

- Avaliação diária do *status* motor e respiratório em enfermaria, pois podem variar em um curto período.
- Comparação com a avaliação pré-operatória.
- Nível de consciência/cognitivo.
- Posicionamento.
- Mobilização precoce para prevenção de síndrome do imobilismo.
- Utilização de posicionadores e órteses para evitar deformidades e encurtamentos a longo prazo.
- Ofertar oxigenioterapia sempre que necessário.
- Manter vias aéreas desobstruídas.
- Proporcionar assistência ventilatória adequada com o auxílio de aparelhos de ventilação mecânica invasiva ou não invasiva, dependendo da necessidade do paciente.
- Na alta: verificar a rede necessária de apoio para o paciente ir para casa: auxiliares, órteses, locomoção, manejo de aspiração, entre outros, e encaminhamento para fisioterapia ambulatorial, se necessário.

Atendimento ambulatorial:

- Avaliação inicial – traçar objetivos e condutas.
- São pacientes que apresentarão sequelas e alterações motoras similares a outras lesões cerebrais. Por exemplo, hemiparesias, ataxia, atraso no desenvolvimento neuropsicomotor, etc.

- O paciente pode vir a tornar-se crônico ou não dependendo das comorbidades e sequelas advindas do tratamento e/ou do tumor.
- Apresentam tratamentos longos e necessidades diferentes de acordo com o tempo; dessa forma, o fisioterapeuta deve observar o paciente em relação a sua mobilidade e locomoçao, bem como o retorno às atividades sociais e comunitárias, de forma a adequar seus objetivos e condutas, buscando qualidade de vida com mínimo de sequelas.

## BIBLIOGRAFIA RECOMENDADA

1. Gajjar A, Bowers DC, Karajannis MA, et al. Pediatric brain tumors: innovative genomic information is transforming the diagnostic and clinical landscape. J Clin Oncol. 2015;33:2986-8.
2. Khan F, Amatya B, Ng L, et al. Multidisciplinary rehabilitation after primary brain tumour treatment. Cochrane Database Syst Rev. 2013;1.
3. Main C, Wilson JS, Stevens SP, et al. The role of high-dose myeloablative chemotherapy with hematopoietic stem cell transplantation (HSCT) in children with central nervous system (CNS) tumors: protocol for a systematic review and meta-analysis. Systematic Reviews. 2015;4:168.
4. Perkins A, Liu G. Primary brain tumors in adults: diagnosis and treatment. Am Fam Physician. 2016;93(3):211-17.
5. Pollack IF, Agnihotri S, Broniscer A. Childhood brain tumors: current management, biological insights, and future direction. J Neurosurg Pediatr. 2019;23:261-73.
6. Uhm JH, Porter AB. Treatment of glioma in the 21st century: an exciting decade of postsurgical treatment advances in the molecular era. Mayo Clin Proc. 2017;6:995:1004.
7. Wilson CL, Gawade PL, Ness KK. Impairments that influence physical function among survivors of childhood cancer. Children. 2015;2(1):1-36

# 28 Fisioterapia no câncer de cabeça e pescoço

Telma Ribeiro Rodrigues
Thalissa Maniaes

## INTRODUÇÃO

O câncer de cabeça e pescoço (CCP) envolve as neoplasias malignas das vias aerodigestivas superiores: cavidade oral, laringe, faringe e seios paranasais. É uma doença com alta prevalência principalmente em países de baixo nível socioeconômico, sendo mais incidente em homens que em mulheres entre a quarta e a quinta décadas de vida. No Brasil, segundo os dados do Instituto Nacional do Câncer (INCA), os tumores de boca e laringe, se somadas suas incidências, correspondem ao segundo tipo de câncer mais comum no sexo masculino, com cerca de 11.140 casos e 6.360 casos, respectivamente.

O tipo histológico mais comum é o carcinoma epidermoide (cerca de 90% dos casos), que apresenta alta mortalidade associada, sendo a sexta maior causa de morte por câncer no Brasil. O câncer papilífero de tireoide também é o mais frequente entre todas as neoplasias malignas da tireoide (aproximadamente 90%). Esse aumento recente na incidência do câncer papilífero de tireoide está relacionado ao aumento do diagnóstico de pequenos nódulos (< 1 cm).

Entre os fatores de risco para o desenvolvimento do carcinoma epidermoide, estão o uso de tabaco e o consumo excessivo de álcool, com risco aumentado em 30 vezes para os indivíduos que fumam e bebem muito; já para o câncer de tireoide incluem: sexo feminino, ter história de bócio (tireoide aumentada), nódulos tireoidianos, história familiar de câncer de tireoide, exposição à radiação no início da vida e obesidade.

Com maior sobrevida alcançada pelos avanços do tratamento e diagnóstico, os pacientes com câncer necessitam de intervenções que melhorem sua capacidade funcional e qualidade de vida. Em especial, os pacientes com câncer de cabeça e pescoço apresentam diversas alterações funcionais, devido à complexidade da topografia e do tratamento, como lesões em nervos cranianos, edemas, dificuldade para comunicação e alimentação, que interferem diretamente nas suas atividades de vida diária (AVD).

Para manter uma posição adequada da cabeça, todas as estruturas devem estar em equilíbrio (principalmente o sistema muscular). Qualquer alteração (lesão e/ou disfunção) nessas estruturas pode modificar o posicionamento da cabeça.

A fisioterapia desempenha papel importante junto à equipe multiprofissional na reabilitação desses pacientes.

## DISFUNÇÃO DE OMBRO E PESCOÇO

O esvaziamento cervical é a abordagem do pescoço para controle locorregional da doença e pode causar alteração funcional do ombro e do pescoço. A morbidade do ombro se deve à lesão do nervo espinhal acessório. O grau de disfunção, o risco de lesão do nervo e o tempo para recuperação dependerão do tipo de esvaziamento cervical. Mesmo quando há preservação do nervo, o trauma durante a cirurgia ou complicações no pós-operatório podem causar a lesão nervosa.

O nervo espinhal acessório inerva o músculo trapézio, que é responsável pelo posicionamento da escápula, pelos movimentos de elevação, depressão, estabilização e pela rotação da escápula, que promove o movimento de abdução do ombro. A fraqueza ou paralisia desse músculo gera uma condição conhecida como síndrome do ombro, que apresenta como característica ombro caído, discinesia escapular, dor e dificuldade para realizar o movimento de abdução do ombro. A dor pode ser neuropática, articular ou miofascial.

Em relação ao pescoço, as causas prováveis de diminuição de movimento cervical são a aderência cicatricial no pós-operatório, fibrose secundária a radioterapia e dor, além da perda da sensibilidade.

Tanto dados subjetivos como as queixas dos pacientes e a dificuldade na realização das atividades de vida diária, assim como uma avaliação criteriosa de todos os aspectos que envolvem os movimentos do ombro e do pescoço, por exemplo, força muscular, sensibilidade e intensidade e local da dor, guiarão o objetivo do tratamento. Para a avaliação é importante realizar o exame de goniometria de ombro e de pescoço e o teste de força muscular, tanto de grupos musculares ou de músculos específicos como do músculo trapézio. Já para a avaliação da intensidade da dor a escala visual analógica é de fácil aplicação e facilita o acompanhamento e a evolução durante as sessões. A palpação, a movimentação articular e o teste de sensibilidade são essenciais para investigar o tipo de dor.

A fisioterapia deve ser iniciada assim que possível. Os exercícios passivos mantêm a mobilidade articular, prevenindo os efeitos secundários ao imobilismo. Já os exercícios ativos e ativo-assistido ajudam na recuperação do controle neuromuscular, ou seja, o fortalecimento com resistência progressiva tem se mostrado um recurso valioso na recuperação dos movimentos e no alívio da dor. Outros recursos utilizados são as técnicas manuais, facilitação neuromuscular proprioceptiva, massagem para alívio da dor e tensão muscular.

Os questionários de qualidade de vida são ferramentas importantes para compreender o impacto do tratamento, principalmente quando se trata de tumores de cabeça e pescoço, sendo uma ferramenta valiosa para melhor planejamento de estratégias de tratamento e reabilitação, devendo ser parte da avaliação clínica do paciente.

O *Neck Dissection Impairment Index* (NDII), por exemplo, é um instrumento multidimensional, desenvolvido e validado originalmente em língua inglesa e utilizado para avaliar a qualidade de vida relacionada à função do ombro de forma abrangente e detalhada após o esvaziamento cervical e foi recentemente traduzido para a língua portuguesa do Brasil. Uma análise de itens individuais do NDII mostra diferenças significativas de qualidade de vida dependendo do nível de esvaziamento cervical ao desempenhar funções como: levantar objetos leves e nas atividades de lazer e recreação. O NDII demonstra que o uso de radiação em pacientes submetidos a esvaziamento cervical é um fator prognóstico independente e negativo da função do ombro. Sendo assim, o objetivo do NDII é determinar de forma específica as dificuldades que os pacientes apresentam após o esvaziamento cervical e avaliar o seu impacto na qualidade de vida. Os itens do questionário foram definidos por profissionais como: otorrinolaringologistas, fisioterapeutas especializados em reabilitação de pacientes oncológicos pós-cirúrgicos e especialistas em pesquisa da Escola de Saúde Pública da Universidade de Michigan – Estados Unidos da América (EUA).

## LINFEDEMA DE FACE E PESCOÇO

O linfedema secundário ao tratamento do câncer de cabeça e pescoço pode ser interno ou externo, gerando desconforto, déficit funcional e alteração estética, com mudança na autoimagem, além de impacto negativo na qualidade de vida. Sensação de tensão, dificuldade para engolir e falar, além da redução dos movimentos cervicais, são alguns dos problemas apresentados.

Os fatores de risco para o linfedema craniofacial são a retirada dos linfonodos e a radioterapia. O acúmulo de líquido no espaço intersticial, causado pela obstrução do sistema linfático, promove inflamação e formação de fibrose; além disso, a aderência cicatricial pós-operatória diminui o fluxo linfático.

Como ponto de partida, é realizada a avaliação com palpação e a mensuração das medidas entre pontos anatômicos da face, circunferência do pescoço. Também se pode realizar a fotografia digital para melhor comparação. Após o exame, orientações de autocuidado, juntamente com informações sobre a anatomia e a função do sistema linfático, podem ajudar a melhorar a compreensão e a adesão do paciente ao tratamento.

O tratamento baseia-se:

- Nos cuidados com a pele, mantendo boa hidratação, evitando lesões e prevenindo infecções.
- Na drenagem linfática manual para aumentar o fluxo linfático, com manobras lentas, suaves e rítmicas.
- Em exercícios ativos do pescoço, como rotação, inclinação, flexão e extensão.
- Em exercícios respiratórios e de mímica facial. A indicação da máscara compressiva deve ser analisada a cada caso e feita sob medida; deve respeitar a tolerância do paciente e a compreensão sobre a utilização, para não comprometer a circulação sanguínea da região.

As condições da pele do paciente são observadas para proceder com o tratamento, principalmente aqueles que estão em vigência de radioterapia e que apresentam radiodermite.

## TRISMO

Uma das piores sequelas para portadores de câncer de cabeça e pescoço é a restrição de abertura de boca, também conhecida como trismo, responsável por diversas dificuldades funcionais e pela redução da qualidade de vida. As causas são a invasão tumoral próximo ao espaço mastigatório, a fibrose cicatricial pós-cirúrgica ou a fibrose secundária a radioterapia. A fibrose induzida por radioterapia é caracterizada por uma matriz extracelular desorganizada, excesso de miofibroblastos e desregulação na síntese de colágeno relacionado ao aumento dos níveis de TGF-beta, que causam a contratura e a lesão dos vasos linfáticos, podendo coexistir com o linfedema, que contribui para o endurecimento tecidual e consequências funcionais. Os sintomas da fibrose são localizados e causam sensação de repuxamento, rigidez, tensão, dor e limitação da amplitude de movimento (ADM) da cervical e da ATM.

Vale lembrar que os músculos responsáveis pelo fechamento da boca são os músculos temporais, masseter e pterigoideo medial, exercendo um poder 10 vezes maior que o dos músculos antagonistas (pterigoideo lateral, digástrico, milo-hioidea, geno-hioidea e os músculos hioides inferiores). Limitações na abertura da boca foram relatadas em 6-86% dos pacientes que receberam radioterapia na articulação temporomandibular e/ou masseter e músculos pterigoideos, com frequência e gravidade imprevisíveis.

Independentemente da causa imediata, a hipomobilidade mandibular acabará por resultar em degeneração da articulação temporomandibular. Estudos têm demonstrado que os músculos que não conseguem atingir sua amplitude de movimento em 3 dias começam a mostrar sinais de atrofia, e os ligamentos que estão imobilizados rapidamente começam a mostrar alterações degenerativas na articulação, incluindo espessamento do líquido sinovial e afinamento da cartilagem. Por isso, uma intervençao precoce nesses pacientes é de extrema necessidade.

Na presença de trismo, a alimentação é prejudicada pela dificuldade de colocar o alimento na boca, morder e mastigar. Outra função afetada é a fala. Além disso, existe dificuldade para higiene oral, tratamento odontológico e intubação orotraqueal. Boa parte dos pacientes necessita de sonda nasoenteral para se alimentar em algum momento do tratamento, ou se alimenta com dieta pastosa, o que pode diminuir ainda mais a função e a mobilidade articular.

## Avaliação do trismo

A avaliação tem como objetivo detectar se há restrição da abertura de boca ou perda da função. Um questionário sobre as atividades comuns a esses movimentos, como função mastigatória, tipos de alimentos, alteração na fala, sorrir (gargalhar) e bocejar, ajuda a entender quais as principais dificuldades e se há presença de dor em repouso ou durante os movimentos. Na sequência, deve-se realizar a:

1. Inspeção intraoral (utilizar abaixador de língua) para observar a presença de lesões, cicatrizes, coloração, mucosite, infecções e xerostomia.
2. Palpação da região facial e cervical para verificar presença de linfonodos faciais, cervicais e supraclaviculares, cicatrizes locais, temperatura, consistência e espessura dos tecidos em busca de aderências, fibroses, edema e linfedema.
3. Mobilidade da língua.
4. Avaliação da movimentação ativa com a finalidade de verificar a mobilidade junto de testes de resistência para avaliar a força muscular.
5. Postura.

Para mensuração da abertura de boca, um dos instrumentos utilizados é o paquímetro, e a referência são os incisivos centrais; já nos casos de edêntulos, o rebordo gengival. Para a avaliação, o paciente deve estar sentado com o corpo relaxado. Medidas iguais ou inferiores a 35 mm caracterizam diminuição da abertura de boca.

## Tratamento do trismo

O tratamento do trismo tem o objetivo de quebrar o espasmo tônico, com a finalidade de desestimular a formação da fibrose em torno da articulação temporomandibular. A intervenção precoce no trismo tem o potencial para prevenir ou minimizar muitas das consequências dessa condição.

Geralmente considerada a base do tratamento do trismo, a fisioterapia é usada sozinha ou em combinação com outras intervenções (utilização de analgésicos, relaxantes musculares ou toxina botulínica) e tem o objetivo de:

- melhorar a amplitude de movimento da articulação temporomandibular;
- reduzir a dor;
- prevenir a hipomobilidade;
- evitar a formação de fibrose;
- fortalecer a musculatura; e
- melhorar a flexibilidade, a elasticidade do tecido e a circulação sanguínea.

O tratamento precisa dispor de várias técnicas, como massagem intraoral, exercícios e dispositivos mecânicos, com início rápido quando identificados fatores associados ao desenvolvimento do trismo. Além disso, durante a radioterapia o acompanhamento da fisioterapia é imprescindível, sendo que orientações sobre o autocuidado, mesmo para indivíduos que apresentam abertura de boca preservada e funcional, é de extrema importância, pois alguns efeitos da radiação aparecem tardiamente (recomenda-se acompanhamento semestral da fisioterapia durante 5 anos após o término do tratamento).

Técnicas manuais como massagem proporcionam aumento da circulação local, diminuição da dor e promovem o relaxamento muscular, facilitando a execução de exercícios. A liberação de pontos-gatilho e de tensão da musculatura mastigatória e cervical ajuda na diminuição dos sintomas e ganho na abertura de boca. Manter a mobilidade articular é fundamental por isso os exercícios de lateralização, protusão, retração, abertura e fechamento de boca são indicados. Outro recurso é o dispositivo mecânico para treino de abertura de boca, o Therabite®.

## BIBLIOGRAFIA RECOMENDADA

1. Ackerstaff AH, Rasch CRN, Balm AJM, et al. Five-year quality of life results of the randomized clinical phase III (RADPLAT) trial, comparing concomitant intra-arterial versus intravenous chemoradiotherapy in locally advanced head and neck cancer. Head Neck 2012; 34:974-80.
2. Ahlberg A, Engström T, Nikolaidis P, Gunnarsson K, Johansson H, Sharp L, et al. Early self-care rehabilitation of head and neck cancer patients. 2011;(Oct 2010):552-61.
3. Alvarenga L de M, Ruiz MT, Pavarino-Bertelli ÉC, Ruback MJC, Maniglia JV, Goloni-Bertollo M. Avaliação epidemiológica de pacientes com câncer de cabeça e pescoço em um hospital universitário do noroeste do estado de São Paulo. Rev Bras Otorrinolaringol. 2008 Feb;74(1):68-73. Disponível em: http://www.scielo.br/scielo.php?script=sci_arttext&pid=S0034-72992008000100011&lng=pt&tlng=pt.
4. Antunes JL, Biazevic MG, de Araujo ME, Tomita NE, Chinellato LE, Narvai PC. Trends and spatial distribution of oral cancer mortality in São Paulo, Brazil, 1980-1998. Oral Oncol. 2001 Jun;37(4):345-50. Disponível em: http://www.ncbi.nlm.nih.gov/pubmed/11337266.
5. Beekhuis JG, Harrington EB. Trismus: etiology and management of inability to open the mouth. Laryngoscope. 1965.
6. Bensadoun R, Riesenbeck D. A systematic review of trismus induced by cancer therapies in head and neck cancer patients. 2010;1033-8.
7. Biasotto-Gonzales DA. Abordagem interdisciplinar das disfunções temporomandibulares. Avaliação e tratamento fisioterápico: massoterapia. Barueri: Manole, 2005; p.176.
8. Bradley PJ, Ferlito A, Silver CE, Takes RP, Woolgar JA, Strojan P, et al. Neck treatment and shoulder morbidity: still a challenge. Head Neck. 2011; 33:1060-7.

9. Bragante KC, Nascimento DM, Motta NW. Evaluation of acute radiation effects on mandibular movements of patients with head and neck cancer. Rev Bras Fisioter. 2012;16:141-7.
10. Buchbinder D, Currivan RB, Kaplan AJ, Urken ML. Mobilization regimens for the prevention of jaw hypomobility in the radiated patient: a comparison of three techniques. J Oral Maxillofac Surg. 1993;51:863-67.
11. Camargo A, Marx M. Reabilitação física no câncer de mama. São Paulo: Rocca; 2000. Linfoterapia. p.89-112.
12. Cancer Facts & Figures 2018. American Cancer Society. 2018. Disponível em: https://www.cancer.org/research/cancer-facts-statistics/all-cancer-facts-figures/cancer-facts-figures-2018.html.
13. Cappiello J, Piazza C, Giudice M, De Maria G, Nicolai P. Shoulder disability after different selective neck dissections (levels II-IV versus levels II-V): a comparative study. Laryngoscope. 2005; 115:259-63.
14. Carvalho APV, Vital FMR, Soares BGO. Exercise interventions for shoulder dysfunction in patients treated for head and neck cancer. Cochrane Database Syst Rev. 2012;4:CD008693.
15. Davies L, Welch HG. Current thyroid cancer trends in the United States. JAMA Otolaryngol Head Neck Surg. 2014 Apr;140(4):317-22. Disponível em: http://www.ncbi.nlm.nih.gov/pubmed/24557566.
16. Deng J, Ridner SH, Aulino JM, Murphy BA. Assessment and measurement of head and neck lymphedema: state-of-the-science and future directions. Oral Oncol. 2015;51:431-7.
17. Deng J, Ridner SH, Dietrich MS, Wells N, Wallston KA, Sinard RJ, et al. Prevalence of secondary lymphedema in patients with head and neck cancer. J Pain Symptom Manage. 2012;43:244-52.
18. Deng J, Ridner SH, Dietrich MS, Wells N, Wallston KA, Sinard RJ, et al. Factors associated with external and internal lymphedema in patients with head-and-neck cancer. Int J Radiat Oncol Biol Phys. 2012;84:e319-28.
19. Dijkstra PU, Huisman PM, Roodenburg JL. Criteria for trismus in head and neck oncology. Int J Oral Maxillofac Surg. 2006;35:337-42.
20. Fialka-Moser V, Crevenna R, Korpan M, Quittan M. Cancer rehabilitation: particularly with aspects on physical impairments. J Rehabil Med. 2003;35:153-62.
21. Georgopoulos R, Liu JC. Examination of the patient with head and neck cancer oral cavity larynx nasopharynx oropharynx neck salivary malignancies. Surg Oncol Clin NA. 2015;24(3):409-21. Disponível em: http://dx.doi.org/10.1016/j.soc.2015.03.003.
22. Høgdal N, Juhl C, Aadahl M, Gluud C, Gdal NHØ, Juhl C, et al. Early preventive exercises versus usual care does not seem to reduce trismus in patients

treated with radiotherapy for cancer in the oral cavity or oropharynx: a randomised clinical trial trismus in patients treated with radiotherapy for cancer in the oral. 2015.

23. Ichimura K TT. Trismus in patients with malignant tumours in the head and neck. J Laryngol Otol. 1993;107(11):1017-20.
24. Inca. Um problema de saúde pública. Estim 2016. 2015;1:51. Disponível em: www.inca.gov.br/dncc.
25. Justina LBD, Dias M. Head and neck lymphedema: what is the physical therapy approach? A literature review. Fisioter Mov. 2016;29:411-9.
26. Kamstra JI, Jager-Wittenaar H, Dijkstra PU, Huisman PM, van Oort RP, van der Laan BF, et al. Oral symptoms and functional outcome related to oral and oropharyngeal cancer. Support Care Cancer. 2011;19:1327-33.
27. Loorents V, Rosell J, Karlsson C, Lidbäck M, Börjeson S. Prophylactic training for the prevention of radiotherapy-induced trismus: a randomised study. 2014.
28. Lymphoedema framework: best practice for the management of lymphoedema. International consensus. London: MEP Ltd; 2006. Disponível em: https://bit.ly/2FHSJAK. Acesso em: 25 ago. 2019.
29. Magee DJ, Sueki D. Articulação temporomandibular. In: Manual para avaliação musculoesquelética. Rio de Janeiro: Elsevier; 2012. p.57-62.
30. McGarvey AC, Chiarelli PE, Osmotherly PG, Hoffman GR. Physiotherapy for accessory nerve shoulder dysfunction following neck dissection surgery: a literature review. Head Neck. 2011;33:274-80.
31. McNeely ML, Parliament MB, Seikaly H, Jha N, Magee DJ, Haykowsky MJ, et al. Effect of exercise on upper extremity pain and dysfunction in head and neck cancer survivors: a randomized controlled trial. Cancer. 2008;113:214-22.
32. Mücke T, Koschinski J, Wolff K, Kanatas A, Mitchell DA, Loeffelbein DJ, et al. Quality of life after different oncologic interventions in head and neck cancer patients. J Cranio-Maxillofacial Surg. 2015;43(9):1895-8. Disponível em: http://dx.doi.org/10.1016/j.jcms.2015.08.005.
33. Neumann DA. Complexo do ombro: In: Cinesiologia do aparelho musculoesquelético: fundamentos para reabilitação. 3.ed. Rio de Janeiro: Elsevier; 2018. p.117-52.
34. Piso DU, Eckardt A, Liebermann A. GCSPGA. Early rehabilitation of head-neck. Am J Phys Med Rehabil. 2001;80:261-9.
35. Salerno G, Cavaliere M, Foglia A, Pellicoro DP, Mottola G, Nardone M, et al. The 11th nerve syndrome in functional neck dissection. Laryngoscope. 2002;112:1299-307.

36. Scott B, Butterworth C, Lowe D, Rogers SN. Factors associated with restricted mouth opening and its relationship to health-related quality of life in patients attending a maxillofacial oncology clinic. Oral Oncol. 2008;44:430-8.
37. Smith BG, Lewin JS. Lymphedema management in head and neck cancer. Curr Opin Otolaryngol Head Neck Surg. 2010;18:153-8.
38. Stubblefield A, Manfield L, A RER. A preliminary report on the efficacy of a dynamic jaw opening device (dynasplint trismus system) as part of the multimodal treatment of trismus in patients with head and neck cancer. YAPMR. 2010;91(8):1278-82. Disponível em: http://dx.doi.org/10.1016/j.apmr.2010.05.010.
39. Stubblefield MD. Radiation fibrosis syndrome. In: Stubblefield MD, O'Dell MW. Cancer rehabilitation: principles and practice. New York: DemosMedical; 2009. p.723-45.
40. Tacani RE, Machado AFP, Goes JCGS, Marx AG, Franceschini JP, Tacani PM. Physiotherapy on the complications of head and neck cancer: retrospective study. Int J Head Neck Surg. 2014;5:112-8.
41. Taylor RJ, Chepeha JC, Teknos TN, et al. Development and validation of the neck dissection impairment index. Arch Otolaryngol Head Neck Surg 2007; 128:44-9.
42. Tang Y, Shen Q, Wang Y, Lu K, Wang Y, Peng Y. A Randomized prospective study of rehabilitation therapy in the treatment of radiation-induced dysphagia and trismus. 2011;(1):39-44.
43. Teguh DN, Levendag PC, Voet P, Est H Van Der, Noever I, Kruijf W De, et al. Trismus in patients with oropharyngeal cancer: relationship with dose in structures of mastication apparatus. 2008;(May):622-30.
44. Tveteras K, Krtstensen S. The aetiology and pathogenesis of trismus. 1986;383-7.
45. van der Molen L, Heemsbergen WD, de Jong R, de Jong R, van Rossum MA, Smeele LE, Rasch CR, et al. Dysphagia and trismus after concomitant chemo--Intensity-Modulated Radiation Therapy (chemo-IMRT) in advanced head and neck cancer; dose-effect relationships for swallowing and mastication structures. Radiother Oncol. 2013;106:364-9.
46. van Wilgen CP, Dijkstra PU, van der Laan BF, Plukker JT, Roodenburg JL. Morbidity of the neck after head and neck cancer therapy. Head Neck. 2004;26:785-91.
47. Wiltshire JJ, Drake TM, Uttley L, Balasubramanian SP. Systematic review of trends in the incidence rates of thyroid cancer. Thyroid. 2016;26(11):1541-52. Disponível em: http://www.ncbi.nlm.nih.gov/pubmed/27571228.

# 29 Terapia nutricional e atuação fonoaudiológica em oncologia

Thais Manfrinato Miola
Giesse Albeche Duarte

## TERAPIA NUTRICIONAL EM ONCOLOGIA

O papel do nutricionista em oncologia contempla desde a detecção do risco nutricional até o acompanhamento pós-tratamento. Os objetivos da terapia nutricional incluem recuperação ou manutenção do estado nutricional, adaptação da alimentação de acordo com os efeitos colaterais dos tratamentos e acompanhamento em todos os períodos. Os pacientes hospitalizados devem ser submetidos a uma triagem nutricional, possibilitando a identificação do risco nutricional e posteriormente, a uma avaliação nutricional. Já os pacientes ambulatoriais devem realizar a avaliação nutricional diretamente. Após o diagnóstico nutricional são realizados os cálculos para determinar as necessidades nutricionais e é selecionada a via de alimentação.

O diagnóstico nutricional de desnutrição é altamente prevalente em oncologia, uma vez que a baixa aceitação alimentar e a perda de massa muscular podem ocorrer devido aos efeitos colaterais dos tratamentos, alterações metabólicas do tumor e alterações funcionais decorrentes da localização do tumor. Pacientes que apresentam diagnóstico de câncer de cabeça e pescoço e trato gastrintestinal alto apresentam risco nutricional pela localização da doença e normalmente já se apresentam desnutridos no momento do diagnóstico.

Outra condição importante e de alta prevalência é a sarcopenia, caracterizada pela perda de massa magra com perda da força e/ou função muscular. É uma condição comum em pacientes oncológicos, em que há necessidade de suplementação nutricional, principalmente de proteína, em conjunto com exercício físico para sua recuperação. Assim, tanto a desnutrição como a sarcopenia reduzem a tolerância e a resposta ao tratamento, aumentando a morbimortalidade e o tempo de hospitalização.

A quimioterapia pode causar sintomas como inapetência, xerostomia, disgeusia, náuseas e vômito, mucosite oral, diarreia ou obstipação. Já na radioterapia, por ser um tratamento localizado, os efeitos colaterais dependerão da região tratada (Tabela 1). A Tabela 2 descreve as recomendações nutricionais para os efeitos colaterais desses tratamentos.

TABELA 1 Efeitos colaterais da radioterapia de acordo com a região irradiada

| Região tratada | Efeitos colaterais possíveis |
|---|---|
| Sistema nervoso central | Náuseas, vômito, inapetência |
| Cabeça e pescoço | Mucosite oral, xerostomia, disgeusia, disfagia, odinofagia |
| Tórax | Disfagia, odinofagia, esofagite |
| Abdome | Náuseas, vômito, inapetência, obstipação |
| Pelve | Náuseas, vômito, inapetência, diarreia |

É importante ressaltar que pacientes que realizam radioterapia na região pélvica podem realizar uma dieta sem alimentos laxativos e que fermentam, de acordo com o serviço, visando reduzir a formação de flatos, que podem prejudicar o campo de radiação e reduzir a enterite actínica durante e após o tratamento.

TABELA 2 Recomendações nutricionais para melhorar os sintomas causados pelos tratamentos

| Sintomas | Recomendações nutricionais |
|---|---|
| Inapetência | Comer pequenas porções em intervalos curtos<br>Comer devagar e mastigar bem os alimentos<br>Aumentar o valor calórico das preparações com azeite, queijo, farinha láctea, leite condensado, creme de leite<br>Adequar a dieta às preferências do paciente<br>Fazer uso de terapia nutricional oral |
| Náuseas | Evitar frituras, alimentos gordurosos e doces concentrados<br>Preferir alimentos mais frescos e preparações sem molhos<br>Aumentar o consumo de alimentos cítricos e de gengibre<br>Evitar jejuns prolongados<br>Comer pequenas porções em intervalos curtos<br>Permanecer longe do preparo das refeições e se alimentar em locais arejados |
| Disgeusia | Manter a temperatura das refeições conforme melhor aceitar<br>Acrescentar ervas e especiarias às preparações para acentuar o sabor dos alimentos<br>Introduzir alimentos ácidos, caso não apresente mucosite |
| Xerostomia | Ingerir pequenas quantidades de líquidos frequentemente<br>Estimular o consumo de balas de limão ou hortelã e gomas sem açúcar<br>Introduzir mais molhos, caldos e sopas na dieta<br>Utilizar gotas de limão antes de se alimentar, caso não apresente mucosite oral<br>Mastigar e chupar gelo feito de água, sucos naturais ou água de coco |
| Mucosite oral e odinofagia | Antes das refeições, providenciar alívio da dor<br>Evitar os alimentos irritantes (especiarias, secos, duros, ácidos etc.)<br>Modificar a consistência da dieta para pastosa ou semissólida<br>Reduzir o sal das preparações<br>Crioterapia, quando indicado pelo nutricionista<br>Fazer uso de terapia nutricional oral |

*(continua)*

TABELA 2 Recomendações nutricionais para melhorar os sintomas causados pelos tratamentos *(continuação)*

| Sintomas | Recomendações nutricionais |
|---|---|
| Esofagite | Alterar a consistência conforme a dor<br>Mastigar bem os alimentos, evitando a aerofagia<br>Evitar frituras e alimentos gordurosos<br>Evitar se deitar logo após as refeições<br>Consumir alimentos em temperatura ambiente<br>Diminuir o consumo de chocolate, cafeína, frutas cítricas, refrigerantes e condimentos irritantes da mucosa |
| Diarreia | Aumentar a ingestão de líquidos<br>Utilizar temperos como cebola, alho, sal e óleo com moderação<br>Suspender os alimentos laxativos e introduzir os obstipantes<br>Utilizar probióticos, prebióticos ou simbióticos (exceto casos de neutropenia) |
| Obstipação | Aumentar o consumo de sucos laxativos<br>Aumentar o consumo de alimentos ricos em fibras (legumes, frutas, verduras cruas e cozidas, cereais)<br>Utilizar probióticos, prebióticos ou simbióticos (exceto em casos de neutropenia) |

Para os pacientes candidatos à cirurgia para ressecção de tumores de cabeça e pescoço e trato gastrointestinal, a terapia nutricional imunomoduladora previne a desnutrição ou reduz seus efeitos, melhora o estresse oxidativo e a resposta no pós-operatório, reduzindo complicações, principalmente infecciosas, e o tempo de internação. O uso de suplemento nutricional enriquecido com nutrientes imunomoduladores, como arginina, ácidos graxos, ômega 3 e nucleotídeos, tanto no pré quanto no pós-operatório, é indicado para esses pacientes. Pacientes bem nutridos têm a indicação de consumo dessas fórmulas de 5-7 dias no pré-operatório, e pacientes desnutridos têm a indicação de 7-10 dias. No pós-operatório, o consumo dessa fórmula deve ser de 5-7 dias, tanto para os pacientes bem nutridos como para os pacientes desnutridos.

Os pacientes que realizam cirurgia do trato gastrointestinal alto devem evitar alimentos fermentescíveis, como leite integral, feijões, ovos, cascas de frutas e legumes, nos primeiros dias de pós-operatório, sendo reintroduzidos lentamente de acordo com a tolerância de cada indivíduo. A consistência da dieta deve ser evoluída gradativamente, conforme a tolerância. O retorno da dieta deve ser o mais precoce possível, sendo seguro e tolerável pelos pacientes, com introdução de alimentos líquidos nas primeiras 24 horas após a cirurgia. Em pacientes que realizam a confecção da bolsa de ileostomia ou colectomia total, a dieta deve ser restrita em resíduos, com o objetivo de evitar a formação excessiva do bolo fecal em consistência líquida.

Para as cirurgias do trato gastrintestinal baixo, existe a recomendação do uso de goma de mascar no período de jejum pré-operatório e pós-operatório com o objetivo de estimular o peristaltismo e auxiliar no retorno mais precoce da dieta.

Ainda, pacientes que realizam cirurgias do trato gastrointestinal baixo têm indicação de utilizar simbióticos no pré e no pós-operatório, com o objetivo de auxiliar na restauração da diversidade da microbiota intestinal, aumento da resposta imunológica, redução da resposta inflamatória sistêmica, redução do tempo total de internação hospitalar, número de dias de suporte ventilatório, dias na UTI e complicações infecciosas.

A abreviação do jejum no pré-operatório também é benéfica para o paciente oncológico cirúrgico, independentemente da cirurgia e de seu porte. A ingestão de líquidos claros com carboidrato do tipo maltodextrina até 2 horas antes da cirurgia diminui o tempo de jejum. O jejum prolongado leva ao aumento da resistência à insulina, proteólise muscular, lipólise e resposta inflamatória sistêmica, trazendo prejuízos ao paciente. Porém, essa prática não deve ser realizada em pacientes que apresentem retardo do esvaziamento gástrico, como obesos mórbidos e indivíduos com refluxo gastroesofágico.

A terapia nutricional oral, por meio da administração de suplementos nutricionais, estará indicada para pacientes que apresentem risco nutricional, desnutrição ou aceitação alimentar < 70% de suas necessidades nutricionais. No caso de pacientes com aceitação alimentar < 60% de suas necessidades nutricionais e que apresentem bom prognóstico, o uso da terapia nutricional enteral será mais adequado. A escolha da terapia nutricional enteral sempre será superior, pois é a segunda via mais fisiológica. Porém, se o paciente necessitar de repouso intestinal, a nutrição parenteral deverá ser a via escolhida.

O acompanhamento nutricional é de fundamental importância no tratamento do paciente oncológico, pois a terapia nutricional adequada e individualizada promove benefícios como maior tolerância ao tratamento, redução de complicações e melhor qualidade de vida.

## ATUAÇÃO FONOAUDIOLÓGICA EM ONCOLOGIA

O paciente oncológico pode apresentar diversas alterações de sua funcionalidade decorrentes do câncer e/ou de seu tratamento, a depender do tipo de câncer, localização e progressão da doença. Neste capítulo, abordaremos a atuação do profissional fonoaudiólogo em casos oncológicos com alterações de deglutição (disfagia) e de fala (denominaremos alterações de fala abrangendo linguagem e voz a fim de simplificar o entendimento).

### Disfagia

Os distúrbios de deglutição decorrentes de alterações neoplásicas estão frequentemente associados ao comprometimento do tronco cerebral ou dos nervos cranianos responsáveis pela deglutição e aos tumores de cabeça e pescoço que configuram alterações na mecânica da deglutição. Além dos tumores diretamente, o tratamento, seja quimioterápico, radioterápico ou cirúrgico, pode estar associado a alterações de deglutição.

A disfagia pode ter como consequências mais graves o isolamento social, a desnutrição e a desidratação, a pneumonia aspirativa e o óbito. Os sinais e sintomas da disfagia podem ser reconhecidos por toda a equipe multidisciplinar de assistência ao paciente. É preciso ficar atento a sinais e sintomas como: tempo prolongado para se alimentar, dificuldade para mastigar ou deglutir, necessidade de deglutir diversas vezes o alimento, odinofagia (dor para deglutir), resíduo de alimento em cavidade oral após a deglutição, tosse ou pigarro durante ou logo após a alimentação, engasgo, qualidade vocal "molhada", sensação de alimento "parado no garganta", escape nasal de alimento ou líquido, palidez/cianose durante ou após a alimentação, falta de ar, queda na saturação de oxigênio durante ou após a alimentação, perda de peso, necessidade de alteração de consistência alimentar e pneumonias de repetição.

Ao identificar fatores de risco para disfagia, o paciente deve ser encaminhado para uma avaliação fonoaudiológica em que o profissional identificará as alterações e poderá orientar o paciente e a família, assim como traçar o planejamento para reabilitação e/ou adaptações necessárias a esse indivíduo, que podem incluir terapia miofuncional orofacial, adaptações de consistência alimentar e, em alguns casos, uso de espessante para líquidos, alterações posturais e uso de manobras para alimentação, entre outros recursos, a depender do processo e da necessidade do paciente. A atenção à disfagia é multidisciplinar, sendo fundamental a atuação conjunta entre fonoaudiólogo, nutricionista, fisioterapeuta, médico, enfermeiro, psicólogo e farmacêutico.

## Alterações da fala

Os tumores podem causar alterações de fala/linguagem por diferentes mecanismos. Primeiramente, em casos de tumores cerebrais que invadem e destroem ou comprimem as estruturas cerebrais de controle da fala (área de Broca e área de Wernicke). Essas alterações podem gerar as afasias do tipo motor, ou de expressão, decorrentes do comprometimento da área de Broca, localizada no lobo frontal inferior, afasia do tipo sensitiva ou de compreensão, quando há comprometimento da área de Wernicke, localizada na junção posterior do lobo temporal superior com o lobo parietal.

Além dos tumores cerebrais, os tumores na região de cabeça e pescoço, assim como seu tratamento radioterápico ou cirúrgico, podem representar alterações articulatórias da fala, como nos casos de glossectomizados, ou mesmo impossibilidade na produção da voz, nos casos de laringectomizados. Essas alterações estruturais podem comprometer a inteligibilidade da fala ou mesmo a capacidade de produzir voz e consequentemente a qualidade de vida.

O fonoaudiólogo poderá contribuir na assistência a esses pacientes desde a descoberta do câncer, orientando sobre as possíveis alterações decorrentes da doença e seu tratamento e no desenvolvimento de estratégias para minimizar as sequelas. Após a radioterapia e/ou o procedimento cirúrgico, o fonoaudiólogo será fundamental na reabilitação desses pacientes, auxiliando-os na recuperação da capacidade de comunicação oral, na adaptação de estruturas remanescentes para a função da fala e voz, ou mesmo, em alguns casos, na utilização de métodos de comunicação alternativa, sempre visando à autonomia e à qualidade de vida do indivíduo.

## BIBLIOGRAFIA RECOMENDADA

1. Arends J, Bachmann P, Baracos V, et al. ESPEN guidelines on nutrition in cancer patients. Clinical Nutrition. 2016;11-48.
2. August DA, Huhmann MB and the American Society for Parenteral and Enteral Nutrition (A.S.P.E.N.) Board of Directors. ASPEN Clinical guidelines: nutrition support therapy during adult anticancer treatment and in hematopoietic cell transplantation. Journal of Parenteral and Enteral Nutrition. 2009;472-500.

3. Baiocchi O, Sachs A, Magalhães LP. Aspectos nutricionais em oncologia. São Paulo: Atheneu; 2017.
4. Bozzetti F. Nutritional support of the oncology patient. Oncology Hematology. 2013.
5. Cabre M, et al. Prevalence of oropharyngeal dysphagia and impaired safety and efficacy of swallow in independent living older persons. Journal of American Geriatrics Society. 2011;59(1):186-7.
6. Campos RJDS, Leite ICG. Qualidade de vida e voz pós-radioterapia: repercussões para a fonoaudiologia. Rev. Cefac. 2010;12(4):671-7.
7. Govender R, Smith CH, Taylor SA, Barratt H, Gardner B. Swallowing interventions for the treatment of dysphagia after head and neck cancer: a systematic review of behavioural strategies used to promote patient adherence to swallowing exercises. BMC Cancer. 2017;17(1):43.
8. King SN, Dunlap NE, Tennant PA, Pitts T. Pathophysiology of radiation-induced dysphagia in head and neck cancer. Dysphagia. 2016;31(3):339-51.
9. Ministério da Saúde. Instituto Nacional do Câncer. Consenso Nacional de Nutrição Oncológica. Rio de Janeiro: Inca; 2015.
10. Pinho NB, Oliveira GBC, Correia MITD, Oliveira AGL, Souza CM, Cukier C. Terapia nutricional na oncologia. Projeto Diretrizes/AMB-CFM; 2011.

# Índice remissivo

## D

## E



## F

## G



## H



## I



## L

## Q



## R



## S



## T

## V



## X